高等职业教育土建类专业系列教材

建筑设备CAD

主　编　邓美荣

副主编　郭　欢

参　编　韩　荣　陕晋军

主　审　喻建华

机械工业出版社

本书共分三篇，内容包括 Auto CAD 基础知识、建筑设备标准图例实训和用天正设备软件绘制设备施工图三部分，使学生在掌握了 AutoCAD 的基本命令后能够有效针对建筑设备专业的内容进行练习，与此同时学会使用专业的绘图软件绘图。

本书根据高职高专的教学方针和教学大纲，按照由浅入深、先基础再提高、图文并茂的方式进行编写。书中列举的实例有较强的代表性，与相关专业结合紧密，是一本实践性较强的教材。在专业软件的介绍中采用实例教学法，对设备施工图的绘制过程列出了比较详尽的步骤，以便提高学生的综合绘图能力。

本书可作为高职高专院校建筑设备工程技术专业、供热通风与空调工程技术专业以及给排水工程技术专业的教材，也可作为从事工程建设人员的自学教材。

图书在版编目（CIP）数据

建筑设备 CAD/邓美荣主编. —北京：机械工业出版社，2010.10（2024.1 重印）
高等职业教育土建类专业系列教材
ISBN 978-7-111-32018-0

Ⅰ.①建… Ⅱ.①邓… Ⅲ.①房屋建筑设备-工程制图-应用软件，AutoCAD-高等学校：技术学校-教材 Ⅳ.①TU8-39

中国版本图书馆 CIP 数据核字（2010）第 187652 号

机械工业出版社（北京市百万庄大街 22 号 邮政编码 100037）
策划编辑：李俊玲 覃密道 责任编辑：覃密道 版式设计：霍永明
责任校对：刘志文 封面设计：张 静 责任印制：单爱军

北京虎彩文化传播有限公司印刷
2024 年 1 月第 1 版第 10 次印刷
184mm×260mm · 14 印张 · 340 千字
标准书号：ISBN 978-7-111-32018-0
定价：39.00 元

电话服务 网络服务
客服电话：010-88361066 机 工 官 网：www.cmpbook.com
010-88379833 机 工 官 博：weibo.com/cmp1952
010-68326294 金 书 网：www.golden-book.com
封底无防伪标均为盗版 机工教育服务网：www.cmpedu.com

前　言

AutoCAD目前已成为我国工科院校学生的一门必修课程之一，虽然市面上专门介绍AutoCAD的教材比较多，但是专门针对建筑设备专业学生开发的教材依然较少。本书针对建筑设备专业、暖通专业及给排水专业的学生编写，使其在掌握了AutoCAD的基本命令后能够有效针对本专业的内容进行练习，与此同时学会使用专业的绘图软件绘图。

本书根据高职高专的教学方针和教学大纲，按照由浅入深、先基础再提高、图文并茂的方式进行编写。本书共分为三篇。第1篇“基础篇”分为2章，主要讲述AutoCAD基本知识以及基本绘图和编辑命令。第2篇“建筑设备标准图例实训”分为3章，包括第3章“给排水常用图例实训”，第4章“采暖与空调常用图例实训”，第5章“建筑电气常用图例实训”，该篇为识读和绘制水、暖、电专业施工图作了必要的准备，同时通过标准图例绘制使学生进一步巩固和熟练AutoCAD命令的用法。第3篇“用天正设备软件绘制设备施工图”也分为3章，包括第6章“给排水施工图”，第7章“暖通施工图”，第8章“电气施工图”，该篇介绍了天正给排水、天正暖通及天正电气软件，以一套建筑设备施工图为例，采用实例教学法，对设备施工图的绘制过程列出了比较详尽的步骤，学生只要耐心按照书中的步骤，一步一步操作就可以掌握所学内容，学会使用专业的绘图软件绘图，从而提高综合绘图能力。

天正给排水、暖通及电气软件提供了本专业的图标图库，提供了扩充自定义图库接口，有与其他各类建筑软件的接口，提供了建筑图的绘制功能，并具有卫生洁具、管道、设备布置定位的功能。同时可依据用户输入的信息（如自动检测给排水管道与其他设备管道、构件的碰撞问题等）进行施工处理。

事实上，人们在实际绘图中往往使用专业绘图软件，很少用AutoCAD命令直接绘图，但由于目前各类建筑绘图软件基本上都是基于AutoCAD平台二次开发的产品，在实际绘图的过程中经常是离不开AutoCAD命令的。所以，虽然专业绘图软件有许多现有的图标图库，用起来非常方便快捷，但还是建议大家不要急于求成，可以先从第2篇开始练习，当对AutoCAD常用基本命令绘制建筑设备常用图例非常熟练之后，再开始学习第3篇，这样才能左右逢源，得心应手地快速完成高质量的设备施工图。

本书由山西建筑职业技术学院邓美荣任主编，郭欢任副主编，韩荣、陕晋军参与编写。邓美荣编写第2章，陕晋军编写第1章，郭欢编写第3章、第4章、第5章及第6章，韩荣编写第7章、第8章及附录。全书由邓美荣、郭欢最后统稿。山西建筑职业技术学院喻建华任本书主审。

由于编者水平有限，书中错误、疏漏在所难免，恳请广大读者和同行批评指正，并提出宝贵意见。

编　者

目　录

第2篇 建筑设备标准图例实训

第1篇 基 础 篇

第1章 AutoCAD 基础知识

【学习目标】

本章简单介绍了 AutoCAD 的发展和应用，主要讲述了 AutoCAD 2008 中文版的用户界面、基本操作和文件管理，详细讲解了 AutoCAD 2008 中文版的一些辅助作图知识。通过本章的学习要了解用户界面的组成元素，理解坐标和辅助知识的基本概念，掌握目标选择和视窗缩放与移动的基本方法，学会新建、保存和打开图形文件的基本操作。

1.1 AutoCAD 简介

AutoCAD 是由 Autodesk 公司开发的、应用最为广泛的专业制图软件。自 1982 年推出以来，从初期的 1.0 版本，经 2.6、R10、R12、R14、2000、2002、2004、2006、2007、2008 等多次典型版本更新和性能完善，目前在很多领域已替代了图板、直尺、绘图笔等传统的绘图工具，成为设计人员所依赖的重要工具。尤其是建筑专业领域，已从过去的图板绘图时代进入到今天的计算机绘图时代，极大地提高了建筑工程的设计质量和工作效率。作为建筑设计工作者，要想使 AutoCAD 成为得力的设计工具，必须熟练地掌握 AutoCAD 的基本知识和使用方法。

初期的 AutoCAD 主要用于绘图，随着计算机软、硬件及其他相关技术的发展，它不仅能做二维的平面绘图，而且可应用于三维造型、曲面设计、机构分析仿真等。近年来出现的计算机集成制造系统，对 CAD 系统的数据库及其管理系统、网络通信等方面提出了更高要求。要使 CAD 真正实现辅助设计，就应将人工智能技术与传统的 CAD 技术结合起来，形成智能化 CAD，这将是 CAD 发展的必然趋势。

1.1.1 安装 AutoCAD 2008 的硬件配置

为了使 AutoCAD 2008 的优越性能得到充分发挥，建议用户采用高档次的处理器，至少配置 256M 以上内存，1.6G 剩余磁盘空间，支持 1024 × 768 或更高分辨率的显示适配器，并且配置光驱和鼠标。有条件的用户还可增加打印机或绘图仪等硬件。

1.1.2 AutoCAD 2008 的启动

AutoCAD 2008 可以在 Windows 2000、Windows XP 和 Windows Vista 等操作环境下运

行。软件安装后，系统自动在桌面上产生 AutoCAD 2008 快捷图标。同时，“开始”菜单中的“程序”子菜单也自动添加了 AutoCAD 2008 命令，如图 1-1 所示。

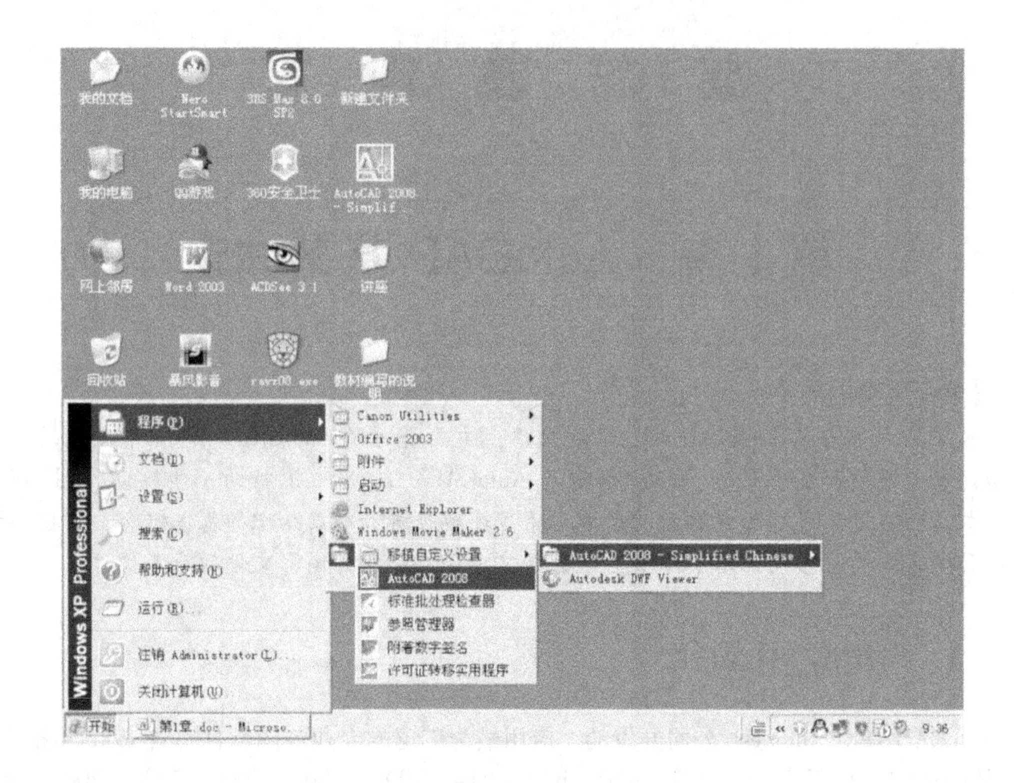

图 1-1 “程序”子菜单中的 AutoCAD 2008 程序

双击桌面上的 AutoCAD 2008 快捷图标，即可启动 AutoCAD 2008。

1.2 AutoCAD 2008 的用户界面

AutoCAD 2008 中文版为用户提供了“二维草图与注释”、“三维建模”和“AutoCAD 经典”三种工作空间模式。图 1-2 所示为“AutoCAD 经典”工作空间界面，“二维草图与注释”和“三维建模”工作空间界面如图 1-3 和图 1-4 所示。三种工作空间的主要区别在于所打开的工具栏和工具选项板有所不同。

1.2.1 AutoCAD 2008 经典用户界面

下面就以 AutoCAD 2008“AutoCAD 经典”为例来介绍它的用户界面，如图 1-2 所示，包括标题栏、菜单栏、工具栏、绘图窗口、命令窗口、状态栏及工具选项板等内容。

1. 标题栏

与大多数的 Windows 应用程序相同，AutoCAD 2008 的标题栏在工作界面的最上方。左边显示了 AutoCAD 2008 的程序图标以及当前打开的图形文件名称，右边为最小化、还原和关闭按钮。

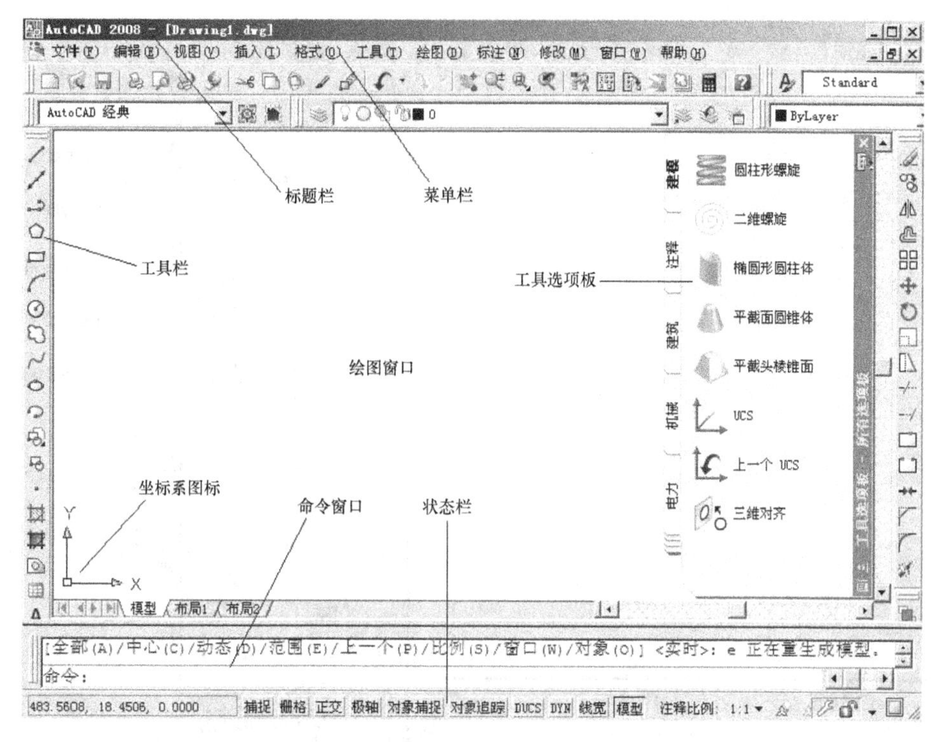

图 1-2　AutoCAD　2008“AutoCAD 经典”用户界面

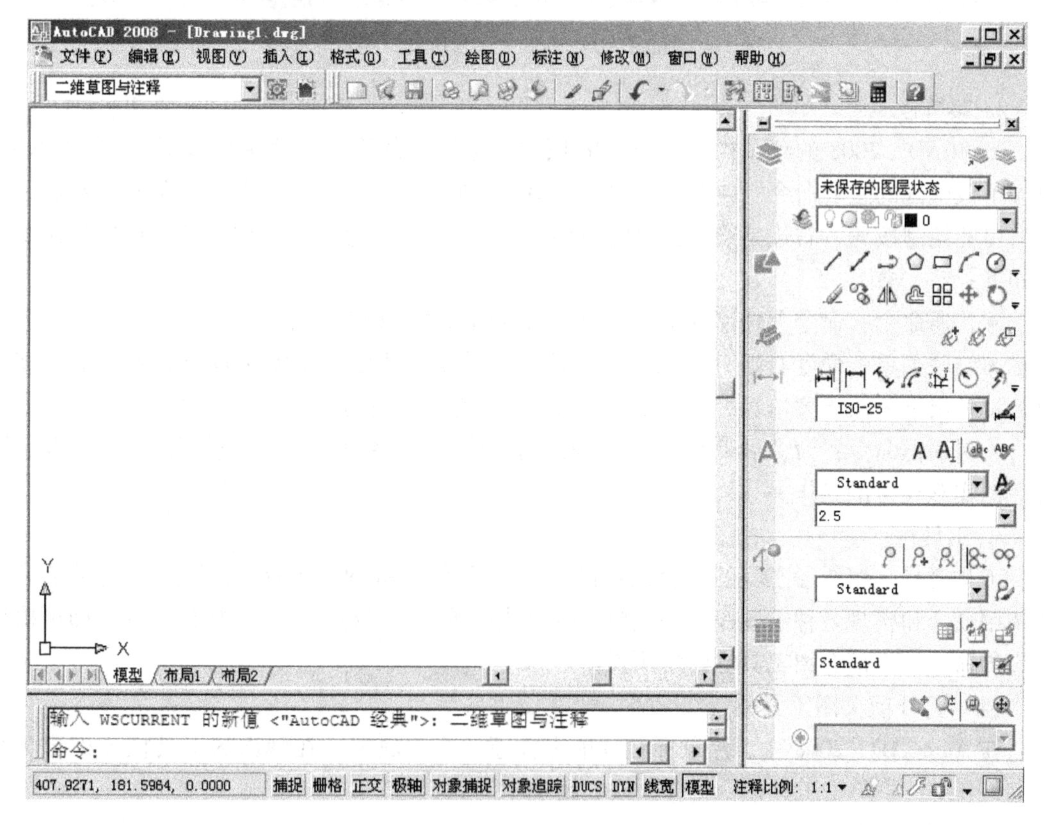

图 1-3　AutoCAD　2008“二维草图与注释”用户界面

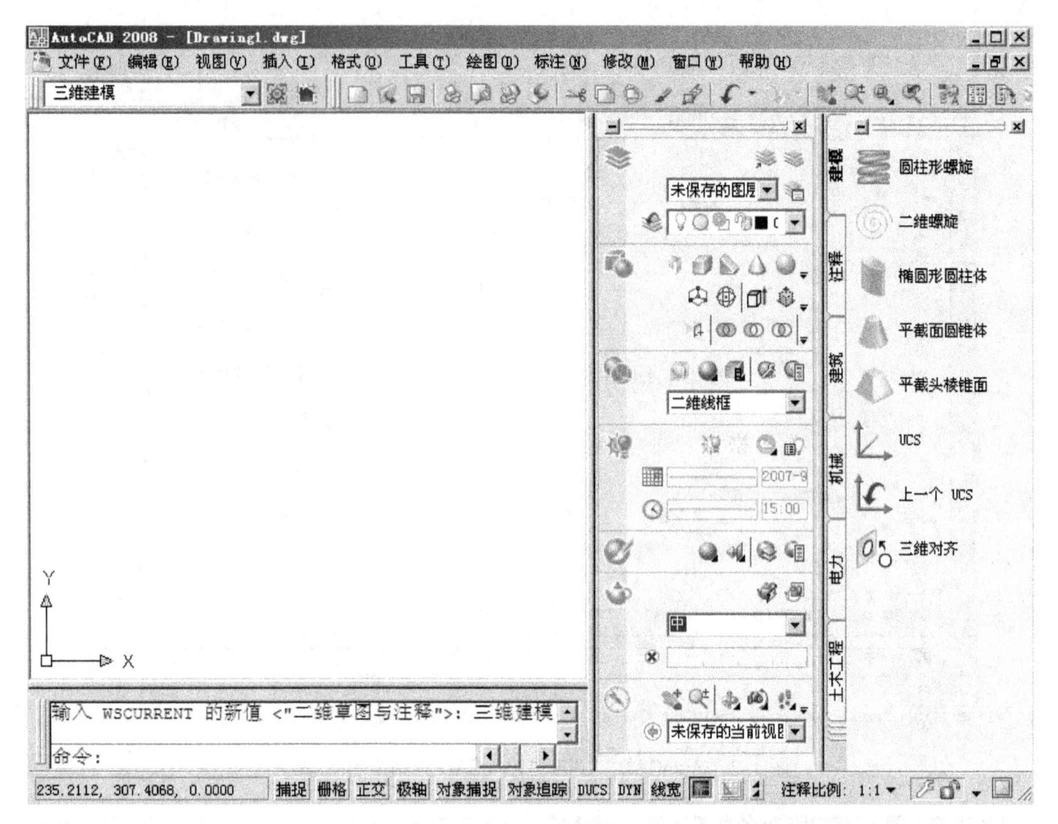

图 1-4　AutoCAD　2008“三维建模”用户界面

2. 菜单栏

AutoCAD　2008 的菜单栏位于窗口的顶部、标题栏的下部。菜单栏包括 11 个菜单项，包含了该软件的主要命令。在某一个菜单上单击，便可打开其下拉菜单。菜单栏的左边是绘图窗口的控制按钮，右边是绘图窗口的最小化、还原和关闭按钮。现将下拉菜单中的命令说明如下：

- 普通命令：命令无任何标记，选择该命令即可执行相应功能。
- 级联菜单：命令右端有一黑色小三角，表示该子菜单中还包含多个命令。单击该菜单，将弹出下一级子菜单，可进一步在下级子菜单中选取命令。
- 对话框命令：命令后带有“…”，表示选择该命令将弹出一个对话框，用户可以通过对话框实施相应的操作。

3. 工具栏

工具栏是一组图形工具的组合，它包含了最常用的 AutoCAD 命令，为用户提供了另一种调用命令和实现各种绘图操作的快捷执行方式。单击工具栏上的某一按钮图标，即可执行相应的命令。下面介绍工具栏的常用操作。

（1）打开或关闭工具栏

在 AutoCAD　2008 中，用鼠标右键单击任意一个工具栏，在弹出的工具栏名称快捷菜单（图 1-5）中单击工具栏，将打开或关闭选中的工具栏。

（2）浮动或固定工具栏

在用户界面中，工具栏的显示方式有两种：浮动方式和固定方式。

- 当工具栏显示为浮动方式时，如图 1-6 所示的“修改”工具栏，将显示该工具栏的标题，单击关闭按钮可以关闭该工具栏。如果将鼠标指针移动到工具栏，按住鼠标左键，则可在屏幕上自由移动该工具栏；当拖动到图形区边界时，工具栏的显示将变为固定方式。
- 以固定方式显示的工具栏被锁定在 AutoCAD　2008 窗口顶部、底部或两边，并隐藏工具栏的标题。同样也可以把固定工具栏拖出，使其成为浮动工具栏。

（3）弹出工具栏

如图 1-7 所示，在某些工具栏上，右下角会带有一个黑三角标记的图标。将鼠标指针移动到该图标上，按住鼠标左键，将弹出相应的工具栏；此时按住鼠标左键不放，移动鼠标指针到某一图标上松手，则该图标成为当前图标；单击当前图标，将执行相应的命令。

4. 绘图窗口

AutoCAD　2008 界面上，一个最大的空白窗口便是“绘图窗口”，绘图窗口是 AutoCAD 显示、编辑图形的区域，就像手工绘图时的图纸，用户只能在绘图窗口内绘制图形。

5. 坐标系图标

坐标系图标显示了当前坐标系的形式与坐标方向等。

6. 命令窗口

命令窗口是用户和 AutoCAD 进行对话的窗口，是用户输入命令名和显示命令提示信息的区域。使用键盘在命令行中输入命令是一种常用的方式。当命令行为空时，就表明 AutoCAD 处于命令的接收状态。键盘输入命令最基本的方法就是在键盘输入命令后按 <Enter> 键或 <空格> 键。要取消一条命令的输入，可以在命令执行过程中按 <Esc> 键。用户通过该窗口发出绘图命令，与菜单和工具栏按钮操作等效。命令窗口也可以拖动为浮动窗口，如图 1-8 所示。

CAD 标准
UCS
UCS II
Web
标注
✓ 标准
标准注释
布局
参照
参照编辑
插入点
查询
动态观察
对象捕捉
多重引线
✓ 工作空间
光源
✓ 绘图
✓ 绘图次序
建模
漫游和飞行
三维导航
实体编辑
视觉样式
视口
视图
缩放
✓ 特性
贴图
✓ 图层
图层 II
文字
相机调整
✓ 修改
修改 II
渲染
✓ 样式
锁定位置(K) ▸
自定义(C)...

图 1-5　工具栏名称快捷菜单

当命令窗口处于浮动状态时，在其标题上单击鼠标右键，从弹出的快捷菜单中选择“透明”命令，打开“透明”对话框，如图 1-9 所示。

在“透明”对话框中，用户可以拖动“透明级别”滑块来设置命令的透明度。当“透明级别”设置为最大值时，可以清楚地看到位于命令行下面的图形，这样就不必再将命令行拖到别的位置来观察位于它下面的图形了。

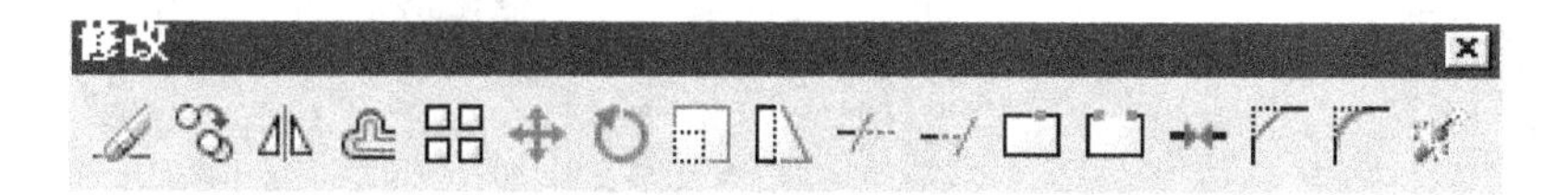

图 1-6　浮动显示的“修改”工具栏

标准

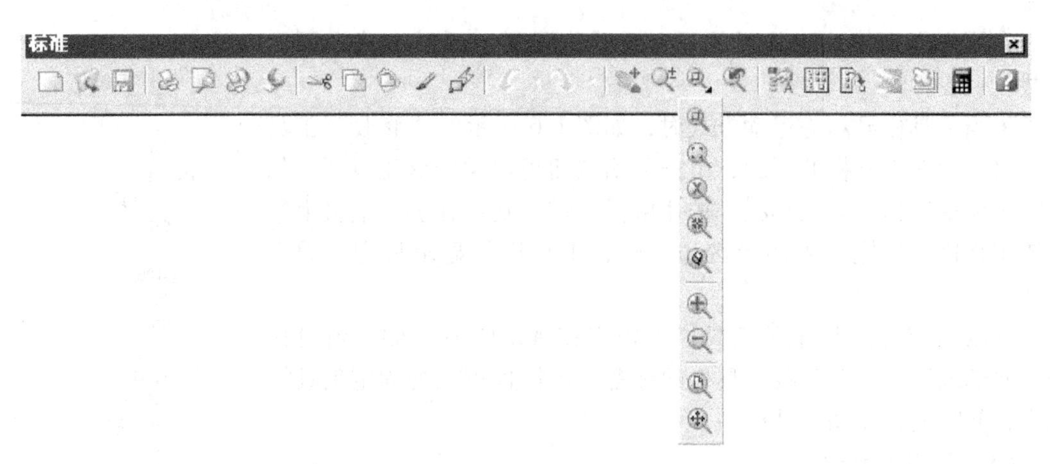

图 1-7 弹出式工具栏

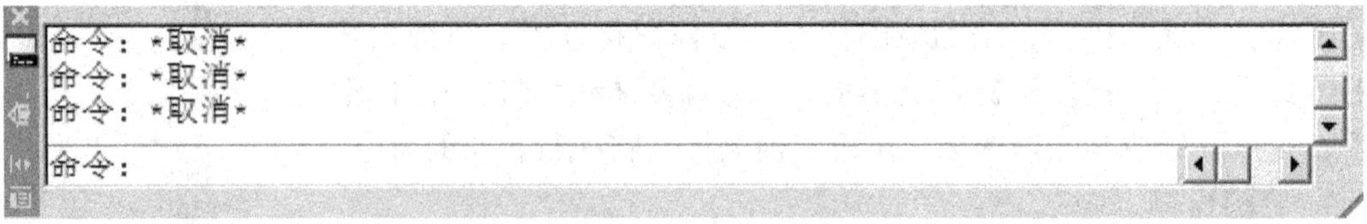

命令: *取消*
命令: *取消*
命令: *取消*
命令:

图 1-8 命令行浮动窗口

文本窗口是记录 AutoCAD 命令的窗口，它是放大了的命令行窗口。它记录了用户执行过的命令，也可以用来输入新命令。文本窗口默认是隐藏的，用户可以执行 TEXTSCR 命令或者按 <F2> 键来显示该窗口，如图 1-10 所示。

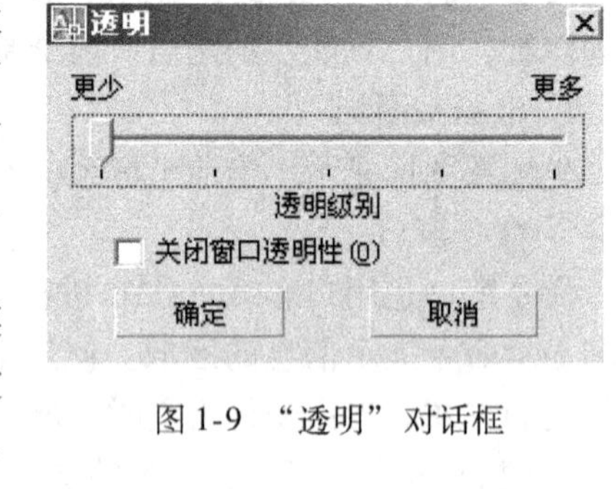

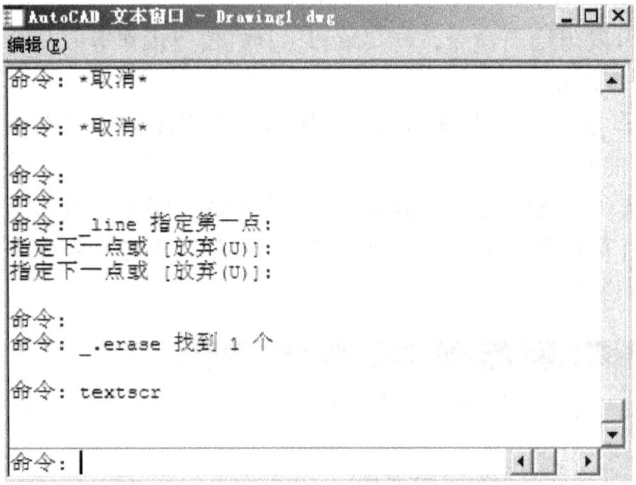

在命令行的空白处单击鼠标右键，出现快捷菜单，可以从“近期使用的命令”选项中选择之前用过的命令，无需在命令行再度输入命令，如图 1-11 所示。

透明
更少
更多
透明级别
关闭窗口透明性(O)
确定
取消

图 1-9 “透明”对话框

AutoCAD 文本窗口 - Drawing1.dwg
编辑(E)
命令: *取消*
命令: *取消*
命令:
命令:
命令: _line 指定第一点:
指定下一点或 [放弃(U)]:
指定下一点或 [放弃(U)]:
命令:
命令: _.erase 找到 1 个
命令: textscr
命令:

图 1-10 文本窗口

近期使用的命令(E)
复制(C)
复制历史记录(H)
粘贴(P)
粘贴到命令行(T)
选项(O)...
TEXTSCR
ERASE
LINE
COMMANDLINE

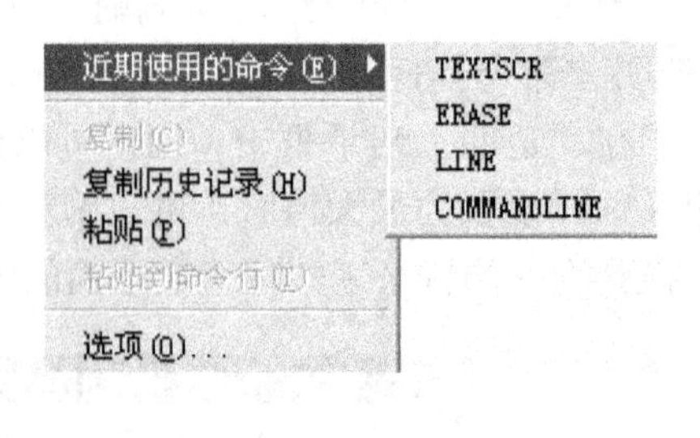

图 1-11 近期使用的命令

7. 状态栏

状态栏又称状态行，位于 AutoCAD 主窗口的底部，默认情况下左端显示出当前十字光标所处的位置，中间依次有“捕捉”、“栅格”、“正交”、“极轴”、“对象捕捉”、“对象追踪”、“DUCS（动态坐标系）”、“DYN（动态输入）”、“线宽”和“模型”10 个绘图辅助工具按钮，单击任意一个按钮，即可打开相应的绘图辅助工具；单击右侧的状态行菜单按钮，即可弹出状态行菜单，如图 1-12 所示，在该菜单中可以设置和修改状态栏中显示的辅助绘图工具按钮。

8. 工具选项板

工具选项板是一个选项卡形式的区域，它提供了一种组织、共享和放置块及填充图案的有效方法。

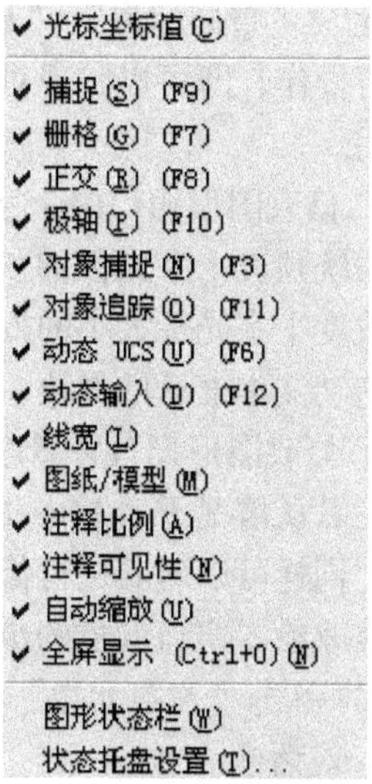

图 1-12　状态栏中的状态行控制菜单

1.2.2　用户界面的修改

在 AutoCAD　2008 的菜单栏中，选择“工具”/“选项”命令，将弹出“选项”对话框，如图 1-13 所示。单击其中的“显示”选项，切换到“显示”选项卡，其中包括 6 个选项组：“窗口元素”、“显

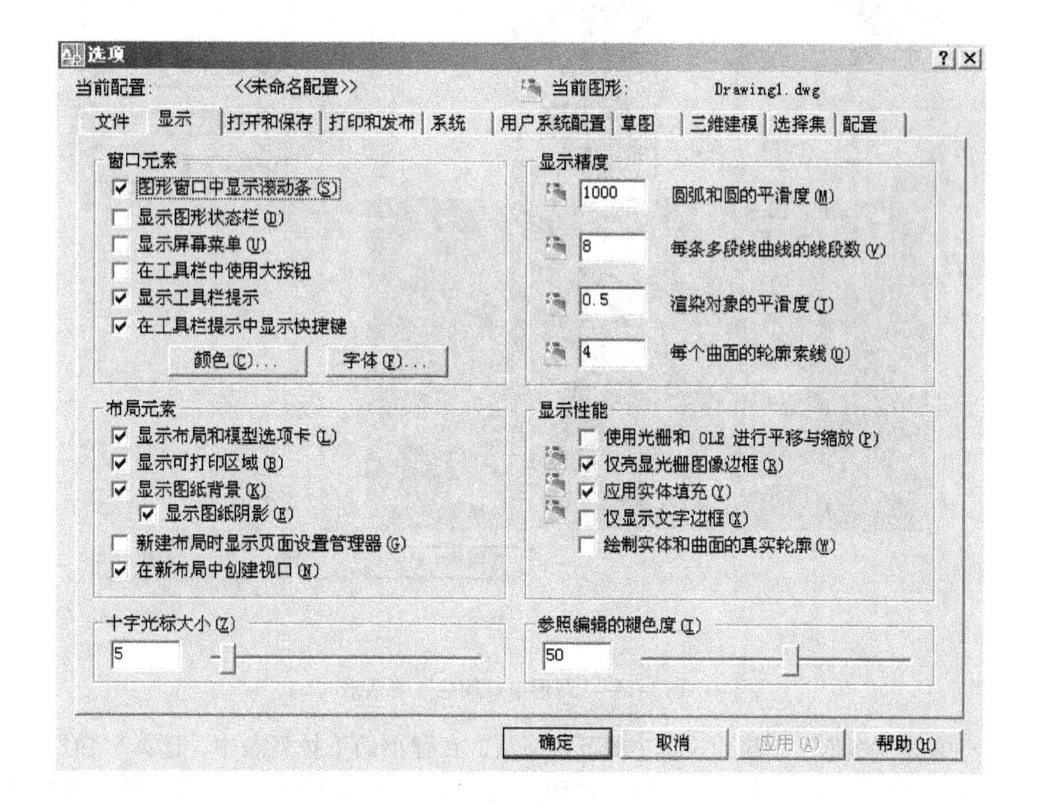

图 1-13　“选项”对话框

示精度”、“布局元素”、“显示性能”、“十字光标大小”和“参照编辑的褪色度”，分别对其进行操作，即可以实现对原有用户界面中某些内容的修改。现仅对其中常用内容的修改加以说明。

1. 修改图形窗口中十字光标的大小

系统预设十字光标的长度为屏幕大小的5%，用户可以根据绘图的实际需要更改其大小。改变十字光标大小的方法为：在“十字光标大小”选项组中的文本框中直接输入数值，或者拖动文本框后的滑块，即可以对十字光标的大小进行调整。

2. 修改图形窗口背景颜色

在默认情况下，AutoCAD 2008 的绘图窗口是黑色背景、白色线条，利用“选项”对话框，同样可以对其进行修改。

修改绘图窗口颜色的步骤如下：

1）单击“窗口元素”选项组中的“颜色”按钮，将弹出如图1-14所示的“图形窗口颜色”对话框。

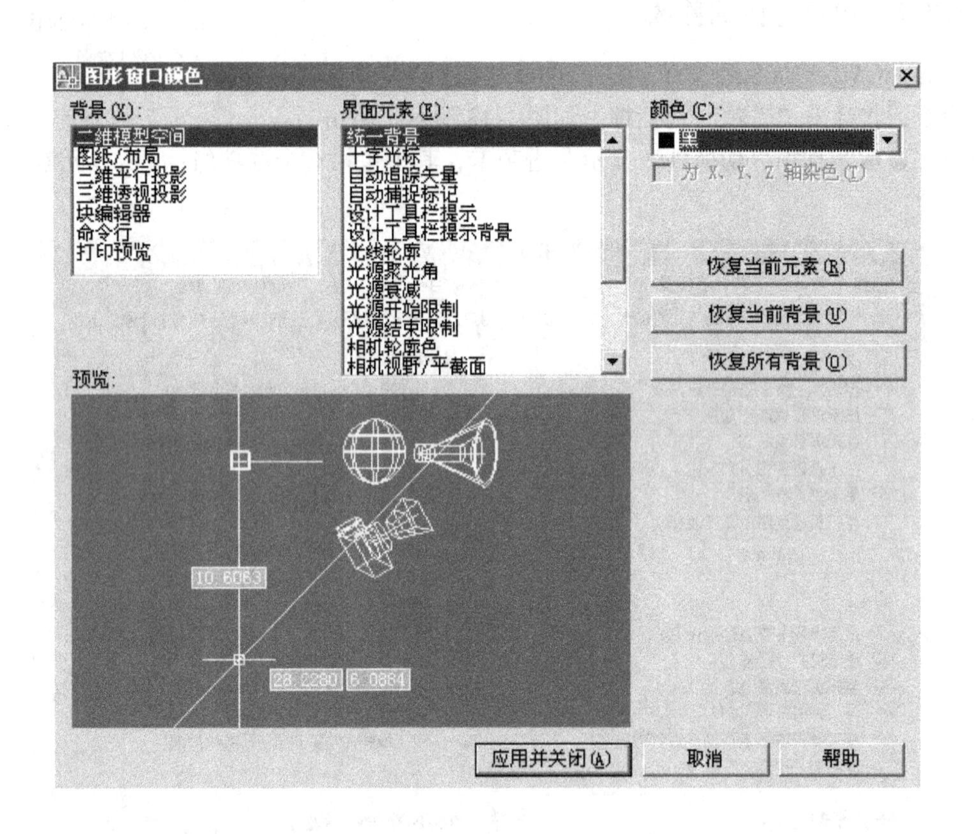

图1-14 “图形窗口颜色”对话框

2）单击“颜色”下拉列表框中的下拉箭头，在弹出的下拉列表中，选择“白”，如图1-15所示，然后单击“应用并关闭”按钮，则AutoCAD 2008的绘图窗口将变为白色背景、黑色线条。

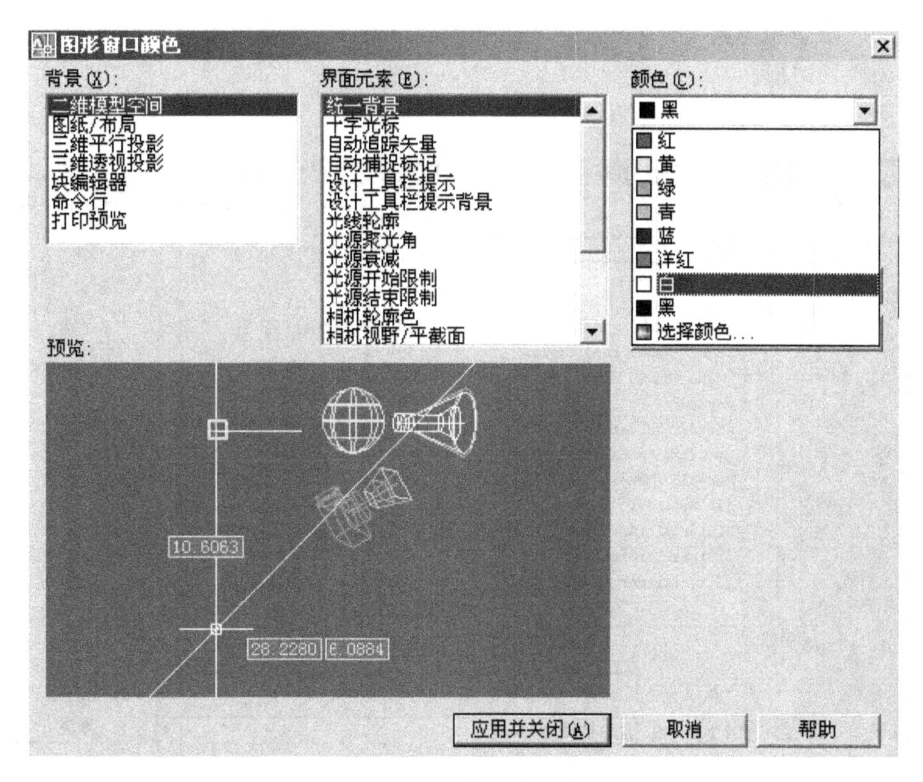

图 1-15　“窗口颜色”对话框中的“颜色”下拉列表

1.3　AutoCAD　2008 的文件管理

本节介绍 AutoCAD　2008 图形文件的基本操作，如新建图形文件、打开已有的图形文件、保存图形文件等。在一个 AutoCAD 窗口中可以同时打开和编辑多个图形文件。下面介绍图形文件的基本操作。

1.3.1　新建图形文件

在 AutoCAD　2008 中创建新图有 3 种途径：

➢“文件”下拉菜单——→“新建”命令。

➢单击标准工具栏中的 按钮。

➢在命令行提示下输入 New，并单击 <Enter> 键。

执行 New 命令后，弹出“选择样板”对话框，如图 1-16 所示。

该对话框列出了所有可供使用的样板，供用户单击选择。用户可以利用样板创建新图形。所谓样板文件是指进行了某些设置的特殊图形。实际上，样板图形和普通图形并无区别，只是作为样板的图形具有通用性，可以用作绘制其他图形的模板。样板图形中通常包含下列设置和图形元素：

- 单位类型、精度和图形界限。
- 捕捉、栅格和正交设置。

- 图层、线型和线宽。
- 标题栏和边框。
- 标注和文字样式。

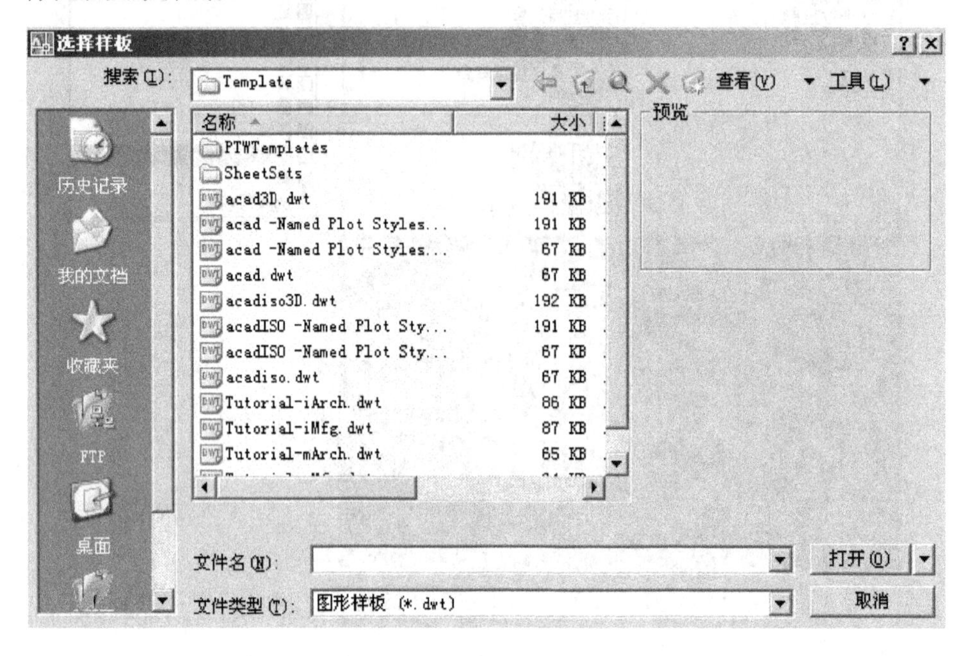

图 1-16 “选择样板”对话框

1.3.2 打开已有图形文件

打开已有图形文件有如下 3 种方法：

➢ “文件” 下拉菜单──→“打开” 命令。

➢单击标准工具栏中的 按钮。

➢在命令行提示下输入 Open，并单击 <Enter> 键。

执行 Open 命令，弹出“选择文件”对话框，如图 1-17 所示。在该对话框中，可以直接输入文件名打开已有文件，也可在列表框中双击需打开的文件。

1.3.3 保存图形文件

在绘图过程中，为了防止意外情况（死机、断电等），必须随时将图形文件存盘。保存图形有以下 3 种方法：

➢“文件” 下拉菜单──→“保存” 命令。

➢单击标准工具栏中的 按钮。

➢在命令行提示下输入 Save，并单击 <Enter> 键。

如果当前图形已经命名，则 Save 命令将以定好的名称保存文件。若当前文件尚未命名，在输入存盘命令时，打开“图形另存为”对话框，如图 1-18 所示，可在对话框中为图形文件命名，并为其选择合适的位置然后存盘。

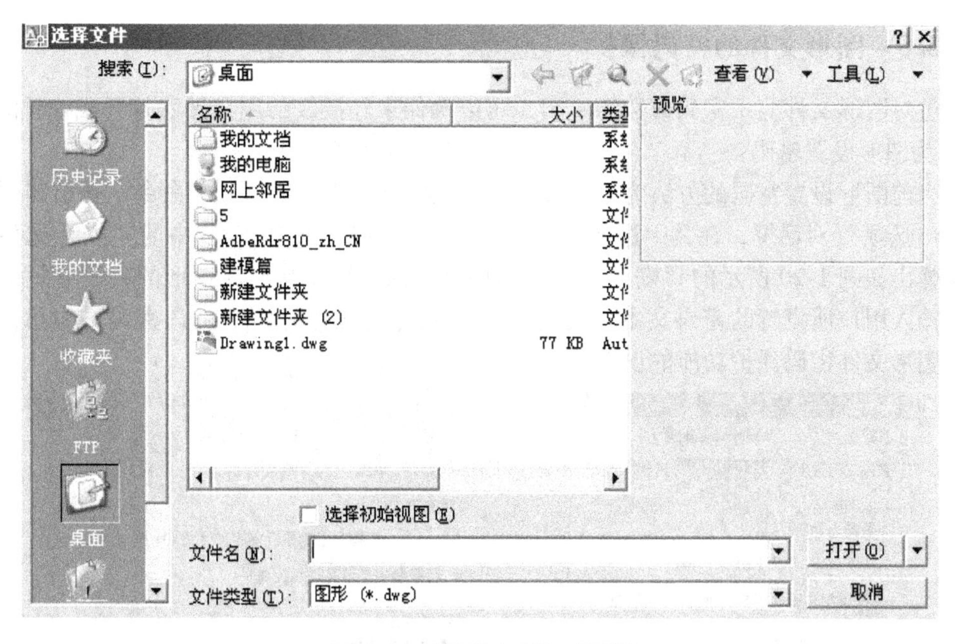

图 1-17　“选择文件”对话框

图 1-18　“图形另存为”对话框

1.3.4　同时打开多个图形文件

在一个 AutoCAD 任务下可以同时打开多个图形文件，方法是在“选择文件”对话框中，按下 <Ctrl> 键的同时选中几个要打开的文件，然后单击“打开”按钮即可。同时打开多个文件的功能为重复使用过去的设计图形及在不同图形文件之间移动、复制图形对象及其特性提供了方便。

1.3.5 图形文件的密码保护

通过对图形文件应用密码或数字签名，可以确保未经授权的用户无法打开或查看图形。

1. 为图形设置密码

为当前图形设置密码的方法为：选择菜单工具“工具”/“选项”命令，弹出如图 1-19 所示的“选项”对话框，在其中选取“打开和保存”选项卡，单击其中的“安全选项”按钮，在弹出如图 1-20 所示的“安全选项”对话框中的“用于打开此图形的密码或短语”文本框中输入用户所设置的密码文本，最后单击“确定”按钮并再次确认密码内容后，即可完成对图形文件密码保护功能的设置。

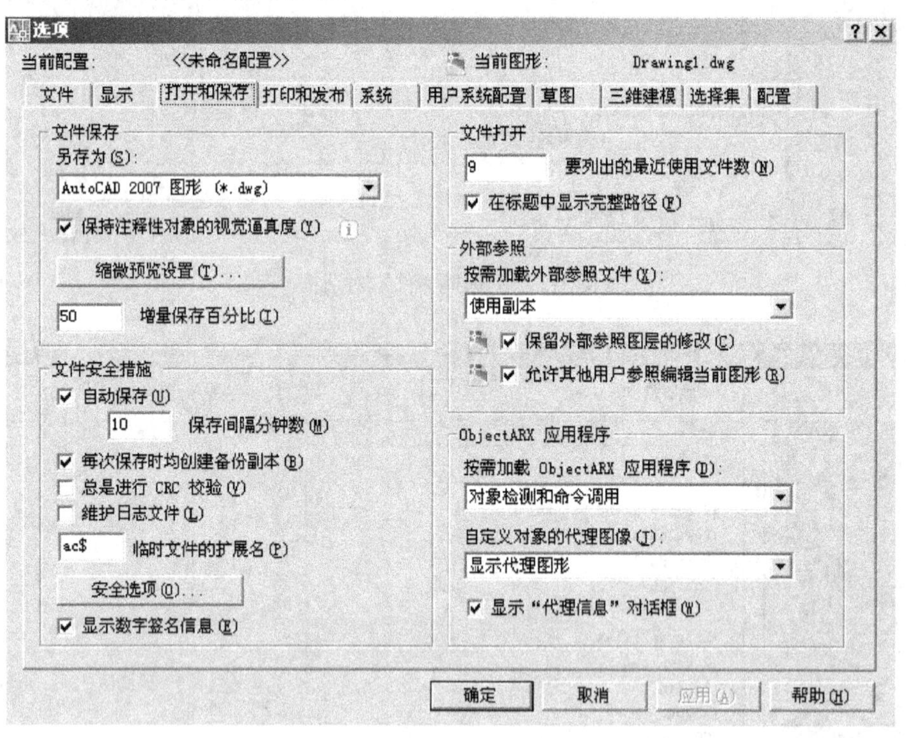

图 1-19 “选项”对话框

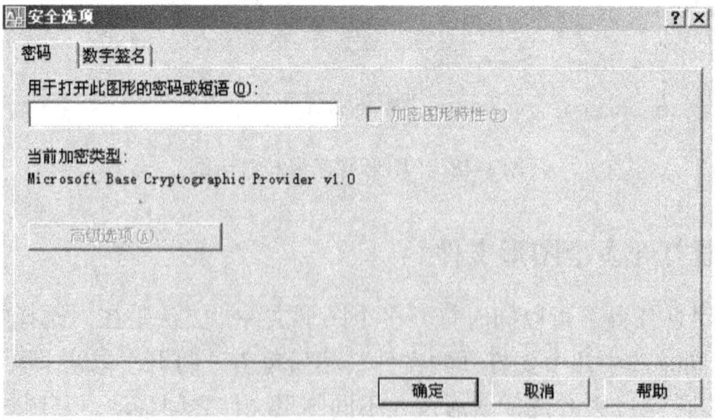

安全选项
密码 数字签名
用于打开此图形的密码或短语(O):
加密图形特性(P)
当前加密类型:
Microsoft Base Cryptographic Provider v1.0
高级选项(A)...
确定 取消 帮助

图 1-20 “安全选项”对话框

2. 打开设置有密码的图形文件

在打开设置有密码的图形文件时，系统首先弹出如图 1-21 所示的“密码”对话框，要求输入图形文件的密码。只有输入的密码正确无误后才会打开图形文件，供用户浏览、修改、编辑和打印。

图 1-21　“密码”对话框

1.4　坐标知识

了解 AutoCAD　2008 的坐标知识对学习 CAD 制图以及以后的施工图绘制是非常必要的，因为以后很多 CAD 命令的使用都和坐标有关。

1.4.1　坐标系统

AutoCAD　2008 采用了多种坐标系统以便绘图，如世界坐标系统（WCS）和用户坐标系统（UCS）。

1. 世界坐标系统

世界坐标系统（WCS）是 AutoCAD 打开时默认的基本坐标系统，它由 3 个相互垂直并相交的 X、Y、Z 轴组成。

2. 用户坐标系统

AutoCAD 提供了可变的用户坐标系统（UCS）以方便绘制图形。在默认情况下，用户坐标系统和世界坐标系统重合，用户可以在绘图过程中根据具体需要来定义 UCS。

1.4.2　坐标输入方法

绘制图形时，如何精确地输入点的坐标是绘图的关键，经常采用的精确定位坐标点的方法有四种，即绝对坐标、相对坐标、绝对极坐标和相对极坐标。

1. 绝对坐标

绝对坐标是以当前坐标系原点为输入坐标值的基准点，输入的点的坐标值都是相对于坐标系原点（0，0，0）的位置而确定的。

2. 相对坐标

相对坐标是以前一个输入点为输入坐标值的参考点，输入点的坐标值是以前一点为基准而确定的，用户可以用（@x，y）的方式输入相对坐标。

3. 绝对极坐标

绝对极坐标是以原点为极点。用户可以输入一个长度数值，后跟一个“<”符号，再加一个角度值，即可指明绝对极坐标。

4. 相对极坐标

相对极坐标通过相对于某一点的极长距离和偏移角度来表示。通常用“@ $l<\alpha$”的形式来表示相对极坐标。其中@表示相对，l 表示极长，α 表示角度。

1.5 AutoCAD 2008 的绘图辅助知识

在实际绘图中，用鼠标定位虽然方便快捷，但精度不高，绘制的图形极不精确，远远不能满足工程制图的要求。为解决快速精确定位点的问题，AutoCAD 提供了一些绘图辅助工具，包括捕捉、栅格显示、正交模式、极轴追踪、对象捕捉、对象捕捉追踪、显示/隐藏线宽等。利用这些绘图辅助工具，能够极大地提高绘图的精度和效率。在学习绘图及编辑命令以前，有必要对绘图前的准备工作以及一些相关概念有所了解。

1.5.1 设置图形界限

图形界限是表明用户的工作区域和图纸的边界。设置图形界限的目的是为了避免用户所绘制的图形超出某个范围。

在 AutoCAD 2008 中，有以下两种方法可以设置图形界限：

➢“格式”下拉菜单——→图形界限命令。

➢命令行提示下输入 Limits，并单击 <Enter>键。

执行 Limits 命令后，命令行出现如下提示：

指定左下角点或［开（ON）/关(OFF)］ <0.0000，0.0000>：

提示设置图形界限左下角的位置，默认值为（0，0）。用户可单击 <Enter>键接受其默认值或输入新值。

命令行继续提示用户设置绘图界限右上角的位置：

指定右上角点 <420.0000，297.0000>：同样可以接受其默认值或输入一个新坐标以确定绘图界限的右上角位置。

1.5.2 捕捉和栅格

捕捉用于控制间隔捕捉功能，如果捕捉功能打开，光标将锁定在不可见的捕捉网格点上，作步进式移动。捕捉间距在 X 方向和 Y 方向一般相同，也可以不同。

栅格是显示可见的参照网格点，当栅格打开时，它在图形范围界限内显示。栅格既不是图形的一部分，也不会输出，但对绘图起很重要的辅助作用，如同坐标纸一样。栅格点的间距值可以和捕捉间距相同，也可以不同。图 1-22 为栅格打开状态时的绘图区。

用户可在“草图设置”对话框（图 1-23）中进行辅助功能的设置。打开该对话框有如下两种方法：

➢“工具”下拉菜单——→草图设置命令。

➢在命令行提示符下输入 Dsettings（简捷命令 DS）并单击 <Enter>键。

在“草图设置”对话框中，其中的“捕捉和栅格”选项卡用来对捕捉和栅格功能进行

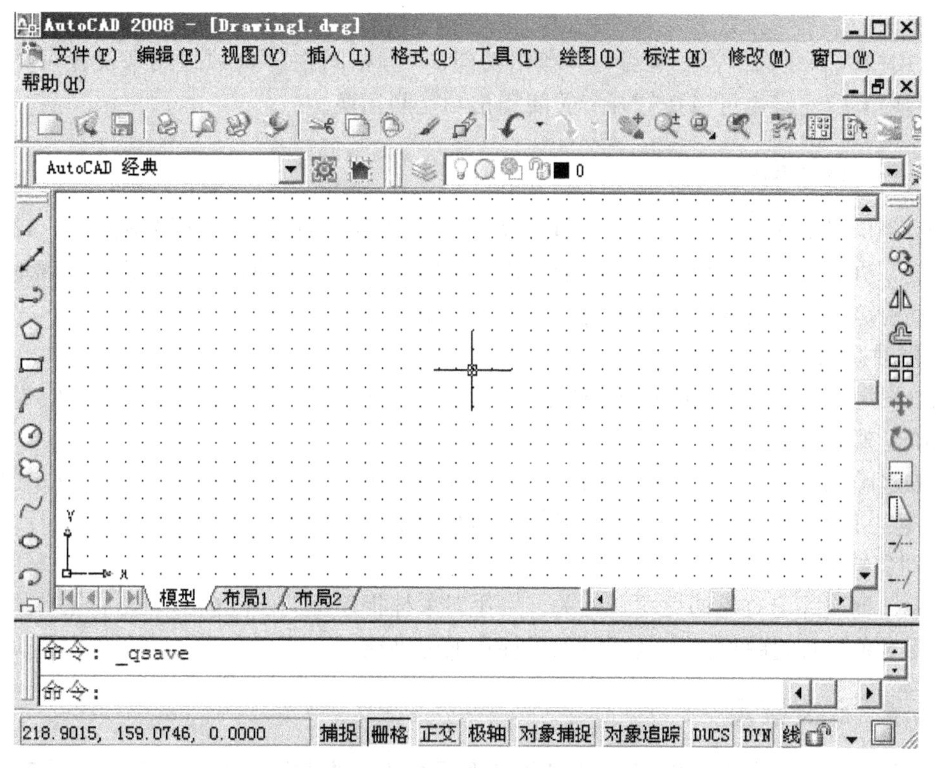

图 1-22　栅格打开状态时的绘图区

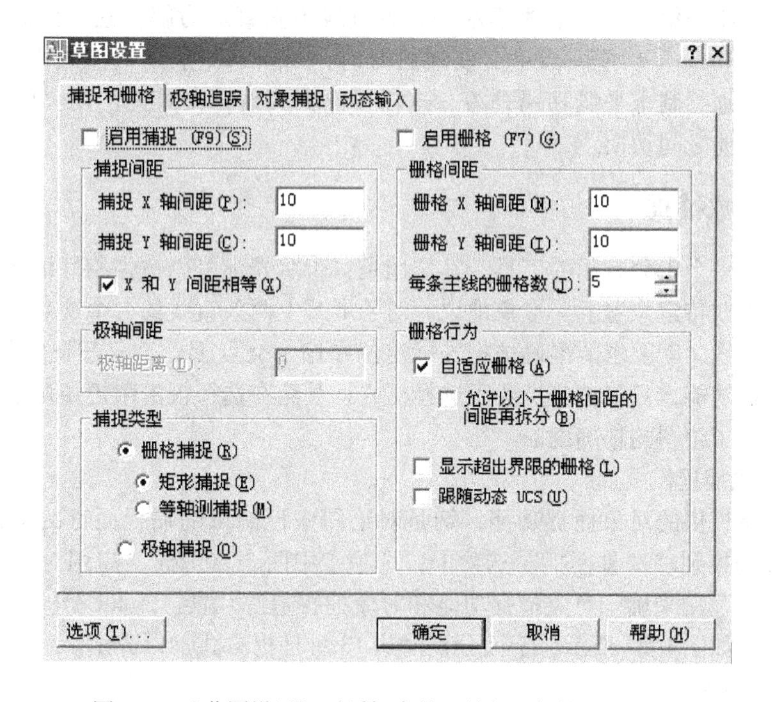

图 1-23　“草图设置”对话框中的“捕捉和栅格”选项卡

设置。对话框中的“启用捕捉”复选框控制是否打开捕捉功能；在“捕捉间距”选项组中可以设置捕捉间距的 X 方向间距和 Y 方向间距；利用 < F9 > 键也可以在打开和关闭捕捉功能之间切换。

“启用栅格”复选框控制是否打开栅格功能，“栅格间距”选项组用来设置可见网格的间距。利用 < F7 > 键也可以在打开和关闭栅格功能间切换。

1.5.3 自动追踪

AutoCAD 提供的自动追踪功能，可以使用户在特定的角度和位置绘制图形。打开自动追踪功能，执行时屏幕上会显示临时辅助线，帮助用户在指定的角度和位置上精确地绘制图形。自动追踪功能包括两种：极轴追踪和对象捕捉追踪。

1. 极轴追踪

在绘图过程中，当 AutoCAD 要求用户给定点时，极轴追踪功能可以使给定的极角方向上显示临时辅助线。

极轴追踪的有关设置可在“草图设置”对话框中的“极轴追踪”选项卡中完成。用 < F10 > 键可以在打开和关闭“极轴追踪”之间切换。

2. 对象捕捉追踪

对象捕捉追踪与对象捕捉功能相关，启用对象捕捉追踪功能之前必须先启用对象捕捉功能。利用对象捕捉追踪可产生基于对象捕捉点的辅助线。

1.5.4 正交模式

用鼠标来画水平和垂直线时，也许会发现要真正画直并不容易。光凭肉眼去观察和掌握，实在费劲，稍一偏差，水平线不水平，垂直线不垂直。为解决这个问题，AutoCAD 提供了一个正交（Ortho）功能。当正交模式打开时，AutoCAD 限定只能画水平线或铅垂线，使用户可以精确地绘制水平线和铅垂线，这样可以大大地方便绘图。用 < F8 > 键可以在打开和关闭正交功能之间切换。

1.5.5 对象捕捉

对象捕捉是一个十分有用的工具。其作用是：十字光标可以被强制性地准确定位在已存在实体的特定点或特定位置上。形象地说，对于屏幕上两条直线的一个交点，若要以这个交点为起点再画直线，就要求能准确地把光标定位在这个交点上，这仅靠视觉是很难做到的。若利用交点捕捉功能，只需把交点置于选择框内，甚至在选择框的附近便可准确地确定在交点上，从而保证了绘图的精确度。

1. 设置对象捕捉模式

AutoCAD 所提供的对象捕捉功能，均是对绘图中控制点的捕捉而言的。打开“草图设置”对话框并切换到“对象捕捉”选项卡，选项卡中两个复选框“启用对象捕捉”和“启用对象捕捉追踪”用来确定对象捕捉功能和对象捕捉追踪功能。AutoCAD 2008 共有 13 种对象捕捉方式，如图 1-24 所示，下面分别对这 13 种捕捉方式加以介绍。

（1）端点捕捉

用来捕捉实体的端点，该实体可以是一段直线，也可以是一段圆弧。

（2）中点捕捉

用来捕捉一条直线或圆弧的中点。捕捉时只需将靶区放在直线上即可，而不一定放在

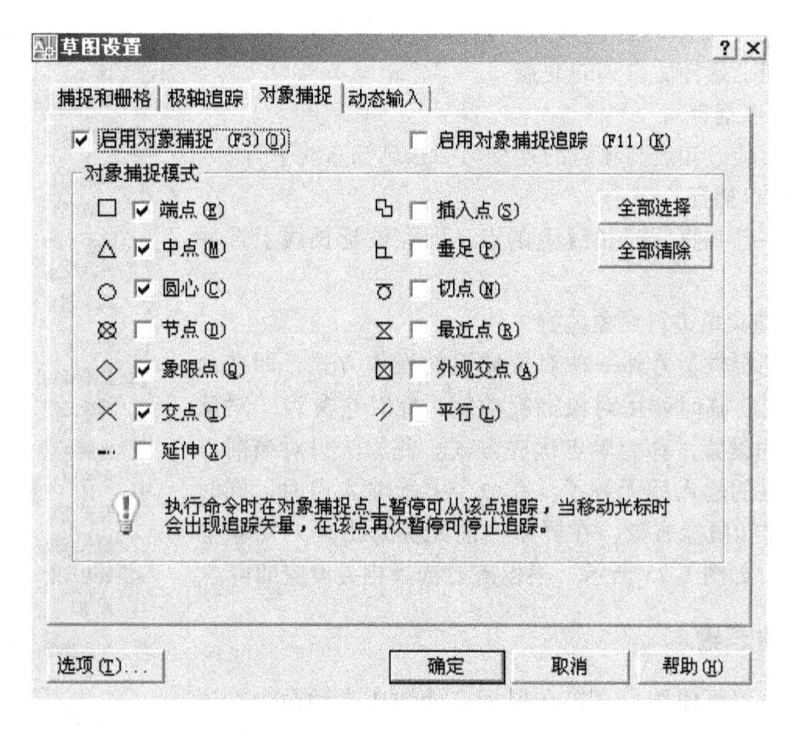

图 1-24　“草图设置”对话框中的“对象捕捉”选项卡

中部。

(3) 圆心捕捉

使用圆心捕捉方式，可以捕捉一个圆、弧或圆环的圆心。

(4) 节点捕捉

用来捕捉点实体或节点。使用时，需将靶区放在节点上。

(5) 象限点捕捉

即捕捉圆、圆环或弧在整个圆周上的四分点。靶区也总是捕捉离它最近的那个象限点。

(6) 交点捕捉

该方式用来捕捉实体的交点，这种方式要求实体在空间内必须有一个真实的交点，无论交点目前是否存在，只要延长之后相交于一点即可。

(7) 插入点捕捉

用来捕捉一个文本或图块的插入点，对于文本来说即是其定位点。

(8) 垂足捕捉

该方式在一条直线、圆弧或圆上捕捉一个点，从当前已选定的点到该捕捉点的连线与所选择的实体垂直。

(9) 切点捕捉

在圆或圆弧上捕捉一点，使这一点和已确定的另外一点连线与实体相切。

(10) 最近点捕捉

此方式用来捕捉直线、弧或其他实体上离靶区中心最近的点。

(11) 外观交点捕捉

用来捕捉两个实体的延伸交点。该交点在图上并不存在，而仅仅是同方向上延伸后得到的交点。

（12）平行点捕捉

捕捉一点，使已知点与该点的连线与一条已知直线平行。

（13）延伸点捕捉

用来捕捉一已知直线延长线上的点，即在该延长线上选择出合适的点。

2. 利用快捷菜单进行对象捕捉

AutoCAD 还提供了另外一种对象捕捉的操作方式，即在命令要求输入点时，临时调用对象捕捉功能，此时它覆盖“对象捕捉”选项卡的设置，称为单点优先方式。此方法只对当前点有效，对下一点的输入就无效了。在命令要求输入点时，同时按下 <Shift> 键和鼠标右键，在屏幕当前光标处出现“对象捕捉”快捷菜单，如图 1-25 所示。根据需要选择相关设置即可。

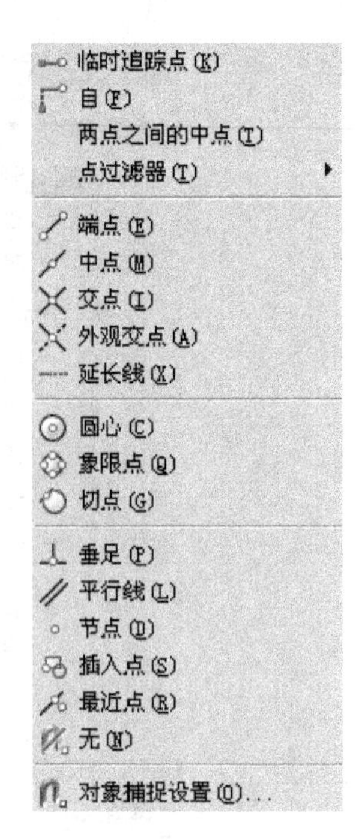

图 1-25 “对象捕捉”快捷菜单

1.5.6 动态输入

动态输入设置可使用户直接在鼠标点处快速启动命令、读取提示和输入值，而不需要把注意力分散到图形编辑器外。用户可在创建和编辑几何图形时动态查看标注值，如长度和角度，通过 <Tab> 键可在这些值之间切换。可使用在状态栏中新设置的 DYN 切换按钮来启用动态输入功能。

1.6 目标选择

目标选择，顾名思义就是如何选择目标。在 AutoCAD 中，正确快捷地选择目标是进行图形编辑的基础。只要进行图形编辑，用户就必须准确无误地通知 AutoCAD，将要对图形文件中的哪些实体（或目标）进行操作。

用户选择实体目标后，该实体将呈高亮显示，即组成实体的边界轮廓线由原先的实线变成虚线，十分明显地和那些未被选中的实体区分开来。

1. 用拾取框选择单个实体

当用户执行编辑命令后，十字光标被一个小正方形框所取代，并出现在光标所在的当前位置，在 AutoCAD 中，这个小正方形框被称为拾取框。

将拾取框移至编辑的目标上，单击鼠标左键，即可选中目标，此时被选中的目标呈现高亮显示。

2. 利用对话框设置选择方式

对于复杂的图形，往往一次要同时对多个实体进行编辑操作或在执行命令之前先选择图形目标。设置恰当的目标选择方式即可实现这种操作。AutoCAD 2008 提供了用来设置选择方式的对话框，即“草图设置”对话框下的“选项”对话框。在该对话框中，用户可对选择方式的相关内容进行设置。

可以通过下列方法打开“选项”对话框：

➢打开“工具”下拉菜单——→选项，即可打开选项对话框。

➢在状态栏“对象捕捉”上单击鼠标右键，打开快捷菜单，在该菜单中单击“设置”选项；打开“草图设置”对话框，再单击其中的“选项”按钮，也可打开“选项”对话框。

在“选项”对话框中，打开“选择集”选项卡（图 1-26），在其中可以根据需要灵活地对图形目标的选择方式及其附属功能进行设置，有效地选择方式可极大地提高绘图速度。

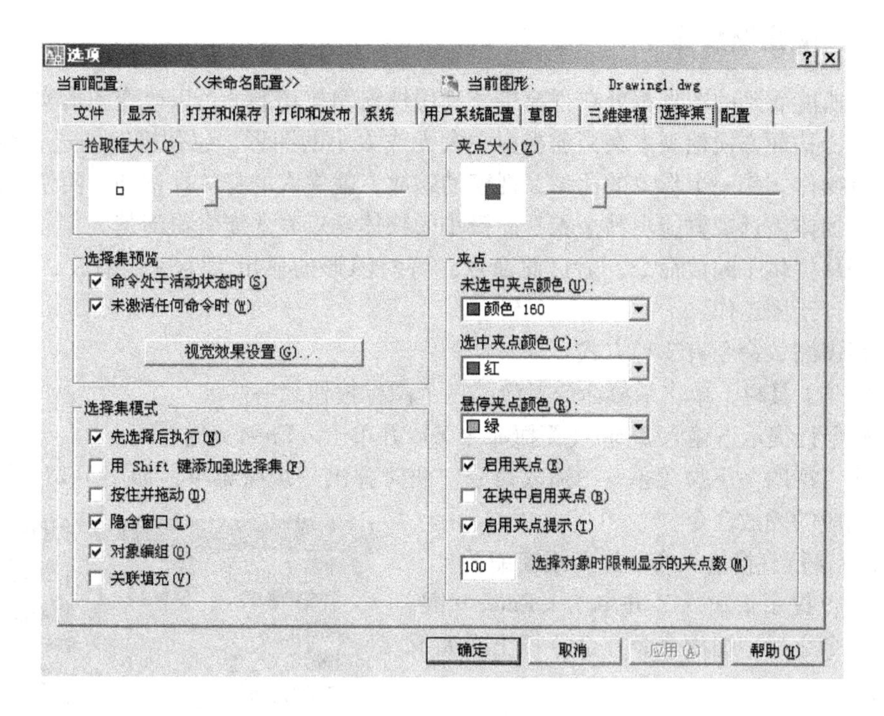

图 1-26　“选项”对话框

3. 窗口方式和交叉方式

除了可用单击拾取框方式选择单个实体外，AutoCAD 还提供了矩形选择框方式来选择多个实体，矩形选择框方式又包括窗口方式和交叉方式。这两种方式既有联系，又有区别。

（1）窗口方式

执行编辑命令后，在选择对象：提示下单击鼠标左键，选择第一对角点，从左向右移动鼠标至恰当位置，再单击鼠标左键，选取另一对角点，即可看到绘图区内出现一个实线的矩形，称之为窗口方式下的矩形选择框。此时，只有全部被包含在该选择框中的实体目标才被选中。

（2）交叉方式

执行编辑命令后，在选择对象：提示下单击鼠标左键，选取第一对角点，从右向左移动鼠标，再单击鼠标左键，选取另一对角点，即可看到绘图区内出现一个呈虚线的矩形，称之为交叉方式下的矩形选择框。此时完全被包含在矩形选择框之内的实体以及与选择框部分相交的实体均被选中。

1.7 视窗的显示控制

使用 AutoCAD 绘图时，由于显示器大小的限制，往往无法看清图形的细节，也就无法准确地绘图。为此 AutoCAD 2008 提供了多种改变图形显示的方式。可以用放大图形的显示方式来更好地观察图形的细节，也可以用缩小图形的显示方式浏览整个图形，还可以通过视图平移的方法来重新定位视图在绘图区域中的位置等。

1.7.1 视窗缩放命令

绘图时所能看到的图形都处在视窗中。利用视窗缩放功能，可以改变图形实体在视窗中显示的大小，从而方便地观察在当前视窗中太大或太小的图形，以便准确地进行绘制实体、捕捉目标等操作。作一个形象的比喻，视窗的缩放，就像人的身体在移动，而使视点不断变化。巨大的物体需远观方能观其全貌，而极小的物体需近看才能看得清楚。

AutoCAD 提供了缩放命令，通过此命令，可对图形的显示大小进行缩放，便于用户观察图形，进行绘图工作。

启动视窗缩放命令有 3 种方式：

➢在标准工具栏上单击缩放命令对应的三个图标按钮之一。

➢在命令行提示下输入 Zoom（简捷命令 Z）并单击 <Enter> 键。

➢打开“视图”下拉菜单──→缩放命令，此时弹出一级联菜单，如图 1-27 所示，在其中可选择相应的缩放命令。

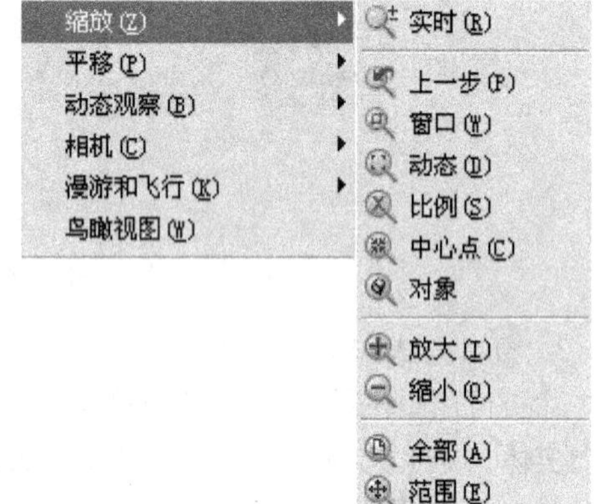

图 1-27 “缩放”子菜单

1. 在命令行直接输入命令进行视窗缩放

在命令行提示下输入 Z 并单击 <Enter> 键，启动缩放命令之后，缩放命令在命令行出现如下提示信息：

指定窗口的角点，输入比例因子（nX 或 nXP），或者[全部(A)/中心(C)/动态(D)/范围(E)/上一个(P)/比例(S)/窗口(W)/对象(O)] <实时>：

下面对这 9 个选项分别进行介绍：

（1）全部（A）

选择“全部”选项，将依照图形界限或图形范围的尺寸，在绘图区域内显示图形。一般情况下，当不清楚图形范围到底有多大时，可使用“全部”命令使所有的图形实体显示在绘图区域内。

（2）中心点（C）

选择“中心点”选项，AutoCAD 将根据所确立的中心点调整视图。选择“中心点”选项后，用户可直接用鼠标在屏幕选择一个点作为新的中心点。确定中心点后，AutoCAD 要求输入放大系数或新视图的高度。

如果在输入的数值后面加一个字母 X，则此输入值为放大倍数，如果未加 X，则 AutoCAD 将这一数值作为新视图的高度。

(3) 动态 (D)

该选项先临时将图形全部显示出来，同时自动构建一个可移动的视图框（该视图框通过切换后可以成为可缩放的视图框），用此视图框来选择图形的某一部分作为下一屏幕上的视图。在该方式下，屏幕将临时切换到虚拟显示屏状态。

(4) 范围 (E)

该选项将所有图形全部显示在屏幕上，并最大限度地充满整个屏幕。

(5) 上一步 (P)

该选项用来恢复上一次显示的图形视区。

(6) 比例 (S)

选择“比例”方式，可根据需要比例放大或缩小当前视图，且视图的中心点保持不变。选择此选项后，AutoCAD 要求用户输入缩放比例倍数。输入倍数的方式有两种：一种是数字后加字母 X，表示相对于当前视图的缩放倍数；一种是只有数字，该数字表示相对于图形界限的倍数。一般来说，相对于当前视图的缩放倍数比较直观，且容易掌握，因此比较常用。

(7) 窗口 (W)

该选项可直接用 Window 方式选择下一视图区域，当选择框的宽高比与绘图区的宽高比不同时，AutoCAD 使用选择框宽度与高度中相对当前视图放大倍数的较小者，以确保所选区域都能显示在视图中。事实上，选择框的高宽比几乎都不同于绘图区，因此选择框外附近的图形实体也可以出现在下一视图中。

(8) 对象

缩放以便尽可能大地显示一个或多个选定的对象并使其位于绘图区域的中心，可以在启动 Zoom 命令前后选择对象。

(9) 实时 (R)

该选项为系统缺省项，在命令行提示下，直接单击 <Enter> 键则选中该项。

按 <Esc> 或 <Enter> 键退出，或单击鼠标右键显示快捷菜单。单击鼠标右键，屏幕上弹出一个快捷菜单，如图 1-28 所示。下面对快捷菜单中的每一项分别加以介绍。

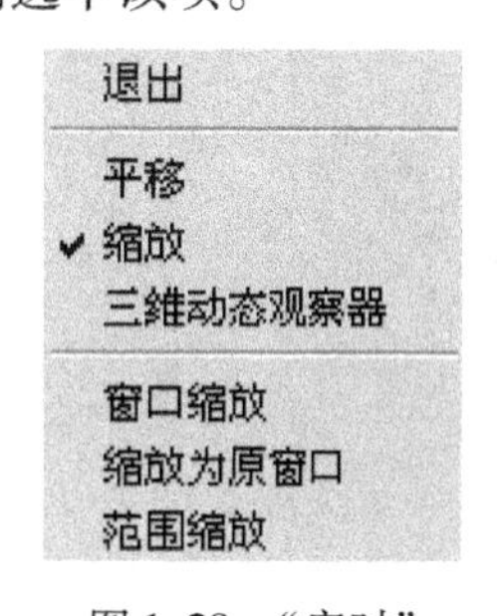

图 1-28 “实时”快捷菜单

- 退出：单击此命令，便可直接退出缩放命令。
- 平移：单击此命令，光标将成为手的形状，拖动光标，便可使视图向相同方向平移。屏幕的平移将在后面进行详细介绍。
- 缩放：单击此命令，将重新回到视图动态缩放的状态。
- 三维动态观察器：单击此命令，可对图形实体在三维空间内进行旋转和缩放。
- 窗口缩放：该命令与前面讲的“窗口 (W)”选项相同，只是光标稍有区别，且选择完两个对角点之后不需单击 <Enter> 键确认。
- 缩放为原窗口：与前面所述的“上一步 (P)”选项相同。
- 范围缩放：图形完全显示。

2. 使用工具按钮进行视图缩放

AutoCAD 2008 为用户提供了 3 个视图缩放的工具按钮 ，这三个按钮都在标准工具栏上。因此，用户可以直接选用工具按钮来进行视图缩放的操作。这三个按钮与缩放命令下的选项相同，功能等效。

3. 使用菜单方式进行视图缩放

启动缩放命令也可以采用菜单方式，即单击“视图”下拉菜单下的缩放命令，这时打开一个级联菜单，如图 1-26 所示。该级联菜单中的各命令选项和前面讲述的缩放命令下的选项相同，这里不再重复介绍。

1.7.2 视窗平移

使用 AutoCAD 绘图时，当前图形文件中的所有图形实体并不一定全部显示在屏幕内，如果想查看当前屏幕外的实体，可以使用平移命令 Pan。Pan 命令比视窗缩放命令执行起来要快得多，另外视窗平移的操作直观形象而且简便。

启动 Pan 命令有 3 种方法：

➢打开“视图”下拉菜单⟶平移命令，包含一个级联菜单，菜单中含有平移命令的各个选项，选择合适的一个，即可执行平移命令。

➢单击标准工具栏上的按钮。

➢在命令行提示下输入 Pan（简捷命令 P）并单击 <Enter> 键。

此时屏幕上出现图标，拖动鼠标，即可移动图形显示，就像用手在图板上推动图纸一样。

第 2 章　基本绘图命令和编辑方法

【学习目标】

本章主要介绍了 AutoCAD 基本绘图命令和编辑方法，讲述了绘图命令的使用和编辑命令的用法，讲解了图形属性、图案填充、图层控制、文本和尺寸标注等有关图形绘制的基本知识。通过本章的学习要理解和掌握基本绘图命令的基本操作，理解和掌握基本编辑命令和基本编辑方法，熟悉绘图命令和编辑命令的一般格式，为以后各章的学习奠定扎实的基础。

2.1　命令的执行方式

AutoCAD 的操作过程由 AutoCAD 命令控制。AutoCAD 命令名为英文，有多种方法可以调用 AutoCAD 命令。常用的命令执行方式有以下三种：

- 在命令行输入命令名。即在命令行的“命令:”提示后输入命令的字符串或者是命令字符串的快捷方式，命令字符不区分大、小写。
- 单击菜单栏中命令，在状态栏可以看到相应的命令说明即命令名。
- 单击工具栏中的对应图标，执行相应命令。

在上述所有的执行方式中，在命令行输入命令名是最为稳妥的方式，因为 AutoCAD 的所有命令均有其命令名，但却并非所有的命令都有其子菜单项、命令快捷方式和工具栏图标，只有常用的才有。

2.2　绘制直线几何图形

在建筑施工图的绘制中，用得最多而且用途最广泛的图形元素是直线和直线组成的集合图形。本节将介绍直线和直线组成的几何图形的绘制方法。

2.2.1　绘制点（Point）

在 AutoCAD 中，点可以作为实体，用户可以像创建直线、圆和圆弧一样创建点。作为实体的点与其他实体相比没有任何区别，同样具有各种实体属性，而且也可以被编辑。

AutoCAD 中启动绘制点的命令有如下三种方法：

➢“绘图”下拉菜单──→点命令。

➢在工具栏上单击 · 按钮。

➢命令行提示下输入 Point（简捷命令 PO），并单击 <Enter> 键。

启动点命令后，命令行出现提示：

指定点：要求输入或用光标确定点的位置，确定一点后，便在该点出现一个点的实体。

打开绘图菜单，单击点命令，弹出如图2-1所示的子菜单，其中列出了四种点的操作方法，现分别介绍如下：

- 单点　画单个点。
- 多点　连续画多个点。
- 定数等分　画等分点。
- 定距等分　测定同距点。

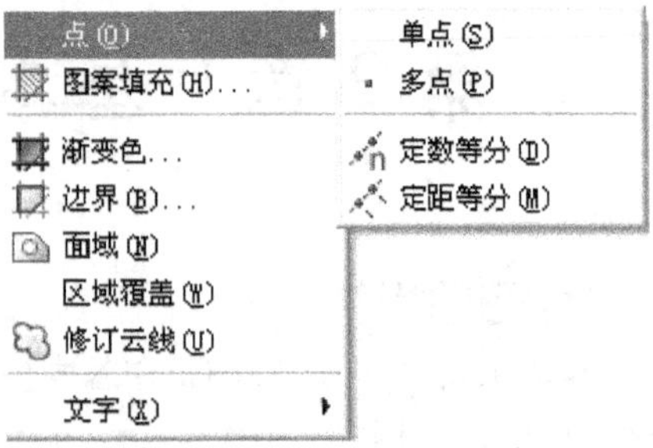

AutoCAD中，点的类型可以定制，用户可以极其方便地得到自己所需要的点，可通过以下两种方法来定制点的类型：

图2-1　点命令子菜单

➢"格式"下拉菜单——→点样式。

➢命令行提示下输入Ddptype，并单击<Enter>键。

启动该命令后，弹出一个点样式对话框，如图2-2所示，在该对话框中用户可以选取自己所需要的点的类型，还可以调整点的大小，也可以进行一些其他设置。该对话框中各部分内容介绍如下：

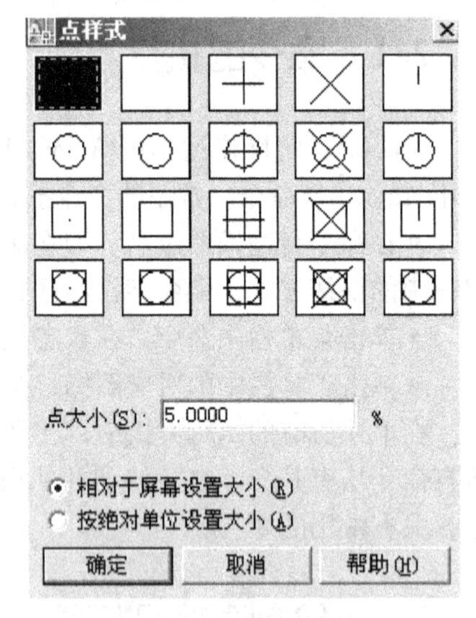

图2-2　点样式对话框

- 点大小文本框：利用输入数值的大小决定点的大小。
- 相对于屏幕设置大小：设置相对尺寸。
- 按绝对单位设置大小：设置绝对尺寸。

点（Point）在建筑施工图中的应用如图2-3所示。

2.2.2　绘制直线（Line）

从本节开始，介绍命令的执行方式只介绍从命令行输入命令这种方式。

绘制直线的命令是Line。执行画线命令Line，一次可画一条线段，也可以连续画多条线段（其中每一条线段都彼此相互独立）。

直线段是由起点和终点来确定的，可以通过鼠标或键盘来确定起点或终点。

在命令行提示下输入Line（简捷命令L）并单击<Enter>键即可启动该命令。启动绘

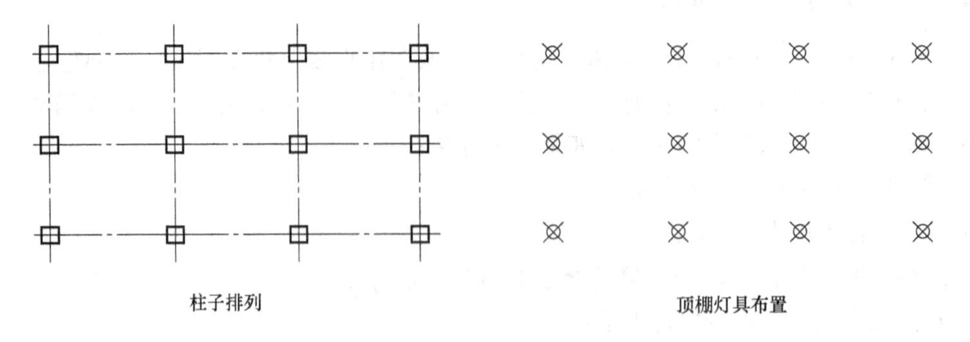

图2-3　点命令在建筑施工图中的应用

制直线命令后，命令行提示如下：

指定第一点：

指定下一点或［放弃（U）］：

指定下一点或［放弃（U）］：

另外，当连续画两条以上的直线段时，命令行将反复给出如下提示：

指定下一点或［闭合（C）/放弃（U）］：确定线段的终点，或输入 C（Close）将最后端点和最初起点连线形成一闭合的折线，也可输入 U 以取消最近绘制的直线段。

2.2.3　绘制多段线（Pline）

多段线可以由等宽或不等宽的直线以及圆弧组成，AutoCAD 把多段线看成是一个单独的实体。

在命令行提示下输入 Pline（简捷命令 PL），并单击 <Enter> 键即可启动该命令。启动绘制多段线命令后，命令行给出如下提示：

指定起点：确定多段线的起点。

确定之后，命令行出现一组提示如下：

指定下一点或［圆弧（A）/闭合（C）/半宽（H）/长度（L）/放弃（U）/宽度（W）］：

下面分别介绍这些选项。

（1）圆弧（A）

选择该选项后，又会出现如下提示：

指定圆弧的端点或［角度（A）/圆心（CE）/方向（D）/半宽（H）/（L）/半径（R）/第二个点（S）/放弃（U）/宽度（W）：

选项中各项含义如下：

- 角度（A）：该选项用于指定圆弧的内含角。
- 圆心（CE）：为圆弧指定圆心。
- 方向（D）：取消直线与弧的相切关系设置，改变圆弧的起始方向。
- 直线（L）：返回绘制直线方式。
- 半径（R）：指定圆弧半径。
- 第二个点（S）：指定三点绘制弧。

其他各选项与 Polyline 命令下的同名选项意义相同，以后再介绍。

（2）闭合（C）

该选项自动将多段线闭合，即将选定的最后一点与多段线的起点连起来，并结束命令。当多段线的宽度大于 0 时，若想绘制闭合的多段线，一定要用 Close 选项，才能使其完全封闭。否则，即使起点与终点重合，也会出现缺口，如图 2-4 所示。

（3）半宽（H）

该选项用于指定多段线的半宽值，绘制多段线的过程中，每一段都可以重新设置半宽值。

图 2-4　多段线出现缺口

（4）长度（L）

定义下一段多段线的长度，AutoCAD 将按照上一线段的方向绘制这一段多段线。若上一段是圆弧，将绘制出与圆弧相切的线段。

（5）放弃（U）

取消刚刚绘制的那一段多段线。

（6）宽度（W）

该选项用来设置多段线的宽度值，选择该选项后，将出现如下提示：

指定起点宽度 <0.0000>：

指定端点宽度 <0.0000>：

图 2-5 所示为利用多段线命令绘制的图形。

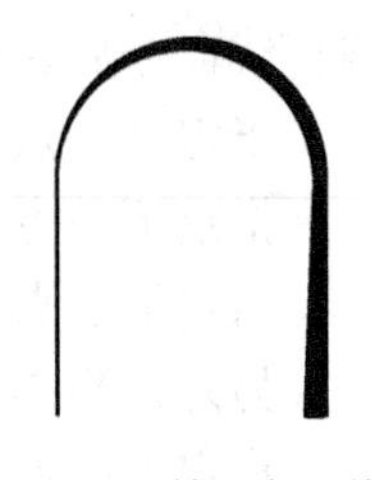

图 2-5 利用多段线命令绘制的图形

2.2.4 绘制多线（MultiLine）

绘制多线的命令是 Multiline，用于绘制多条平移线段。

在命令行提示下输入 MultiLine（简捷命令 ML）并单击 <Enter> 键即可启动该命令。启动多线命令后，命令行给出如下提示：

当前设置：对正 = 上，比例 = 20.00，样式 = STANDARD

指定起点或[对正（J）/比例（S）/样式（ST）]：

指定下一点：

指定下一点或［放弃（U）］：

选项中各项含义如下：

- 对正（J）：选择偏移，包括三种偏移：零偏移、顶偏移和底偏移。
- 比例（S）：设置绘制多线时采用的比例。
- 样式（ST）：设置多线的类型。

2.2.5 绘制正多边形（Polygon）

绘制正多边形的命令是 Polygon。使用正多边形命令最多可以画出有 1024 条边的等边多边形。

在命令行提示下输入 Polygon（简捷命令 POL）并单击 <Enter> 键即可启动该命令。启动多线命令后，命令行给出如下提示：

输入边的数目 <4>：确定正多边形边数。

指定正多边形的中心点或［边（E）］：确定正多边形中心点或确定用边长来画正多边形。

如果指定正多边形的中心点，则命令行继续提示：

输入选项［内接于圆(I)/外切于圆(C)］ <I>：选择外切或内接方式，I 为内接，C 为外切。

指定圆的半径：确定外接圆或内切圆的半径。

如果输入 E 并单击 <Enter> 键，确定用边长来画正多边形。命令行则提示如下：

指定边的第一个端点：确定一条边的一个端点。

指定边的第二个端点：确定该边的另一个端点。

图 2-6 所示为用内接法和外切法两种方法绘制的正多边形。

2.2.6 绘制矩形（Rectangle）

绘制矩形命令是 Rectangle。

在命令行提示下输入 Rectangle（简捷命令 REC）并单击 <Enter> 键即可启动该命令。启动矩形命令后，命令行给出如下提示：

指定第一个角点或［倒角（C）/标高（E）/圆角（F）/厚度（T）/宽度（W）］：

确定了第一个角点后，再出现提示：

指定另一个角点或［面积（A）/尺寸（D）/旋转（R）］：

确定另一个角点，绘出矩形

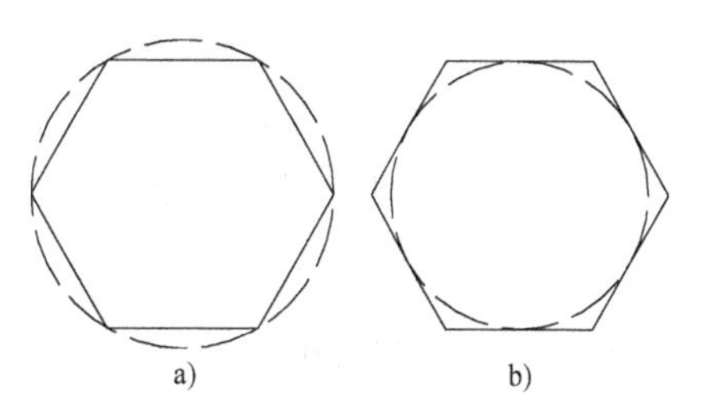

图 2-6　用内接法和外切法绘制的正多边形

a）内接法　b）外切法

现将其他选项说明如下：

- 倒角（C）：设定矩形四角为倒角及倒角大小。
- 标高（E）：确定矩形在三维空间内的基面高度。
- 圆角（F）：设定矩形四角为圆角及半径大小。
- 厚度（T）：设置矩形厚度，即 Z 轴方向的高度。
- 宽度（W）：设置线条宽度。

用矩形命令画出的矩形，AutoCAD 把它当作一个实体，其四条边是一条复合线，不能单独分别编辑，若要使其各边成为单一直线进行分别编辑，需使用分解（Explode）命令。

图 2-7 所示为执行不同选项时绘制出的矩形形状。

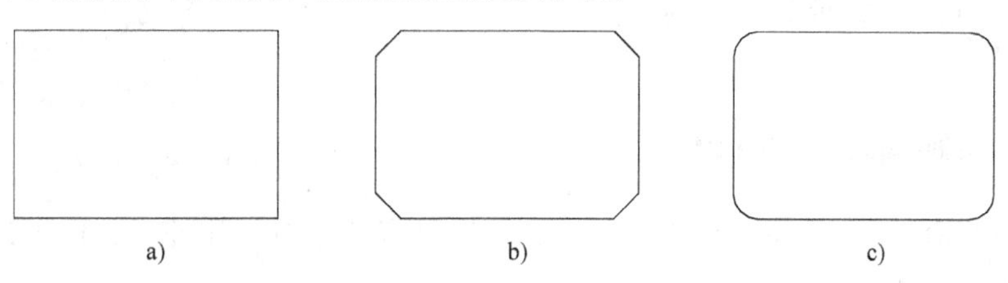

图 2-7　执行不同命令选项绘制出的矩形

a）执行默认选项绘制的矩形　b）执行倒角选项绘制的矩形　c）执行圆角选项绘制的矩形

2.3　绘制曲线对象

使用 AutoCAD 可以创建各种各样的曲线对象，包括圆、圆弧、样条曲线和圆环。下面将重点介绍这些曲线的绘制方法。

2.3.1　绘制圆（Circle）

圆是建筑工程绘图中另一种最常见的基本实体，可以用来表示轴圈编号、详图符号等。绘制圆的命令是 Circle。

在命令行提示下输入 Circle（简捷命令 C））并单击 <Enter> 键即可启动该命令。启动绘圆命令后，命令行给出提示：

指定圆的圆心或［三点（3P）/两点（2P）/相切、相切、半径（T）］：

指定圆的半径或［直径（D）］：

从命令行提示的选项中可以看出，AutoCAD 提供的绘制圆方式，是根据圆心、半径、直径和圆上的点等参数来控制的。

在“绘图”下拉菜单中单击圆命令，此时弹出其级联菜单，列出了绘制圆的 6 种方法，如图 2-8 所示。

圆(C)
圆心、半径(R)
圆心、直径(D)
两点(2)
三点(3)
相切、相切、半径(T)
相切、相切、相切(A)

图 2-8 圆子菜单

2.3.2 绘制圆弧（Arc）

圆弧是图形中重要的实体，AutoCAD 提供了多种不同的绘制圆弧方式，这些方式是根据起点、方向、圆心、角度、端点、长度等控制点来确定的。绘制圆弧命令是 Arc。

在命令行提示下输入 Arc（简捷命令 A）并单击 <Enter> 键即可启动该命令。启动绘制圆弧命令后，命令行给出提示：

指定圆弧的起点或［圆心（C）］：

指定圆弧的第二个点或［圆心（C）/端点（E）］：

指定圆弧的端点：

当在菜单上选择此项时，弹出如图 2-9 所示的级联菜单，其中列出了绘制弧的 11 种方法。

圆弧(A)
三点(P)
起点、圆心、端点(S)
起点、圆心、角度(T)
起点、圆心、长度(A)
起点、端点、角度(N)
起点、端点、方向(D)
起点、端点、半径(R)
圆心、起点、端点(C)
圆心、起点、角度(E)
圆心、起点、长度(L)
继续(O)

图 2-9 圆弧子菜单

2.3.3 绘制圆环（Donut）

绘制圆环的命令是 Donut。绘制圆环时，用户只需指定内径和外径，便可连续点取圆心绘出多个圆环。

在命令行提示下输入 Donut（简捷命令 DO）并单击 <Enter> 键即可启动该命令。启动 Donut 命令后，命令行出现如下提示：

指定圆环的内径 <当前值>：

指定圆环的外径 <当前值>：

指定圆环的中心点或 <退出>：

指定圆环的中心点或 <退出>：

最后绘出的圆环，两圆之间的部分是填实的，如图 2-10a 所示。

将圆环内径设为 0，可给出一个实心圆，如图 2-10b 所示。

AutoCAD 规定系统变量 FILLMODE = 0 时，圆环为空心，如图 2-10c 所示；当 FILLMODE = 1 时，圆环为实心。

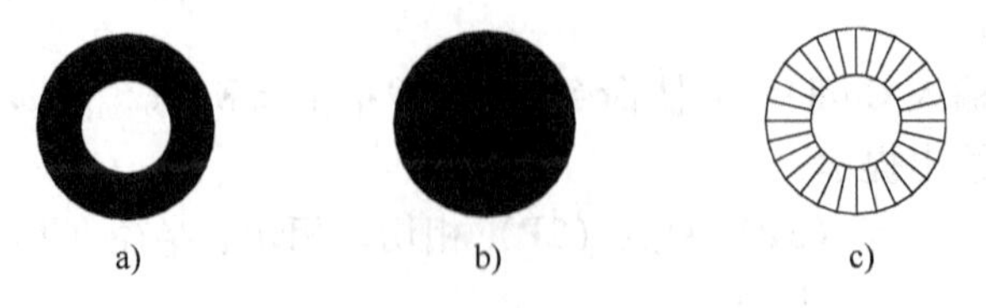

图 2-10 绘制不同形式的圆环

2.3.4　绘制样条曲线（Spline）

绘制样条曲线的命令是 Spline，可以用来绘制二维或三维样条曲线。

在命令行提示下输入 Spline（简捷命令 SPL）并单击 <Enter> 键即可启动该命令。启动样条曲线命令后，命令行给出如下提示：

指定第一个点或［对象（O）］：

指定第一点后，出现如下提示：

指定下一点：

指定下一点后，出现如下提示：

指定下一点或［闭合(C)/拟合公差(F)］<起点切向>：指定下一点或选择其他选项。

下面介绍各选项的含义：

- 闭合（C）：生成一条闭合的样条曲线。
- 拟合公差（F）：输入曲线的偏差值。值越大，曲线越远离指定的点；值越小，曲线越靠近指定的点。
- <起点切向>：指定在样条曲线起始点处的切线方向。

若选取［对象（O）］选项，命令行提示：

选择要转换为样条曲线的对象：

选择一条有 Pedit 命令中的 Spline 选项处理过的多段线；否则，命令行提示：

无法转换选定的对象。

图 2-11 所示为样条曲线在建筑施工图中的木材图例。

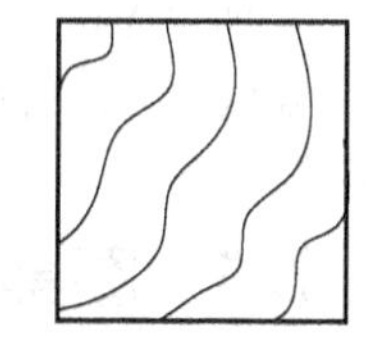

图 2-11　建筑施工图中的木材图例

2.4　查询图形属性

我们主要讲述查询两点间距离以及围成区域的图形面积。

2.4.1　查询距离（Dist）

查询距离的命令是 Dist，可以查询两点间的直线距离，以及该直线与 X 轴的夹角。

在命令行提示下，输入 Dist（简捷命令 DI）并单击 <Enter> 键即可启动该命令。启动查询距离命令后，命令行提示如下：

指定第一点：

选择第一点后，提示

指定第二点：

此时，命令行将显示如下信息：

距离 = ×××，XY 平面中的倾角 = ×××，与 XY 平面的夹角 = ×××

X 增量 = ×××，Y 增量 = ×××，Z 增量 = ×××（×××表示各相应的数据）

现将各个选项的含义介绍如下：

- 距离：两点之间的距离。

- XY 平面中的倾角：两点之间的连线与 X 轴正方向的夹角。
- 与 XY 平面的夹角：该直线与 XY 平面的夹角。
- X 增量：两点在 X 轴方向的坐标值之差。
- Y 增量：两点在 Y 轴方向的坐标值之差。
- Z 增量：两点在 Z 轴方向的坐标值之差。

2.4.2 查询面积（Area）

查询面积的命令是 Area，可以查询由若干点所确定区域（或由指定实体所围成区域）的面积和周长，还可对面积进行加减运算。

在命令行提示下，输入 Area 并单击 <Enter> 键即可启动该命令。启动查询面积命令后，命令行提示如下：

指定第一个角点或 [对象（O）/加（A）/减（S）]：要求用户选择第一角点。AutoCAD 将根据各点连线所围成的封闭区域来计算其面积和周长。

现将其他选项的含义介绍如下：

- 对象（O）：允许用户查询由指定实体所围成区域的面积。
- 加（A）：面积加法运算。即将新选图形实体的面积加入总面积中。
- 减（S）：面积减法运算。即将新选图形实体的面积从总面积中减去。

2.5 图案填充

AutoCAD 的图案填充功能可用于绘制剖面符号或剖面线，表现表面纹理或涂色。图案填充的命令是 Bhatch。

在命令行提示下，输入 Bhatch（简捷命令 BH）并单击 <Enter> 键即可启动该命令。启动 Bhatch 命令后，弹出“图案填充和渐变色”对话框，如图 2-12 所示。该对话框有两个选项卡：“图案填充”和“渐变色”，系统默认为“图案填充”选项卡。

下面分别介绍该对话框的各部分内容。

1. “图案填充”选项卡

(1) “类型和图案”选项组

- “类型”下拉列表框：用于确定图案的类型，包括“Predefined”、“Use defined”、“Custom” 3 种类型。
- “图案”下拉列表框：显示图案的名称。用户可以从该下拉列表框中选择图案名称，也可以单击右侧的 ... 按钮，从弹出的“填充图案选项板”中选择，如图 2-13 所示。该对话框右 4 个选项卡，每个选项卡代表一类图案定义，每类下包含多种图案供用户选择。

“样例”显示框：在“图案”中选中的图案样式会在该显示框中显示出来，方便用户查看所选图案是否合适。单击“图案”中的图案，同样会弹出如图 2-13 所示“填充图案选项板”对话框，供用户选择图案。

(2) “角度和比例”选项组

- “角度”下拉列表框：确定图案填充时的旋转角度。

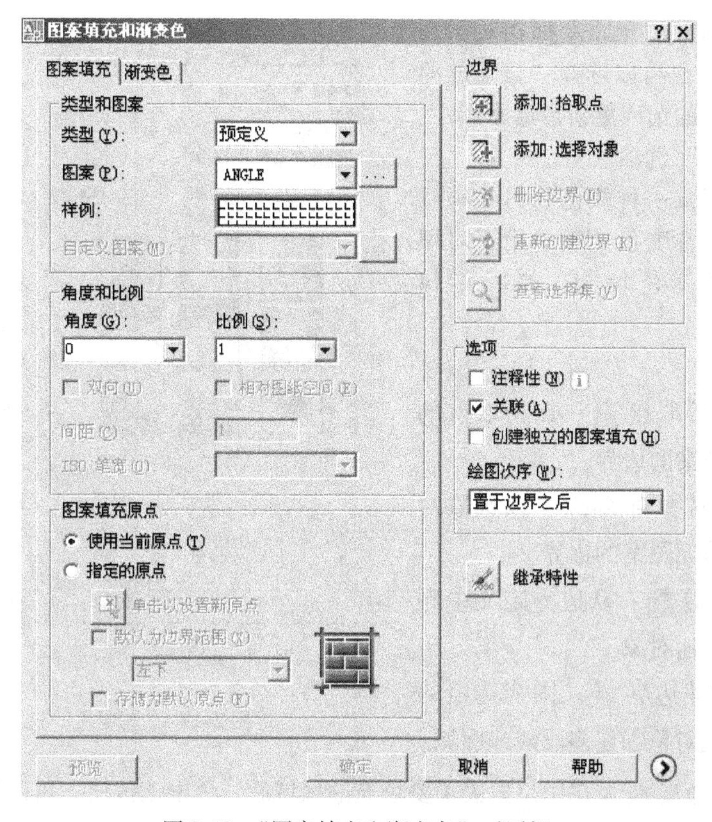

图 2-12　"图案填充和渐变色"对话框

- "比例"下拉列表框：确定图案填充时的比例，即控制填充的疏密程度。
- "双向"复选框：在"类型"中选择"用户定义"时才起作用，即默认为一组平行线组成填充图案，选中时为两组相互正交的平行线组成填充图案。
- "相对图纸空间"复选框：用于控制是否相对于图纸空间单位确定填充图案的比例。此选项优势在于可以按照布局的比例方便地显示填充图案。
- "间距"编辑框：只有在"类型"选择为"用户定义"时才起作用，即用于确定填充平行线间的距离。
- "ISO 笔宽"下拉列表框：只有在"图案"选择了"ISO"类型图案时才允许用户进行设置，即在下拉列表框中选择相应数值控制图案比例。

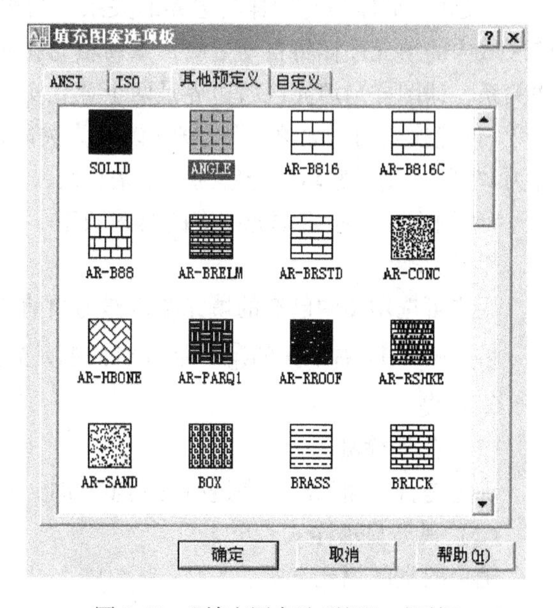

图 2-13　"填充图案选项板"对话框

（3）"图案填充原点"选项组

控制图案生成的起始位置。例如某些图案填充需要与图案填充边界上的一点对齐。默认情况下，所有图案填充原点都相对于当前的 UCS 原点。也可以选择“指定的原点”及下面一级的选项重新指定原点。

2. “渐变色”选项卡

渐变色是指从一种颜色到另一种颜色的平滑过渡。渐变色选项卡用于对填充区域进行渐变色填充。如图 2-14 所示。

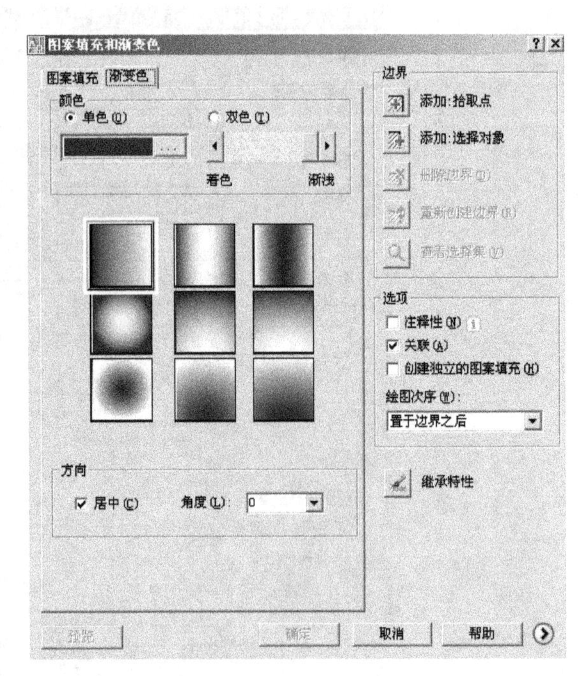

图 2-14 “渐变色”选项卡

3. 边界

1）添加：拾取点：以拾取点的形式确定填充图案的边界。

2）添加：选择对象：以选取对象的方式确定填充图案的边界。

3）删除边界：从边界定义中删除以前添加的任何对象。

4）重新创建边界：围绕选定的图案填充或填充对象创建多段线或面域。

5）查看选择集：在用户失去了要填充的区域后，单击该按钮，可以返回到绘图屏幕查看填充区域的边界，单击鼠标右键返回对话框。

4. 选项

“关联”确定填充图样与边界的关系。当用于定义区域边界的实体发生移动或修改时，该区域内的填充图样将自动更新，重新填充新的边界。非关联性是指填充图样与边界没有关联关系，即图样与填充区域边界是两个独立实体。

“创建独立的图案填充”，默认设置为关闭，即图案填充作为一个对象处理。如把其设置为“开”，则图案填充分解为一条条直线，并丧失关联性。

“绘图次序”指定填充图案的绘图顺序。

5. 继承特性

用户可选用图中已有的填充图样作为当前的填充图样，相当于格式刷。

单击图 2-14 右下角的，展开对话框，如图 2-15 所示。

6. 孤岛

（1）孤岛检测

确定是否检测孤岛。在进行图案填充时，把总位于总填充区域内的封闭区域成为孤岛。

（2）孤岛显示样式

确定图案的填充方式。

7. 边界保留

指定是否将边界保留为对象，并确定应用于边界对象的对象类型是多段线还是面域。

8. 边界集

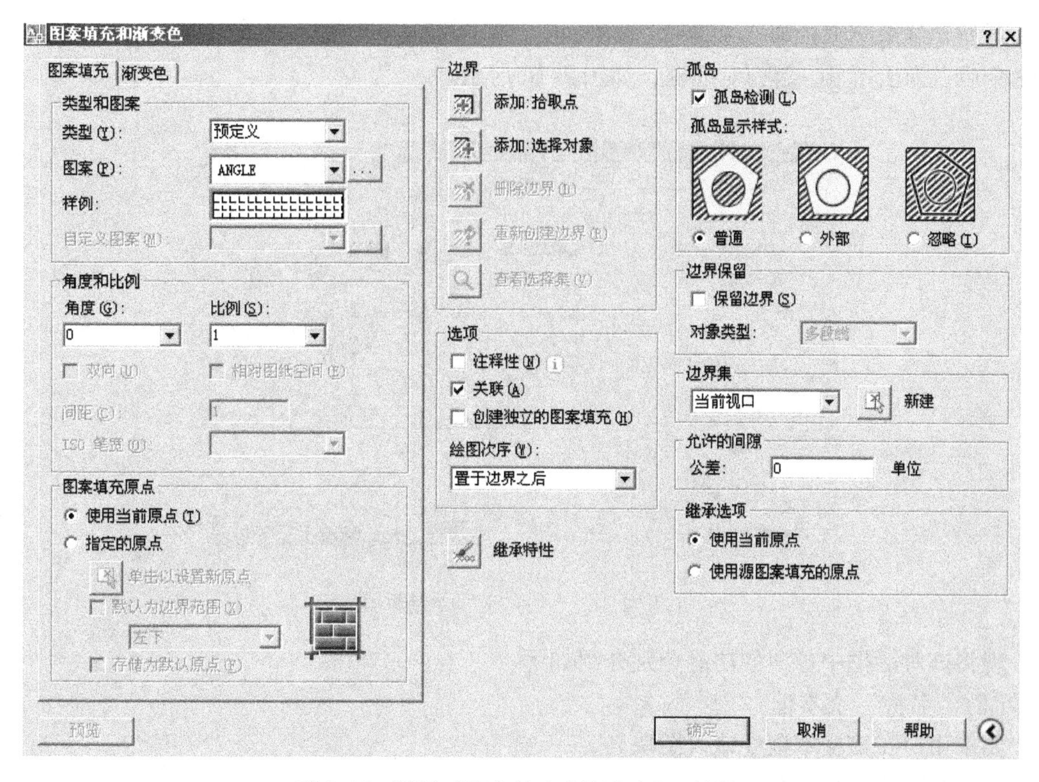

图 2-15　展开"图案填充和渐变色"对话框

用于定义边界集。

9. 允许的间隙

设置将对象用作图案填充边界时可以忽略的最大间隙。默认值为 0，此值指定对象必须是封闭区域而且没有间隙。

10. 继承选项

使用 Inherit Properties 创建图案填充时，控制图案填充原点的位置。

2.6　块的操作

建筑制图中，经常会遇到一些需要反复使用的图形，如门窗、标高符号等，这些图例在 AutoCAD 中都可以由用户自己定义为图块，即以一个缩放图形文件的方式保存起来，以达到重复利用的目的。图块是用一个图块名命名的一组图形实体的总称。AutoCAD 总是把图块作为一个单独的、完整的对象来操作。用户可以根据实际需要将图块按给定的缩放系统和旋转角度插入到指定的任一位置，也可以对整个图块进行复制、移动、旋转、比例缩放、镜像、删除和阵列等操作。

2.6.1　定义图块（Block）

要定义一个图块，首先要绘制组成图块的实体，然后用 Block 命令（或 Bmake 命令）来定义图块的插入点，并选择构成图块的实体。

在命令行提示下，输入 Block（或 Bmake，简捷命令 B）即可启动该命令。启动图块定义命令后，弹出块定义对话框，如图 2-16 所示。

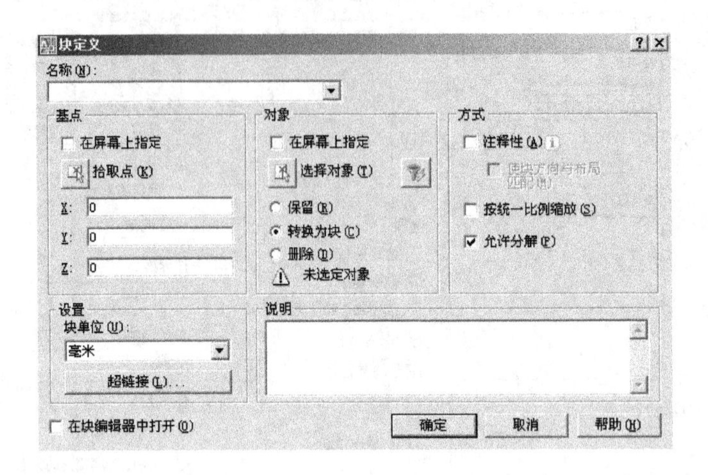

图 2-16 “块定义”对话框

现将该对话框中各项的功能分别介绍如下：

(1) “名称”文本框

要求用户在该文本框中输入图块名。

(2) “基点”选项组

确定插入点位置。单击拾取点按钮，将返回作图屏幕选择插入基点。

(3) “对象”选项组

选择构成图块的实体及控制实体显示方式。

- “保留”单选按钮：表明在用户创建完图块后，将继续保留这些构成图块的实体，并把它们当作一个个普通的单独实体来对待。
- “转换为块”单选按钮：表明当用户创建完图块后，将自动把这些构成图块的实体转化为一个图块。
- “删除”单选按钮：表明当用户创建完图块后，将删除所有构成图块的实体目标。

(4) “方式”选项组

- “注释性”复选框：指定块为注释性对象。
- “按统一比例缩放”复选框：是否按统一比例进行缩放。
- “允许分解”复选框：指定块是否可以被分解。

(5) “设置”选项组

“块单位”下拉列表框：设置从 AutoCAD 设计中心（Design Center）拖曳该图块时的插入比例单位。

2.6.2 保存图块（Wblock）

AutoCAD 2008 中的图块分为两种，“内部块”和“外部块”。这两种块的区别在于：用 Block（或 Bmake）定义的图块，称为“内部块”，只能在图块所在的当前图形文件中通过块插入来使用，不能被其他图形引用。为了使图块成为公共图块（可供其他图形文件插入和引用)，即“外部块”，AutoCAD 提供了保存图块（Wblock，即 Write Block）命令，将图块单独以图形文件（＊.dwg）的形式存盘。

下面介绍利用对话框方式进行图块存盘（Wblock）操作。

在命令行提示下，输入 Wblock（简捷命令 W）并单击 < Enter > 键，启动该命令。启动图块存盘命令后，弹出写块对话框，如图 2-17 所示。

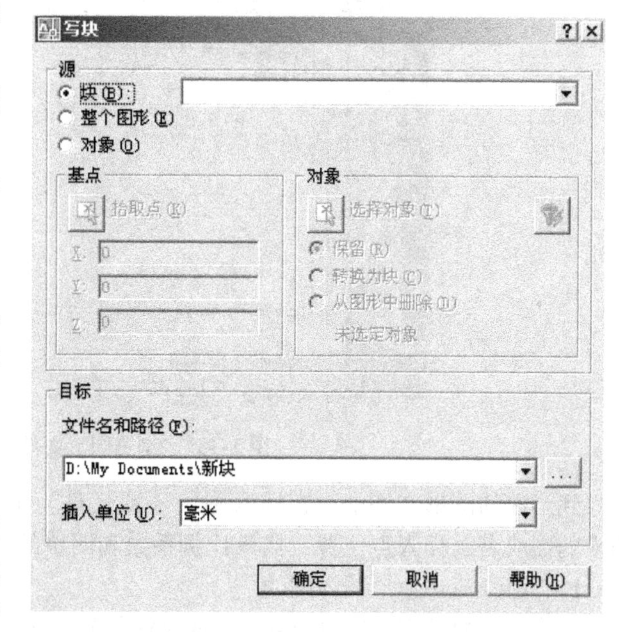

图 2-17　“写块”对话框

现将该对话框中各项的功能介绍如下：

(1)“源”选项组

•“块”单选按钮及下拉列表框：将把已用 Block（或 Bmake）命令定义过的图块进行图块存盘操作。此时，可以从块下拉列表框中选择所需的图块。

•“整个图形”单选按钮：将对整个当前图形文件进行图块存盘操作，把当前图形文件当作一个独立的图块来看待。

•“对象”单选按钮：把选择的实体目标直接定义为图块并进行图块存盘操作。

(2)“基点”选项组

确定图块的插入点。

(3)“对象”选项组

选择构成图块的实体目标。

(4)“目标”选项组

设置图块存盘后的文件名、路径以及插入比例单位等。

•“文件名和路径”文本框：用户可在该文本框内设置图块存盘后的文件名。用户也可直接单击...按钮，AutoCAD 将弹出浏览图形文件对话框，如图 2-18 所示，也可在该对话框中设置图块存盘路径。

•“插入单位”下拉列表框：设置该图块存盘文件插入单位。

比较块定义和写块对话框，可以看出，两者的区别在于：在写块对话框中多出了“目标”选项组，需要指定图块存储在硬盘上的位置，这也就是“内部块”和“外部块”之间的不同之处。实质上，“外部块”就是一个图形文件，在保存为块文件后其文件的后缀为“.dwg”。也就是说，我们可以将任意的图形文件作为块插入到其他文件中。

2.6.3　插入图块

图块的重复使用是通过插入图块的方式实现的。所谓插入图块，就是将已经定义的图块

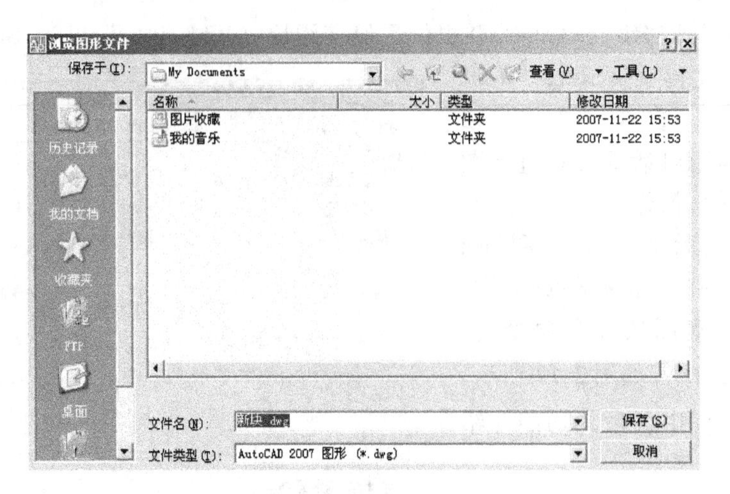

图 2-18 “浏览图形文件”对话框

插入到当前的图形文件中。在插入图块（或文件）时，用户必须确定 4 组特征参数，即要插入的图块名、插入点位置、插入比例系数和图块的旋转角度。

1. 利用 Insert 命令插入图块

在命令行提示下，输入 Insert（简捷命令 I）并单击 <Enter> 键即可启动该命令。启动该命令后，弹出插入对话框，如图 2-19 所示。

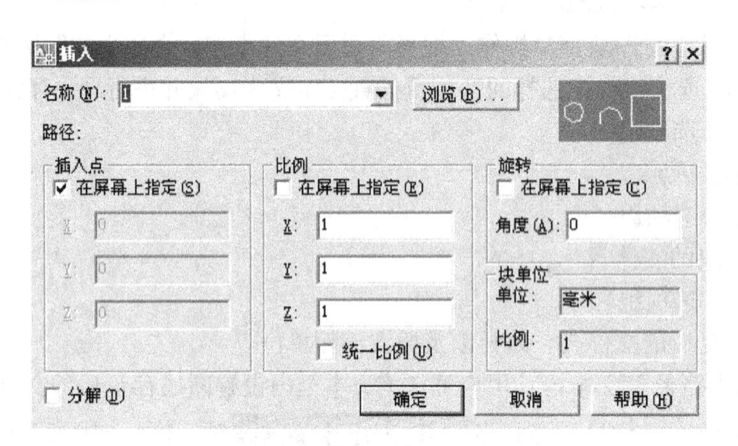

图 2-19 “插入”对话框

该对话框中各项的功能介绍如下：

（1）“名称”下拉列表框

输入或选择所需要插入的图块或文件名，在该下拉列表框中的都是“内部块”，如果要选择一个“外部块”则单击 浏览(B)... 按钮，从弹出的“选择文件”对话框中进行选择。

（2）“插入点”选项组

确定图块的插入点位置。选择其中的“在屏幕上指定”复选框，表示用户将在绘图区内确定插入点。

如不选择该复选框，用户可在 X、Y、Z 三个文本框中输入插入点的坐标值。

（3）“比例”选项组

确定图块的插入比例系数。选择其中的“在屏幕上指定”复选框，表示将在命令行中直接输入X、Y和Z轴方向的插入比例系数值。

如果不选择该复选框，可在X、Y、Z三个文本框中分别输入X、Y和Z轴方向的插入比例系数。选择“同一比例”复选框，表示X、Y和Z轴三个方向的插入比例系数相同。

（4）“旋转”选项组

确定图块插入时的旋转角度。选择其中的“在屏幕上指定”复选框，表示用户将在命令行中直接输入图块的旋转角度。

如不选择该复选框，用户可在“角度”文本框中输入具体的数值以确定图块插入时的旋转角度。

（5）“分解”复选框

选择此复选框，表示在插入图块的同时，将把该图块分解，使其成为各单独的图形实体，否则插入后的图块将作为一个整体。

2. 利用MINSERT命令插入图块

MINSERT命令实际上是综合“插入”（Insert）和“阵列”（Array）的操作特点而进行多个图块的阵列插入工作。运用MINSERT命令不仅可以大大节省时间，提高绘图效率，而且还可以减少图形文件所占用的磁盘空间。

可以在命令行提示下，输入MINSERT并单击 <Enter> 键来执行该命令。启动该命令后，命令行给出如下提示：

输入块名或[?]：确定要插入的图块名或输入问号来查询已定义的图块信息。

指定插入点或[基点（B）/比例（S）/X/Y/Z/旋转（R）]：确定插入点位置或选择某一选项。现用十字光标确定一插入点。

输入X比例因子，指定对角点，或[角点（C）/XYZ（XYZ）]<1>：确定X轴方向的比例系数。

输入Y比例因子或<使用X比例因子>：确定Y轴方向的比例系数。

指定旋转角度<0>：确定旋转角度。

输入行数（---）<1>：确定矩形阵列的行数。

输入列数（|||）<1>：确定矩形阵列的列数。

输入行间距或指定单位单元（---）：确定行间距。

指定列间距（|||）：确定列间距。

2.7　基本编辑方法

编辑是指对图形进行修改、移动、复制以及删除等操作，AutoCAD提供了丰富的图形编辑功能，利用它们可以提高绘图的效率与质量。

2.7.1　放弃（Undo）

绘图过程中，执行错误操作是很难避免的，AutoCAD允许使用Undo命令来取消这些错误操作。

只要没有执行 Quit、Save 或 End 命令结束或保存绘图，进入 AutoCAD 后的全部绘图操作都存储在缓冲区中，使用 Undo 命令可以逐步取消本次进入绘图状态后的操作，直至初始状态。这样用户可以一步一步地找出错误所在，重新进行编辑修改。

在命令行提示下输入 Undo（简捷命令 U）并单击 < Enter > 键即可启动该命令。

2.7.2 删除图形（Erase）

删除图形的命令是 Erase。

在命令行提示下输入 Erase（简捷命令 E）并单击 < Enter > 键即可启动该命令。启动删除命令后，命令行给出选择对象的提示，提示用户选择需要删除的实体。

在选择对象行提示下，可选择实体进行删除，可以使用窗口方式或交叉方式来选择要删除的实体。

在不执行任何命令的状态下，分别单击选中所要删除的实体，用键盘上的 < Delete > 键，也可删除实体。

使用删除命令，有时很可能会误删除一些有用的图形实体。如果在删除实体后，立即发现操作失误，可用 OOPS 命令来恢复删除的实体。在命令行提示下直接输入 OOPS。

2.7.3 复制图形（Copy）

复制图形的命令是 Copy。

在命令行提示下输入 Copy（简捷命令 CO 或 CP）并单击 < Enter > 键即可启动该命令。启动复制命令后，命令行提示：

选择对象：选择所要复制的实体目标。

指定基点或 [位移（D)/模式（O)] < 位移 >：确定复制操作的基准点位置，这时可借助目标捕捉功能或十字光标确定基点位置。

指定第二个点或 < 使用第一个点作为位移 >：要求确定复制目标的终点位置。终点位置通常可借助目标捕捉功能或相对坐标（即相对基点的终点坐标）来确定。确定一个终点位置之后，命令行还会反复出现这一提示，要求用户确定另一个终点位置，直至用户单击 < Enter > 键结束命令。

2.7.4 图形镜像（Mirror）

在实际绘图过程中，经常会遇到一些对称的图形。AutoCAD 提供了图形镜像功能，即只需绘制出相对称图形的一部分，利用镜像命令就可将对称的另一部分镜像复制出来。

在命令行提示下，输入 Mirror（简捷命令 MI）并单击 < Enter > 键即可启动该命令。启动镜像命令后，命令行提示：

选择对象：选择需要镜像的实体。

指定镜像线的第一点：确定镜像线的起点位置。

指定镜像线的第二点：确定镜像线的终点位置。确定了这两点，镜像线也就确定下来了，系统将以该镜像线为轴镜像另一部分图形。

要删除源对象吗？[是（Y)/否（N)] < N >：确定是否删除原来所选择的实体。AutoCAD 的默认选项为 N。图 2-20 为通过镜像绘出的图形。

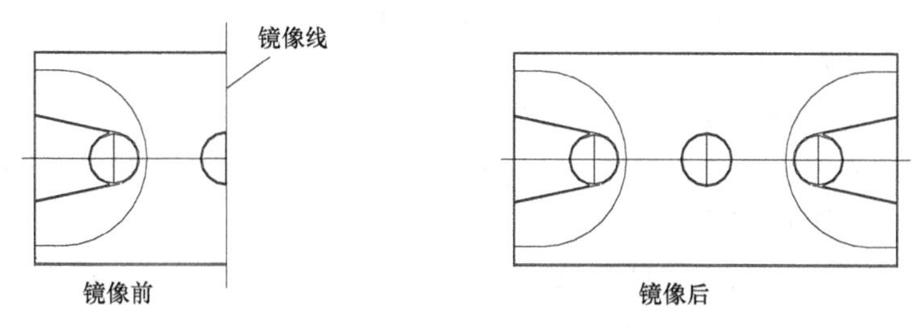

图 2-20　通过镜像绘出的图形

2.7.5　图形阵列（Array）

利用阵列命令，可以实现以矩形或环形阵列的方式复制图形。

在命令行提示下输入 Array（简捷命令 AR）并单击 <Enter> 键即可启动该命令。启动阵列命令后，打开如图 2-21 所示的对话框，下面介绍对话框中的各个选项。

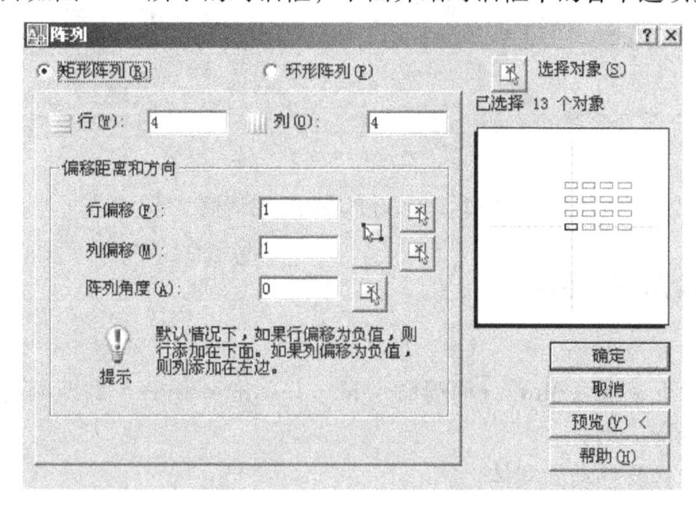

图 2-21　“矩形阵列”对话框

1. 矩形阵列

通过设置行、列的数目以及行、列偏移量控制复制的效果。其中行、列的数目可以直接输入；行、列的偏移量（即行间距、列间距）也可以直接输入，也可以通过“拾取”按钮进行鼠标拾取。行间距、列间距有正、负之分，行间距为正值时，向上阵列；行间距为负值时，向下阵列。列间距为正值时，向右阵列；列间距为负值时，向左阵列。

2. 环形阵列

通过设置阵列中心、阵列数目和角度控制复制的效果。单击“环形阵列”按钮，对话框变成如图 2-22 所示的形式。

（1）中心点

用于设置环形阵列的中心坐标，可以直接输入或者用鼠标拾取。

（2）“方法和值”选项组

有“项目总数和填充角度”、“项目总数和项目间的角度”以及“填充角度和项目间的角度”3 个选项，对应该 3 个选项进一步对下面的“项目总数”、“填充角度”、“项目间的角度”进行设置，后两项可以直接输入也可以用鼠标拾取。

(3)“复制时旋转项目”复选框

控制阵列后对象是否按照一定角度旋转复制。

环形阵列时，输入的角度为正值，沿逆时针方向旋转；反之，沿顺时针方向旋转。环形阵列的复制份数也包括原始形体在内。

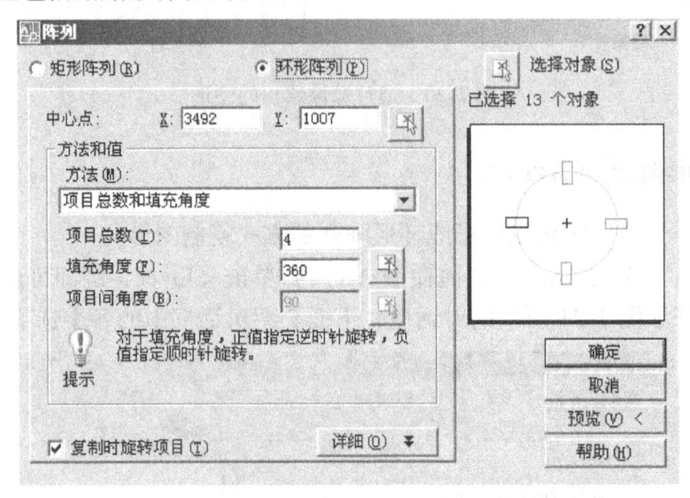

图 2-22 “环形阵列”对话框

2.7.6 移动图形（Move）

移动图形的命令是 Move。

在命令行提示下，输入 Move（简捷命令 M）并单击 <Enter> 键即可启动该命令。启动移动命令后，命令行提示：

选择对象：选择要移动的实体。

指定基点或［位移（D）］<位移>：确定移动基点，可以通过目标捕捉选择一些特征点。

指定第二个点或 <使用第一个点作为位移>：确定移动终点。这时可以输入相对坐标或通过目标捕捉来准确定位终点位置。

2.7.7 旋转图形（Rotate）

旋转图形的命令是 Rotate。

在命令行提示下，输入 Rotate（简捷命令 RO）并单击 <Enter> 键即可启动该命令。启动旋转命令后，命令行提示：

选择对象：选择要进行旋转操作的实体目标。

指定基点：确定旋转基点。

指定旋转角度，或［复制（C）/参照（R）］<0>：确定绝对旋转角度。

旋转角度有正、负之分，如果输入角度为正值，实体将沿着逆时针方向旋转。反之，则沿着顺时针方向旋转，如图 2-23 所示。

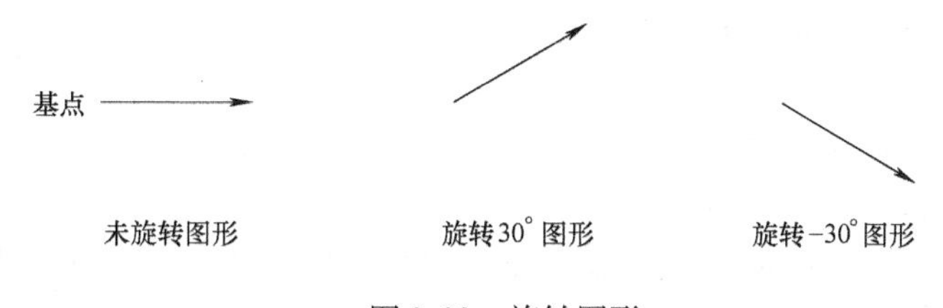

图 2-23　旋转图形

2.7.8　缩放图形（Scale）

缩放图形的命令是 Scale。

在命令行提示下，输入 Scale（简捷命令 SC）并单击 <Enter> 键即可启动该命令。启动缩放命令后，命令行提示：

选择对象：选择要进行比例缩放的实体。

指定基点：确定缩放基点。

指定比例因子或［复制（C）/参照（R）］ <1.0000>：确定缩放比例系数（Scale factor）。

当用户不知道实体究竟要放大（或缩小）多少倍时，可以采用相对比例方式来缩放实体，该方式要求用户分别确定比例缩放前后的参考长度（Reference length）和新长度（New length）。新长度和参考长度的比值就是比例缩放系数，因此称该系数为相对比例系数。

要选择相对比例系数方式，在指定比例因子或［复制（C）/参照（R）］ <1.0000>：提示下输入 R 并单击 <Enter> 键即可。命令行将给出如下提示：

指定参照长度 <1.0000>：确定参考长度。可以直接输入一个长度值；也可以通过两个点确定一个长度。

指定新的长度或［点（P）］<1.0000>：确定新长度。可直接输入一个长度值。亦可确定一个点，该点和缩放基点连线的长度就是新长度。图 2-24 为执行缩放命令前后图形对照。

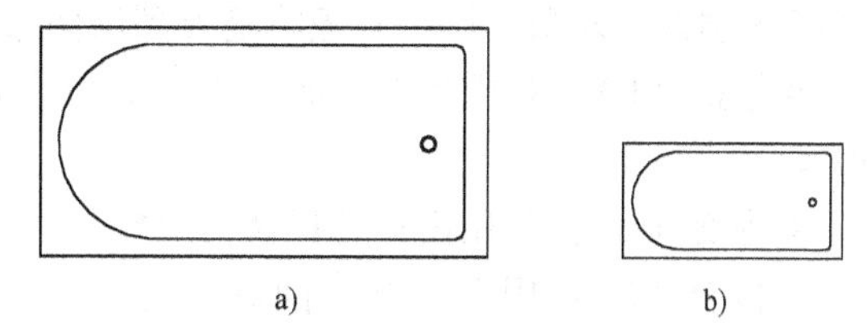

图 2-24　执行“缩放”命令前后的图形
a）原图　b）缩放 0.5 倍后

2.7.9　打断图形（Break）

绘图过程中，有时需要将一个实体（如圆、直线）从某一点打断，甚至需要删掉该实体的某一部分，为此，AutoCAD 为用户提供了“打断”命令，利用打断命令，可以方便地进行这些工作。

在命令行提示下输入 Break（简捷命令 BR）并单击 <Enter> 键即可启动该命令。启动打断命令后，在命令行出现如下提示：

选择对象：选择要打断的实体。

指定第二个打断点或［第一点（F）］：选择要删除部分的第二点。若选择该方式，则上一操作中选取实体的点便作为第一点。

删除部分实体的第二种方式是：选择实体后，重新输入删除部分的起点和终点。命令行提示如下：

指定第二个打断点或［第一点（F）］：输入 F 并单击 < Enter > 键。

指定第一个打断点：选取起点。

指定第二个打断点：选取终点。

使用打断命令，可以方便地删掉实体中的一部分。如图 2-25 所示。

打断前

第1点　第2点

打断后

图 2-25　使用“打断”命令删除实体中的一部分

2.7.10　修剪图形（Trim）

AutoCAD 提供了修剪命令，可以方便快速地对图形实体进行修剪。该命令要求用户首先定义一个修剪边界，然后再用此边界剪去实体的一部分。

在命令行提示下输入 Trim（简捷命令 TR）并单击 < Enter > 键即可启动该命令。启动修剪命令后，命令行出现如下提示：

选择对象：选择实体作为修剪边界，可连续选多个实体作为边界，选择完毕后单击 < Enter > 键确认。

选择要修剪的对象，或按住 < Shift > 键选择要延伸的对象，或［栏选（F）/窗交（C）/投影（P）/边（E）/删除（R）/放弃（U）］：选取要修剪实体的被修剪部分，将其剪掉。单击 < Enter > 键即可退出命令。

下面分别对其他几个选项的含义介绍如下：

- 按住 < Shift > 键选择要延伸的对象：如果修剪边与被修剪边不相交，此时按住 < Shift > 键选择对象，则该对象将延伸到修剪边。
- 栏选（F）：利用栏选修剪对象，最初拾取点将决定选定的对象是怎样进行修剪或延伸的。
- 窗交（C）：利用窗口选择修剪对象。
- 投影（P）：用于三维空间修剪时选择投影模式。在二维绘图时，投影模式 = UCS，即在当前 UCS 的 XOY 平面上进行修剪。
- 边（E）：选择修剪边的模式。选择该项，系统提示：

输入隐含边延伸模式［延伸（E）/不延伸（N）］< 不延伸 >：

选择“E”选项，修剪边界可以无限延长，边界与被剪实体不必相交。

选择“N”选项，修剪边界只有与被剪实体相交时才有效。

- 删除（R）：选择要删除的对象。
- 放弃（U）：取消所作的修剪。

图 2-26 为修剪前后图形对照。

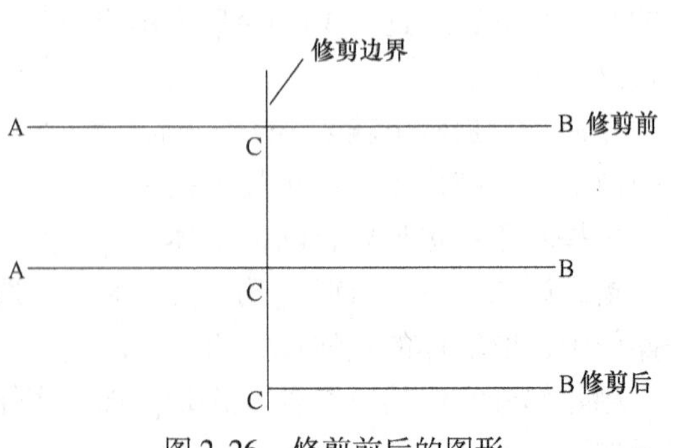

图 2-26　修剪前后的图形

2.7.11　延伸实体（Extend）

延伸命令用于延伸线。在进行延伸操作时，首先要确定一个边界，然后选择要延伸到该边界的线。

在命令行提示下，输入 Extend（简捷命令 EX）并单击 < Enter > 键即可启动该命令。

启动延伸命令后，命令行提示：

选择对象：选择作为边界的实体目标。这些实体可以是弧、圆、多段线、直线、椭圆和椭圆弧。

选择要延伸的对象，或按住 <Shift> 键选择要延伸的对象，或［栏选（F）/窗交（C）/投影（P）/边（E）/删除（R）/放弃（U）］：选择要延伸的实体。在 AutoCAD 中，可以延伸直线、多段线和弧这 3 类实体。一次只能延伸一个实体。

该命令的提示选项与修剪命令的含义类似。图 2-27 为延伸前后图形对照。

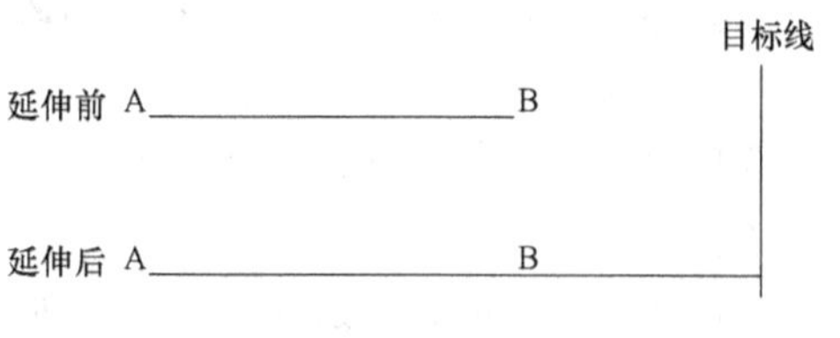

图 2-27　延伸前后的图形

2.7.12　倒角和圆角（Chamfer and Fillet）

工程制图中常用倒角和圆角，用倒角和圆角命令可以分别完成这两类操作。

1. 倒角（Chamfer）

在命令行提示下，输入 Chamfer（简捷命令 CHA）并单击 <Enter> 键即可启动该命令。启动倒角命令后，命令行出现如下提示：

选择第一条直线或［放弃（U）/多段线（P）/距离（D）/角度（A）/修剪（T）/方式（E）/多个（M）］：选择要进行倒角的第一实体。

选择第二条直线，或按住 <Shift> 键选择要应用角点的直线：选择第二个实体目标。

现将该提示中的其他选项含义介绍如下：

● 多段线（P）：选择多段线。选择该选项后，将出现如下提示：选择二维多段线：要求用户选择二维多段线。选择完毕后，即可将该多段线相邻边进行倒角。

● 距离（D）：确定两个新的倒角距离。选择该选项后，命令行将给出以下两个操作提示：指定第一个倒角距离 <0.0000>：要求用户输入第一个实体上的倒角距离，即从两实体的交点到倒角线起点的距离。指定第二个倒角距离 <0.0000>：要求用户输入第二个实体上的倒角距离。

● 角度（A）：确定第一个倒角距离和角度。选择该选项后，命令行将出现以下两条提示：指定第一条直线的倒角长度 <0>：确定第一个倒角长度。指定第一条直线的倒角角度 <0>：要求确定倒角线相对于第一实体的角度，而倒角线是以该角度为方向延伸至第二个实体并与之相交的。

● 修剪（T）：确定倒角的修剪状态。选择该选项后，将出现下列提示：输入修剪模式选项［修剪（T）/不修剪（N）］ <修剪>：T 表示修剪倒角，N 则不修剪倒角。

● 方式（E）：确定进行倒角的方式。选择该选项后，将出现以下提示：输入修剪方法［距离（D）/角度（A）］ <角度>：要求用户选择 D 或 A 这两种倒角方法之一。上次使用倒角方式将作为本次倒角操作的默认方式。

图 2-28 所示为倒角前后图形对照。

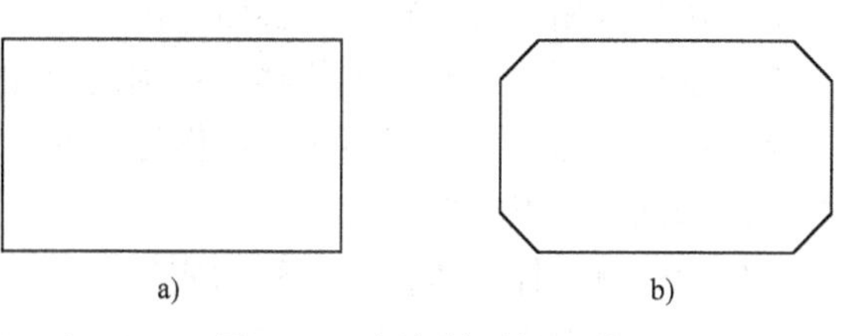

图 2-28　倒角前后的图形
a）倒角前　b）倒角后

2. 圆角（Fillet）

圆角命令为Fillet，圆角和倒角有些类似，它要求用一段弧在两实体之间光滑过渡。

在命令行提示下，输入Fillet（简捷命令F）并单击<Enter>键即可启动该命令。启动圆角命令后，命令行出现如下提示：

选择第一个对象或［放弃（U）/多段线（P）/半径（R）/修剪（T）/多个（M）］：选择要进行圆角操作的第一个实体。

选择第二个对象，或按住<Shift>键选择要应用角点的对象：选择要进行圆角操作的第二实体。

现将该提示中的其他选项含义介绍如下：

• 多段线（P）：选择多段线。选择该选项后，命令行给出如下提示：选择二维多段线：要求用户选择二维多段线，AutoCAD将以默认的圆角半径对整个多段线相邻各边两两进行圆角操作。

• 半径（R）：要求确定圆角半径。选择该选项后，命令行提示如下：指定圆角半径<0.0000>：输入新的圆角半径。初始默认半径值为0。当输入新的圆角半径时，该值将作为新的默认半径值，直至下次输入其他的圆角半径为止。

• 修剪（T）：确定圆角的修剪状态。选择该选项后，将出现下列提示：输入修剪模式选项［修剪（T）/不修剪（N）］<修剪>:T表示修剪倒角，N则不修剪倒角。

图2-29所示为不修剪圆角和修剪圆角所得图形。

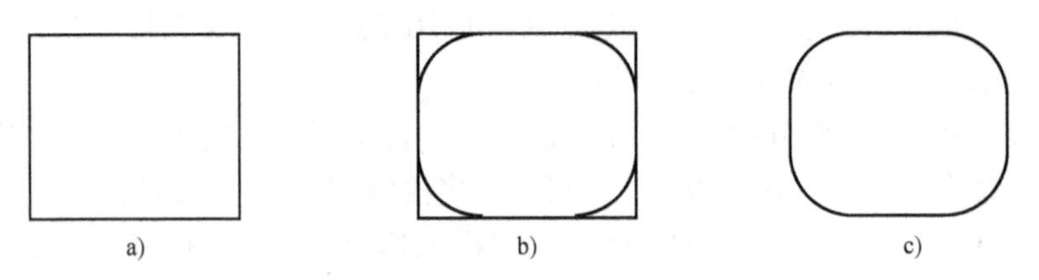

图2-29 不修剪圆角和修剪圆角所得图形
a）矩形 b）不修剪 c）修剪

2.7.13 拉伸图形（Stretch）

拉伸图形的命令是Stretch。

在命令行提示下，输入Stretch（简捷命令S）并单击<Enter>键即可启动该命令。启动拉伸命令后，命令行给出如下提示：

以交叉窗口或交叉多边形选择要拉伸的对象...

提示用户采用交叉方式选择实体目标。

指定基点或［位移(D)］<位移>：确定拉伸基点。

指定第二个点或<使用第一个点作为位移>：确定拉伸终点。可直接用十字光标或坐标参数方式来确定终点位置。

拉伸命令可拉伸实体，也可移动实体。如果新选择的实体全部落在选择窗口内，AutoCAD将把该实体从基点移动到终点。如果所选择的图形实体只有部分包含于选择窗口内，那么AutoCAD将拉伸实体。

并非所有实体只要部分包含于选择窗口内就可被拉伸。AutoCAD 只能拉伸由 Line、Arc（包括椭圆弧）、Solid、Pline 和 Trace 等命令绘制的带有端点的图形实体。选择窗口内的那部分实体被拉伸，而选择窗口外的那部分实体将保持不变。图 2-30 为拉伸前后图形对照。

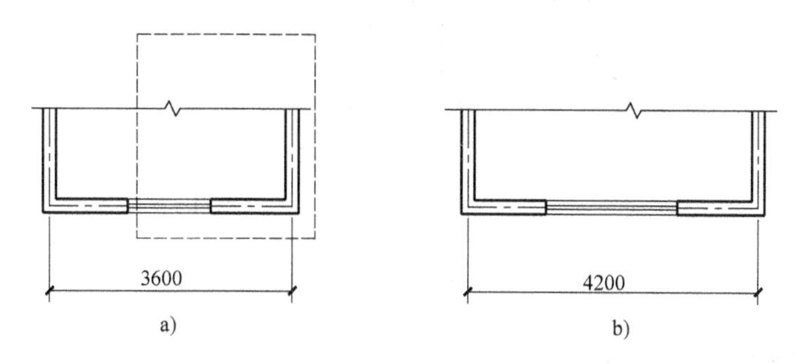

图 2-30　拉伸前后图形对照

a）拉伸前　b）拉伸 600 后

2.7.14　偏移复制图形（Offset）

在工程制图过程中，经常遇到一些间距相等、形状相似的图形，如环形跑道、人行横道线等等。对于这类图形，AutoCAD 提供了偏移复制命令。

在命令行提示下，输入 Offset（简捷命令 O）并单击 <Enter> 键即可启动该命令。启动偏移复制命令后，命令行给出如下提示：

指定偏移距离或［通过（T）/删除（E）/图层（L）］<通过>：输入偏移量。可直接输入一个数值或通过两点之间的距离来确定偏移量。

选择要偏移的对象，或［退出（E）/放弃（U）］<退出>：选取要偏移复制的实体目标。

指定要偏移的那一侧上的点，或［退出（E）/多个（M）/放弃（U）］<退出>：确定复制后的实体位于原实体的哪一侧。

选择要偏移的对象，或［退出（E）/放弃（U）］<退出>：继续选择实体或直接单击 <Enter> 键结束命令。

如果在指定偏移距离或［通过（T）/删除（E）/图层（L）］<通过>：提示下，输入 T 并单击 <Enter> 键，就可确定一个偏移点，从而使偏移复制后的新实体通过该点。此时，命令行提示：

选择要偏移的对象，或［退出（E）/放弃（U）］<退出>：选择要偏移复制的图形实体。

指定通过点或［退出（E）/多个（M）/放弃（U）］<退出>：确定要通过的点。

选择要偏移的对象，或［退出（E）/放弃（U）］<退出>：选择实体以继续偏移或直接单击 <Enter> 键退出。

偏移命令和其他的编辑命令不同，只能用直接拾取的方式一次选择一个实体进行偏移复制。只能选择偏移直线、圆、多段线、椭圆、椭圆弧、多边形和曲线，不能偏移点、图块、属性和文本。

对于直线（Line）、单向线（Ray）、构造线（Xline）等实体，AutoCAD 将平行偏移复制，直线的长度保持不变。

对于圆、椭圆、椭圆弧等实体，AutoCAD 偏移时将同心复制。偏移前后的实体将同心。

多段线的偏移将逐段进行，各段长度将重新调整。图 2-31 所示为各种实体偏移复制前后的图形。

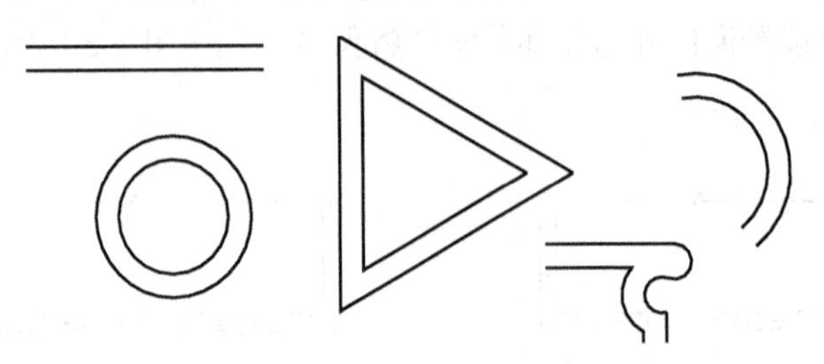

图 2-31 各种实体偏移前后的图形

2.7.15 分解图形（Explode）

在 AutoCAD 中，图块是一个相对独立的整体，是一组图形实体的集合。因此，用户无法单独编辑图块内部的图形实体，只能对图块本身进行编辑操作。AutoCAD 提供了分解命令用于分解图块，从而使其所属的图形实体成为可编辑的单独实体。

在命令行提示下，输入 Explode（简捷命令 X）并单击 <Enter> 键即可启动该命令。启动分解命令后，命令行给出如下提示：

选择对象：选择要分解的图块。

选择对象：继续选择图块或直接单击 <Enter> 键结束命令。

除了图块之外，利用该命令还可以分解三维实体、三维多段线、填充图案、平行线（MLine）、尺寸标注线、多段线矩形、多边形和三维曲面等实体。

2.8 高级编辑技巧

本节主要介绍一些常用的高级编辑命令和编辑技巧。

2.8.1 图层控制（Layer）

“图层”是用来组织和管理图形的一种方式。它允许用户将图形中的内容进行分组，每一组作为一个图层。用户可以根据需要建立多个图层，并为每个图层指定相应的名称、线型、颜色。熟练运用图层可以大大提高图形的清晰度和工作效率，这在复杂的工程制图中尤其明显。

在 AutoCAD 中，图层控制（Layer）包括创建和删除图层、设置颜色和线型、控制图层状态等内容。

在命令行提示下输入 Layer（简捷命令 LA）并单击 <Enter> 键即可启动该命令。启动 Layer 命令后，AutoCAD 将打开图层特性管理器对话框，如图 2-32 所示。

在图层特性管理器对话框中，用户可完成创建图层、删除图层、重设当前层、颜色控制、状态控制、线型控制以及打印状态控制等。

1. 新建图层

在绘图过程中，用户可随时创建新图层，操作步骤如下：

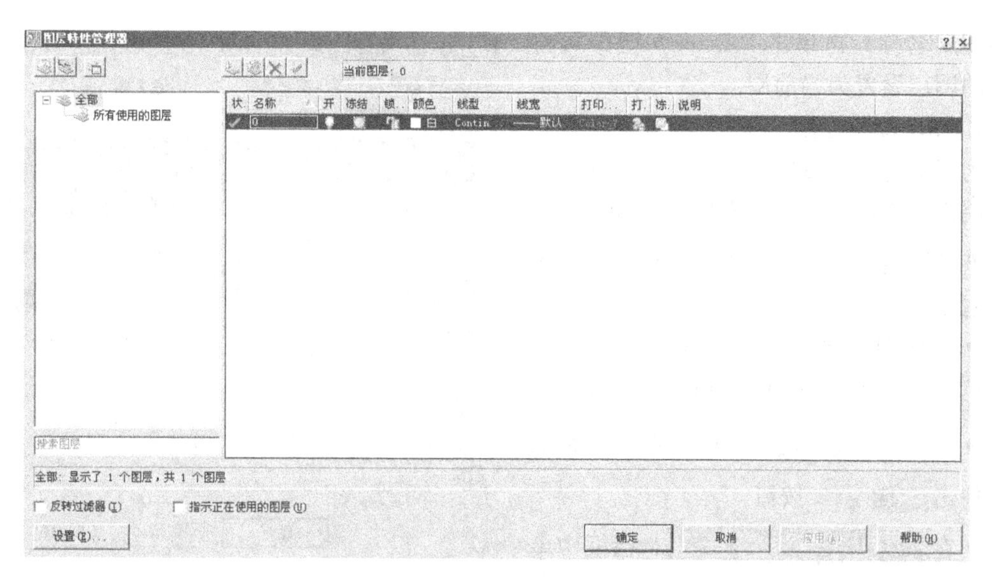

图 2-32　“图层特性管理器”对话框

• 在图层特性管理器对话框中单击“新建图层”按钮，AutoCAD 将自动生成一个名叫“图层××”的图层，其中“××”是数字，表明它是所创建的第几个图层。用户可以将其更改为所需要的图层名称。

• 在对话框内任一空白处单击，或按单击 <Enter> 键即可结束创建图层的操作。

2. 删除图层

在绘图过程中，用户可随时删除一些不用的图层。操作步骤如下：

• 在图层特性管理器对话框的图层列表框中单击要删除的图层。此时该图层名称呈高亮度显示，表明该图层已被选择。

• 单击 <Delete> 按钮，或者单击“删除图层”按钮，即可删除所选择的图层。0 层、当前层（正在使用的图层）、含有图形对象的图层不能被删除。

3. 设置当前层

当前层就是当前绘图层，用户只能在当前层上绘制图形，而且所绘制实体的属性将继承当前层的属性。当前层的层名和属性状态都显示在图层工具栏上。AutoCAD 默认 0 层为当前层。

设置当前层有以下 4 种方法：

• 在图层特性管理器对话框中，选择用户所需的图称名称，使其呈高亮度显示，然后单击“置为当前”按钮。

• 选择某个图形实体，然后单击图层工具栏上的“将对象的图层设置为当前”工具按钮，即可将实体所在的图层设置为当前层。

• 在图层工具栏上的图层控制下拉列表框中，将高亮度光条移至所需的图层名上，单击鼠标左键。此时新选的当前层就出现在列表框区域内。

• 在命令行提示下，输入 CLAYER 并单击 <Enter> 键，出现下列提示：输入 CLAYER 的新值 <“××××”>：其中 <“××××”> 表示此时当前层的名称。在此提示后输入新选的图层名称，再单击 <Enter> 键即可将所选的图层设置为当前层。

4. 图层颜色控制

为了区分不同的图层，建议用户为不同图层设置不同的颜色。操作步骤如下：

• 在图层特性管理器对话框图层列表框中选择所需的图层。

• 在该图层的颜色图标按钮上单击，弹出选择颜色对话框，如图 2-33 所示。

• 在选择颜色对话框中选择一种颜色，单击 确定 按钮。

• 在图层特性管理器对话框中单击 确定 按钮。

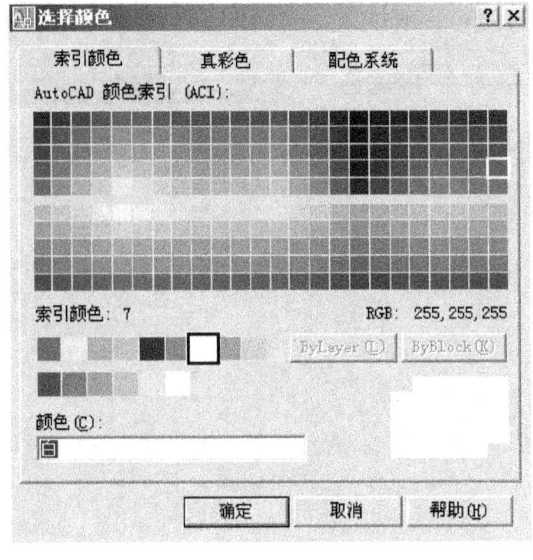

图 2-33 “选择颜色”对话框

5. 图层线型设置

AutoCAD 允许用户为每个图层设置一种线型。在默认状态下，线型为连续实线（Continuous）。用户可以根据需要为每个图层设置不同的线型。

（1）装载线型

在使用一种线型之前，必须先把它装载到当前图形文件中，装载线型在选择线型对话框中进行。单击图层特性管理器对话框的线型按钮，即可打开该对话框，如图 2-34 所示。

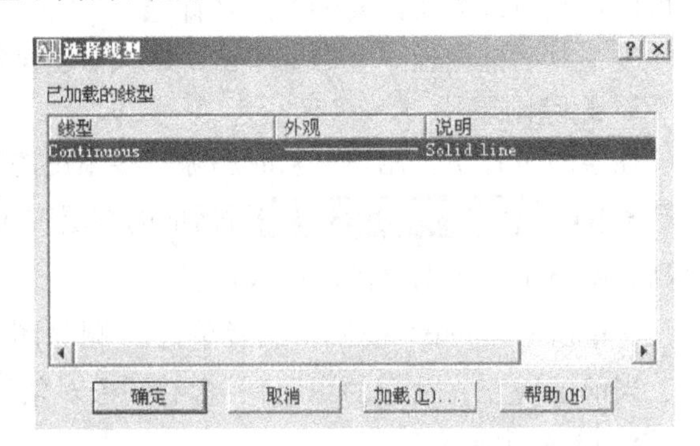

图 2-34 “选择线型”对话框

打开选择线型对话框后，即可进行装载线型的操作，步骤如下：

• 在选择线型对话框中，单击 加载 (L)... 钮，出现加载或重载线型对话框。如图 2-35 所示。

• 在加载或重载线型对话框中，选择所要装载的线型。单击线型名，再单击 确定 按钮，关闭对话框。这样在选择线型对话框的列表选项中就可以看到刚才所选择的线型已加载。

• 单击 确定 按钮，关闭选择线型对话框，结束装载线型的操作。

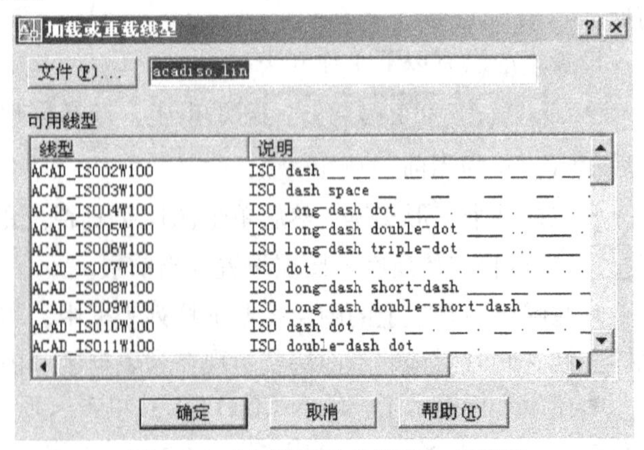

图 2-35 “加载或重载线型”对话框

（2）设置线型

装入线型后，可在"图层特性管理器"对话框中将其赋给某个图层。具体操作步骤如下：

- 在"图层特性管理器"对话框中选定一个图层，单击该图层的初始线型名称，弹出"选择线型"对话框，见图2-36。
- 在此对话框中选择所需要的线型，再单击 确定 按钮。
- 在"图层特性管理器"对话框中单击 确定 按钮，结束线型设置操作。

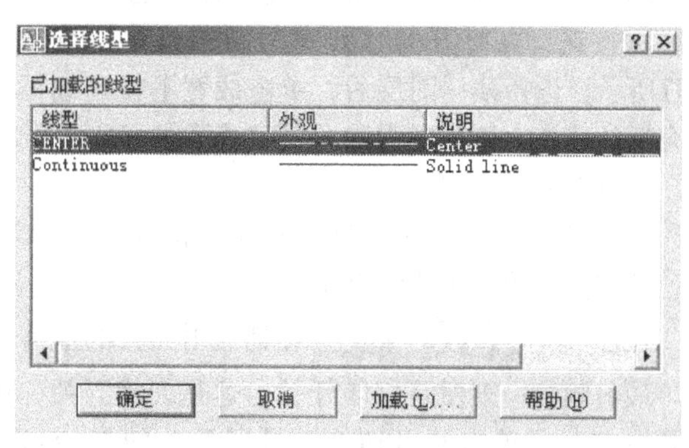

图2-36　"选择线型"对话框

（3）线型比例

用户可以用LTScale命令来更改线型的短线和空格的相对比例。线型比例的默认值为1。

通常，线型比例应和绘图比例相协调。如果绘图比例是1:10，则线型比例应设为10。用户可以采用下列方法来设置线型比例：

在命令行提示下输入LTScale（简捷命令LTS）并单击<Enter>键，出现如下提示：输入新线型比例因子<1.0000>：输入新的线型比例，并单击<Enter>键即可。更改线型比例后，AutoCAD自动重新生成图形。

6. 图层状态控制

AutoCAD提供了一组状态开关，用以控制图层状态属性。现将这些状态开关简介如下：

（1）打开/关闭（On/Off）

关闭图层后，该层上的实体不能在屏幕上显示或由绘图仪输出。重新生成图形时，层上的实体仍将重新生成。

（2）冻结/解冻（Freeze/Thaw）

冻结图层后，该层上的实体不能在屏幕上显示或由绘图仪输出。在重新生成图形时，冻结层上的实体将不再重新生成。

（3）锁定/解锁（Lock/Unlock）

图层锁定后，用户只能观察该层上的实体，不能对其进行编辑和修改，但实体仍可以显示和输出。

用户可以采用以下两种方法控制这些开关状态：

- 单击图层工具栏上图层控制下拉列表中的开关状态图标。
- 在"图层特性管理器"对话框中，选择要操作的图层，单击开关状态按钮进行设置，再单击 确定 按钮。

7. 线宽控制

在AutoCAD，用户可为每个图层的线条定制线宽，从而使图形中的线条在打印输出后，仍然各自保持其固有的宽度。用户为不同图层定义线宽之后，无论打印预览还是输出到其他软件中，这些线宽均是实际显示的，从而使 AutoCAD 真正做到了在打印输出时所见即所得的效果。

设定实际线宽可单击 图层特性管理器 对话框的线宽按钮，在打开的“线宽”对话框中进行，如图 2-37所示。选择某一图层后，单击线宽下拉列表框。选择合适的线宽，这样就为该图层赋予了线宽。

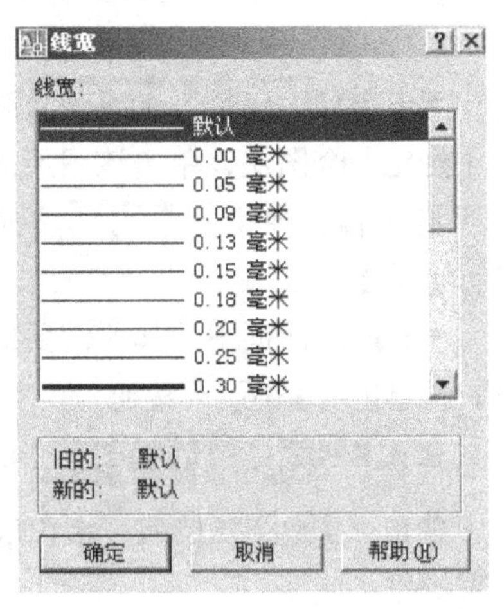

图 2-37 “线宽”对话框

8. 图层打印开关

AutoCAD 允许用户单独控制某一图层是否打印出来，这在实际绘图中非常有用。

在 图层特性管理器 对话框中的图层列表框内，最右侧的一列便是打印开关，这是切换开关，用户只需在它上面单击便可切换。打印开关的初始状态为开启。

2.8.2 多段线编辑（Pedit）

多段线是 AutoCAD 中一种特殊的线条，其绘制方法在前面已做过介绍。作为一种图形实体，多段线也同样可以使用 Move、Copy 等基本编辑命令进行编辑，但这些命令却无法编辑多段线本身所独有的内部特征。AutoCAD 专门为编辑多段线提供了一个命令，即多段线编辑（Pedit）。使用 Pedit 命令，可以对多段线本身的特性进行修改，也可以把单一独立的首尾相连的多条线段合并成多段线。

启动该命令，可在命令行提示下输入 Pedit（简捷命令 PE）。Pedit 命令启动后，命令行提示如下：

选择多段线或［多条（M）］：选择编辑对象，可以拾取一条多段线、直线或圆弧，如果选取的是多段线，命令行提示如下：

输入选项［闭合（C）/合并（J）/宽度（W）/编辑顶点（E）/拟合（F）/样条曲线（S）/非曲线化（D）/线型生成（L）/放弃（U）］：

使用这些选项，可以修改多段线的长度、宽度，使多段线打开或闭合等，下面分别介绍这些选项：

（1）闭合（C）

如果正在编辑的多段线是非闭合的，上述提示中会出现 Close 选项，可使用该选项使之封闭。同样，如果是一条闭合的多段线，则上述提示中第一个选项不是 Close 而是 Open，使用 Open 选项可以打开闭合的多段线。

（2）合并（J）

使用该选项，可以将其他的多段线、直线或圆弧连接到正在编辑的多段线上，从而形成一条新的多段线。选择该选项后，命令行提示：

选择对象：要求用户选择要连接的实体，可选择多个符合条件的实体进行连接，这多个实体应是首尾相连的。

（3）宽度（W）

该选项可以改变多段线的宽度，但只能使一条多段线具有统一的宽度，而不能分段设置。

(4) 拟合 (F)/样条曲线 (S)/非曲线化 (D)

- 拟合 (F)：对多段线进行曲线拟合，就是通过多段线的每一个顶点建立一些连续的圆弧，这些圆弧彼此在连接点相切。
- 样条曲线 (S)：以原多段线的顶点为控制点生成样条曲线。
- 非曲线化 (D)：选择 D 选项，可以把曲线变直。

(5) 线型生成 (L) (调整线型比例)

该选项用来控制多段线为非实线状态时的显示方式，即控制虚线或中心线等非实线型的多段线角点的连续性。

启动 Pedit 命令后，如果选择的线不是多段线，AutoCAD 将出现提示：

选定的对象不是多段线，是否将其转换为多段线？ < Y >：

如果使用默认项 Y，则将把选定的直线或圆弧转变成多段线，然后继续出现上述的 Pedit 下属各选项。

2.8.3　特性管理器 (Properties)

AutoCAD 不但提供了对象特性的设置功能，还提供了修改对象特性的功能，用户可以对图形对象的图层、颜色、线型、线型比例、线宽、打印样式等基本特性以及该对象的几何特性进行编辑修改。在特属性管理器中，图形实体的所有特性均一目了然，用户修改起来也极为方便。

在命令行提示下输入 Properties 启动该命令，弹出“特性”对话框。

“特性”对话框如图 2-38 所示。在该对话框中，列出了被选取的目标实体的全部属性，这些属性有些是可编辑的，有些则是不允许编辑的。而用户所选取的目标实体，可以是单一的，也可以是多个的；可以是同一种类的图形，也可以是不同种类的图形。

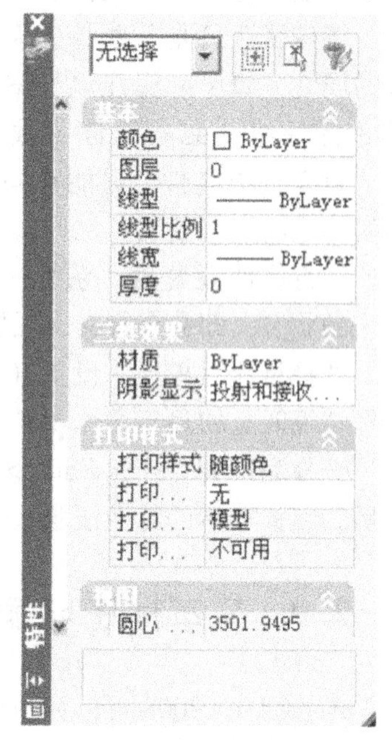

图 2-38　“特性”对话框

图形特性一般分为基本属性 (General)、几何属性 (Geometry)、形式属性 (Misc)、打印样式属性 (Plot style) 和视窗属性 (View) 等，其中以基本属性和几何属性最为重要。

(1) 基本属性

基本属性共包括 8 项，分别为：颜色 (Color)、图层 (Layer)、线型 (Linetype)、线型比例 (Linetype Scale)、打印样式 (Plot Style)、线宽 (Lineweight)、超级链接 (Hyperlink)、厚度 (Thickness)，它们控制了实体最本质的特征。

(2) 几何属性及其他属性

不同的图形实体，其几何属性和其他属性等都是不尽相同的，在实际使用中有如下两种形式：

- 修改单个目标实体的属性：此时，该实体所有属性都可以进行编辑，用户可在下拉列表框中进行选择或在文本框中直接输入数值。

• 修改多个目标实体的属性：此时，属性管理器中除基本属性保持不变外，其他属性的下属项目均只部分列出，即仅仅排列出这些目标实体的相同属性部分。

AutoCAD 中使用特性管理器的最大优点在于用户不但可以对多个目标实体的基本属性进行编辑，而且还可利用它对多个目标实体的某些共有属性一起进行编辑，这一新功能将为用户解决图形编辑中的一大难题。

2.8.4 特性匹配（Match Properties）

AutoCAD 提供的“特性匹配”命令，可以方便地把一个图形对象的图层、线型、线型比例、线宽等特性赋予另一个图形对象，而不用再逐项设定，从而大大提高绘图速度，节省时间。

在命令行提示下输入 MAtchprop（简捷命令 MA）并单击 < Enter > 键即可启动该命令。

启动特性匹配命令后，命令行出现如下提示：

选择源对象：选择源实体。

当前活动设置：颜色　图层　线型　线型比例　线宽　厚度　标注　文字　填充图案　多段线　视口　表格材质　阴影显示　多重引线

这一行提示显示出特性匹配命令的当前（也是默认）设置，允许复制这些特性。

选择目标对象或［设置（S）］：输入 S，重新设置可复制的属性项。

此时屏幕上弹出特性设置对话框，如图 2-39 所示。

在该对话框中，可以对复选框中列出的属性进行选择，只有被选择的才能从源实体复制到目标实体上。特殊属性只是某些特殊实体才有的属性，如尺寸标注属性只属于尺寸标注线，文本属性只属于文本。对于特殊属性，只能在同类型的实体之间进行复制。

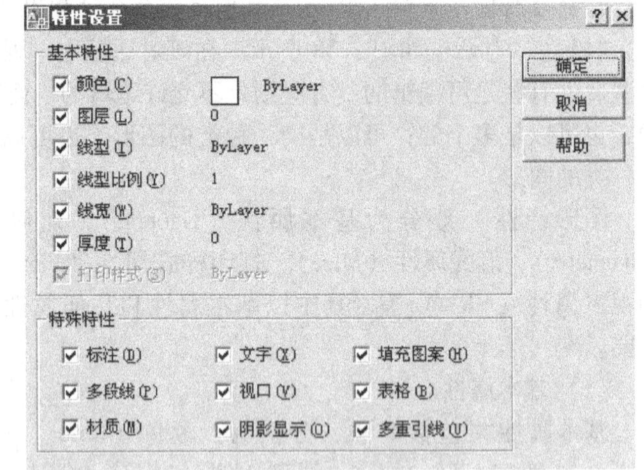

图 2-39 “特性设置”对话框

进行属性设置后，系统又回到原来的状态，即命令行又出现提示：

选择目标对象或［设置（S）］：选择特性匹配的目标实体。

选择完毕并单击 < Enter > 键确认后，目标实体的特性便服从于源实体的属性。

2.9 文本标注与编辑

AutoCAD　2008 可以为图形进行文本标注和说明，对于已标注的文本，还提供相应的编辑命令，使得绘图中文本标注能力大为增强。

2.9.1　定义字体样式（Style）

字体样式是定义文本标注时的各种参数和表现形式。用户可以在字体样式中定义字体高度等参数，并赋名保存。定义字体样式的命令为Style。

在命令行提示下，输入Style（简捷命令ST）并单击<Enter>键即可启动该命令。启动Style命令后，弹出文字样式对话框，如图2-40所示，在该对话框中，用户可以进行字体样式的设置。

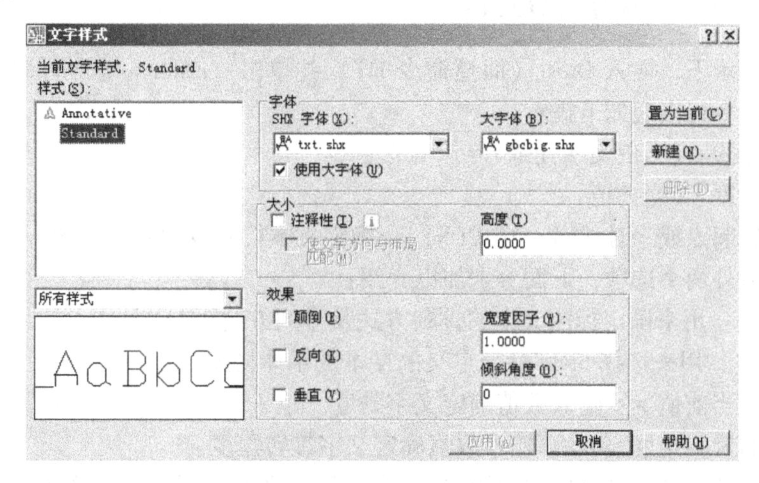

图2-40　“文字样式”对话框

下面介绍文字样式对话框中各项内容：

（1）“样式”选项组

显示图形中的样式列表。列表包括已定义的样式名并默认显示选择的当前样式。

（2）“字体”选项组（字体文件设置）

其中包含了当前Windows系统中所有的字体文件，如Romans、仿宋体、黑体等，以及AutoCAD中的shx字体文件，供用户选择使用。在使用汉字字体时需要去掉“使用大字体”前面的“√”，“SHX字体”变为“字体名”，“大字体”变为“字体样式”，从“字体名”下拉列表可以选择所需要的汉字字体。

（3）“大小”选项组

- “注释性”：指定文字为注释性文字。
- “使文字方向与布局匹配”复选框：指定图纸空间视口中的文字方向与布局方向匹配。
- “高度或图纸文字高度”文本框：根据输入的值设置文字高度。

（4）“效果”选项组（设定字体的具体特征）

- “颠倒”复选框：确定是否将文本文字旋转180°。
- “反向”复选框：确定是否将文字以镜像方式标注。
- “垂直”复选框：控制文本是水平标注还是垂直标注。
- “宽度因子”文本框：设定文字的宽度系数。
- “倾斜角度”文本框：确定字的倾斜角度。

（5）“预览”区

显示随着字体的改变和效果的修改而动态更改的样例文字。

通过文字样式对话框就可以进行字体样式的设置，定义字体样式设置完毕后，便可以进行文本标注了。标注文本有两种方式：一种是单行标注（Dtext），即启动命令后每次只能输入一行文本，不会自动换行输入；另一种是多行标注（Mtext），一次可以输入多行文本。

2.9.2 单行文本标注（Dtext）

在命令行提示下，输入 Dtext（简捷命令 DT）并单击 <Enter> 键即可启动该命令。启动该命令后，命令行出现如下提示：

当前文字样式：（当前文字样式）。

当前文字高度：（当前值）。

指定文字的起点或 [对正(J)/样式(S)]：确定文本行基线的起点位置。

该提示中另外两个选项，下面分别加以介绍：

- 对正（J）：用来确定标注文本的排列方式及排列方向。
- 样式（S）：用来选择 Style 命令定义的文本的字体样式。

指定高度 <当前值>：输入数值确定文字高度。

指定文字的旋转角度 <0>：输入数值确定文字旋转角度。

设置完成后即可进行文字标注，用 Dtext 命令标注文本，可以进行换行，即执行一次命令可以连续标注多行，但每换一行或用光标重新定义一个起始位置时，再输入的文本便被作为另一实体。

如果用户在用 Style 命令定义字体样式时已经设置了字高（即：字高数值不等于 0），那么在文本标注过程中，命令行将不再显示指定高度 <当前值>：操作提示。

输入文字单击 <Enter> 键确认后，可在已输入文字下一行位置继续输入。也可直接单击 <Enter> 键，结束本次 Dtext 命令。

2.9.3 多行文本标注（Mtext）

用 Dtext 命令虽然也可以标注多行文本，但换行时定位及行列对齐比较困难，且标注结束后，每行文本都是一个单独的实体，不易编辑。AutoCAD 为此提供了 Mtext 命令，使用 Mtext 命令可以一次标注多行文本，并且各行文本都以指定宽度排列对齐，共同作为一个实体。这一命令在注写设计说明中非常有用。

在命令行提示下输入 Mtext（简捷命令 MT）并单击 <Enter> 键即可启动该命令。启动该命令后，命令行给出如下提示：

当前文字样式：（当前设置）。

当前文字高度：（当前值）。

指定第一角点：确定一点作为标注文本框的第一个角点。

指定对角点或[高度(H)/对正(J)/行距(L)/旋转(R)/样式(S)/宽度(W)]：确定标注文本框的另一个对角点。

提示中其他选项含义分别介绍如下：

- 高度（H）：设置标注文本的高度。
- 对正（J）：设置文本排列方式。
- 行距（L）：设置文本行间距。
- 旋转（R）：设置文本倾斜角度。
- 样式（S）：设置文本字体标注样式。
- 宽度（W）：设置文本框的宽度。

启动 Mtext 命令后，AutoCAD 根据所标注文本的宽度和高度或字体排列方式等这些数据确定文本框的大小，并自动弹出一个专门用于文字编辑的“文字格式”编辑框，如图 2-41 所示。

图 2-41　“文字格式”编辑框

用户可以利用文字格式编辑框设置文字的样式、字体、高度、字型等，并通过文字编辑器输入文字内容。

2.9.4　特殊字符的输入

在工程绘图中，经常需要标注一些特殊字符，如表示直径的符号“φ”、表示地平面标高的“±”符号等。这些特殊字符不能直接从键盘上输入。AutoCAD 提供了一些简捷的控制码，通过从键盘上直接输入这些控制码，可以达到输入特殊字符的目的。

AutoCAD 提供的控制码及其相对应的特殊字符见表 2-1。

表 2-1　常用控制码及其相应的特殊字符

控制码	相对应特殊字符功能
%%O	打开或关闭文字上画线功能
%%U	打开或关闭文字下画线功能
%%D	标注符号“度”(°)
%%P	标注正负号(±)
%%C	标注直径(φ)

AutoCAD 提供的控制码，均由两个百分号（%%）和一个字母组成。输入这些控制码后，屏幕上不会立即显示它们所代表的特殊符号，只有在单击 <Enter> 键之后，控制码才会变成相应的特殊字符。

控制码所在的文本如果被定义为 Tare Type 字体，则无法显示出相应的特殊字符，只能出现一些乱码或问号。因此使用控制码时要将字体样式设为非 TureType 字体。

2.9.5　文本编辑

已标注的文本，有时需对其属性或文字本身进行修改，AutoCAD 提供了两个文本基本编辑方法，方便用户快速便捷地编辑所需的文本。这两种方法是：Ddedit 命令和属性管理器。

1. 利用 DDEDIT 命令编辑文本

在命令行提示下，输入 Ddedit（简捷命令 ED）并单击 <Enter> 键即可启动该命令。启动命令后，命令行提示如下：

选择注释对象或［放弃（U）］：要求用户选取要修改的文本。若选取的文本是用 Dtext 命令标注的单行文本，则可以直接对文字内容进行修改。

若用户所选的文本是用 Mtext 命令标注的多行文本，则弹出 **文字格式** 对话框，如图 2-41所示。用户可在该对话框中对文本进行更加全面地编辑修改。

在 DDEDIT 命令下的提示中，还有一个 Undo 选项，选择该选项，可以取消上次所进行的文本编辑操作。

2. 利用特性管理器编辑文本

先选中需要编辑的文本对象，在命令行提示下输入 Properties 启动该命令，打开特性管理器，就可利用属性管理器进行文本编辑了。在用特性管理器编辑图形实体时，允许一次选择多个文本实体；而用 DDEDIT 命令编辑文本实体时，每次只能选择一个文本实体。

2.10 尺寸标注

建筑施工图中的尺寸标注是施工图的重要部分，利用 AutoCAD 的尺寸标注命令，可以方便快速地标注图纸中各种方向、形式的尺寸。

2.10.1 尺寸标注的基础知识

一个完整的尺寸标注通常由尺寸线、尺寸界线、尺寸箭头和尺寸数字 4 部分组成。图 2-42列出了一个典型的建筑制图的尺寸标注各部分的名称：

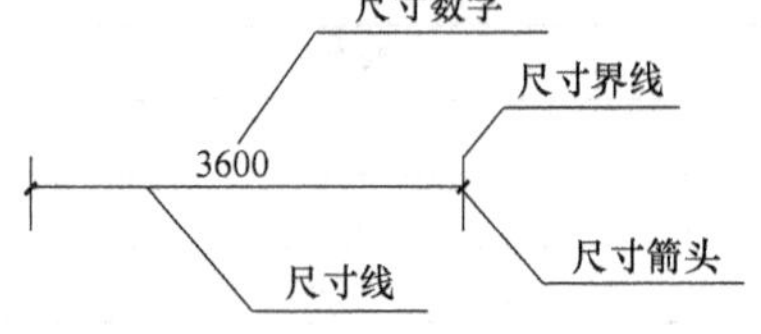

图 2-42 建筑制图尺寸标注各部分名称

一般情况下，AutoCAD 将尺寸作为一个图块，即尺寸线、尺寸界线、尺寸箭头和尺寸数字它们各自不是单独的实体，而是构成图块一部分。如果对该尺寸标注进行拉伸，那么拉伸后，尺寸标注的尺寸文本将自动发生相应的变化。这种尺寸标注称为关联性尺寸（Associative Dimension）。

如果用户选择的是关联性尺寸标注，那么当改变尺寸标注样式时，在该样式基础上生成的所有尺寸标注都将随之改变。

如果一个尺寸标注的尺寸线、尺寸界线、尺寸箭头和尺寸文本都是单独的实体，即尺寸标注不是一个图块，那么这种尺寸标注称为无关联性尺寸（Non Associative Dimension）。

如果用户用 Scale 命令缩放非关联性尺寸标注，将会看到尺寸线是被拉伸了，可尺寸文本仍保持不变，因此无关联性尺寸无法适时反应图形的准确尺寸。

如图 2-43 所示为用缩放命令缩放关联性和非关联性尺寸的结果。

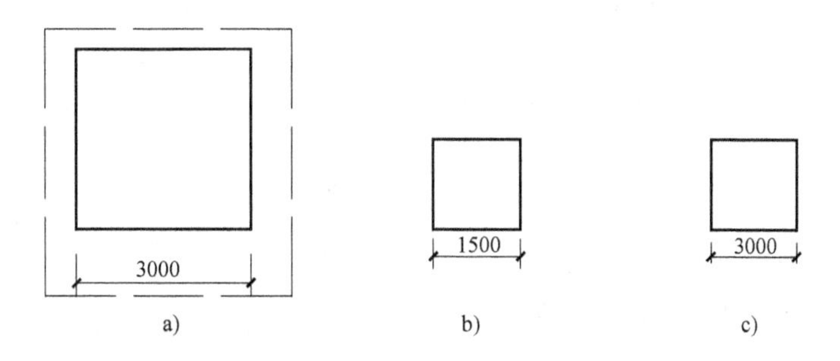

图 2-43　用缩放命令缩放关联性和非关联性尺寸
a）缩放图形　b）关联性尺寸缩放　c）非关联性尺寸缩放

2.10.2　创建尺寸标注样式

尺寸标注样式控制着尺寸标注的外观和功能，它可以定义不同设置的标注样式并给它们赋名。下面以建筑制图标准要求的尺寸形式为例，学习创建尺寸标注样式。

AutoCAD 提供了 Dimstyle 命令，用以创建或设置尺寸标注样式。

在命令行提示下，输入 Dimstyle（简捷命令 D）并单击 <Enter> 键即可启动该命令。启动该命令后，AutoCAD 将打开如图 2-44 所示的 **标注样式管理器** 对话框。

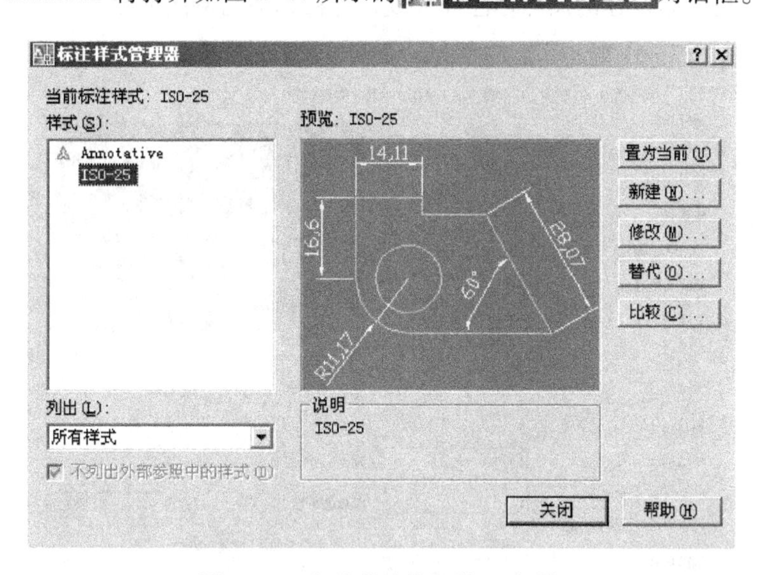

图 2-44　“标注样式管理器”对话框

在新建尺寸标注样式之前，首先将 **标注样式管理器** 对话框中相关的选项功能介绍一下：

- “样式”列表框：显示了标注样式的名称。
- “列出”下拉列表框：选择所有样式，则在“样式”列表框显示所有样式名；若选择“正在使用的样式”，则显示当前正在使用的样式名称。
- “预览”图像框：以图形方式显示当前尺寸标注样式。
- “置为当前”按钮：将选定的样式设置为当前样式。

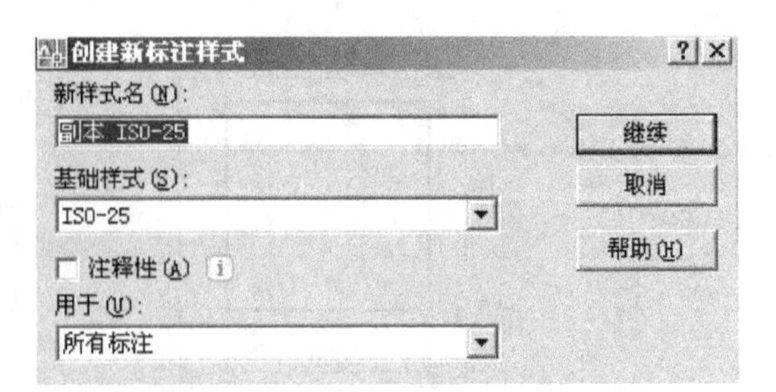

图 2-45 “创建新标注样式”对话框

- “新建”按钮：创建新的尺寸标注样式。
- “修改”按钮：修改已有的尺寸标注样式。
- “替代”按钮：为一种标注格式建立临时替代格式，以满足某些特殊要求。
- “比较”按钮：用于比较两种标注格式的不同点。

单击 新建(N)... 按钮后，弹出 创建新标注样式 对话框，如图 2-45 所示。

该对话框中各选项含义如下：

“新样式名”文本框：设置创建新的尺寸样式的名称。例如可以输入“建筑制图”。

“基础样式”下拉列表框：在此下拉列表框中选择一种已有的标注样式，新的标注样式将继承此标注样式的所有特点。用户可以在此标注样式的基础上，修改不符合要求的部分，从而提高工作效率。

“用于”下拉列表框：限定新标注样式的应用范围。

单击 继续 按钮，弹出 新建标注样式：建筑制图 对话框，如图 2-46 所示。用户可利用该对话框为新创建的尺寸标注样式设置各种相关的特征参数。

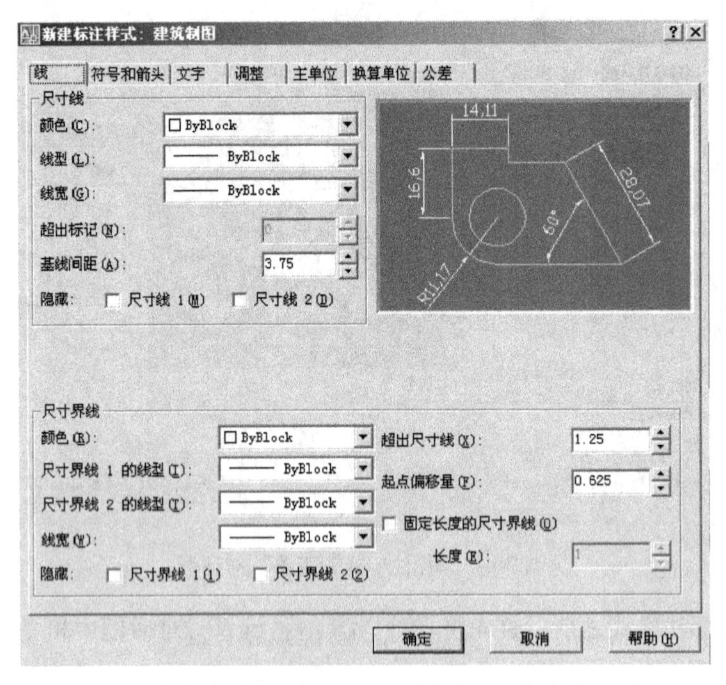

图 2-46 新建标注样式：“建筑制图”对话框

1. 设置尺寸线和尺寸界线

在 新建标注样式：建筑制图 对话框中，单击 线 选项卡，如图 2-46 所示。用户可在该选项卡中设置尺寸线和尺寸界线的几何参数。

现将该选项卡中各选项的含义介绍如下：

（1）“尺寸线”选项组

设置尺寸线的特征参数。

●“颜色”下拉列表框：设置尺寸线的颜色。

●“线宽”下拉列表框：设置尺寸线的线宽。

●“超出标记”增量框：尺寸线超出尺寸界线的长度。《房屋建筑制图统一标准》规定该数值一般为0（但新标准允许根据个人习惯，略有超出）只有在“符号和箭头”选项卡中将“箭头”选择为“倾斜”或“建筑标记”时，“超出标记”增量框才能被激活，否则将呈淡灰色显示而无效。

●“基础间距”增量框：当用户采用基线方式标注尺寸时，可在该增量框中输入一个值，以控制两尺寸线之间的距离。《房屋建筑制图统一标准》规定两尺寸线间距为7～10mm。

●“隐藏”选项：控制是否隐藏第一条、第二条尺寸线及相应的尺寸箭头。建筑制图时，一般只选默认值，即两条尺寸线都可见。

（2）“尺寸界线”选项组

设置尺寸界线的特征参数。

●“颜色”下拉列表框：设置尺寸界线的颜色。

●“超出尺寸线”增量框：用户可在此增量框中输入一个值以确定尺寸界线超出尺寸线的那一部分长度。《房屋建筑制图统一标准》规定这一长度宜为2～3mm。

●“起点偏移量”：设置标注尺寸界线的端点离开指定标注起点的距离。

●“隐藏”选项：控制是否隐藏第一条或第二条尺寸界线。建筑制图时，一般只选默认值，即两条尺寸界线都可见。

2. 设置符号和箭头

在 新建标注样式：建筑制图 对话框中，单击 符号和箭头 选项卡，用户可在如图2-47所示选项卡中设置尺寸箭头的形状、大小以及圆心标记、弧长符号、半径标注折弯格式。

（1）“箭头”选项组

●“第一个”下拉列表框：选择第一尺寸箭头的形状。下拉列表框中提供各种箭头符号以满足各种工程制图需要。建筑制图时，一般选择“建筑标记”选项。当用户选择某种类型的箭头符号作为第一尺寸箭头时，AutoCAD将自动把该类型的箭头符号默认为第二尺寸箭头而出现在“第二个”下拉列表框中。

●“第二个”下拉列表框：设置第二尺寸箭头的形状。

●“引线”下拉列表框：设置指引线的箭头形状。

●“箭头大小”增量框：设置尺寸箭头的大小。《房屋建筑制图统一标准》规定起止符号一般用中粗短线绘制，长度宜为2mm。

（2）“圆心标记”选项组

●“标记”单选按钮：中心标记为一个记号。

●“直线”单选按钮：中心标记采用中心线的形式。

●“无”单选按钮：既不产生中心标记，也不采用中心线。

●“大小”增量框：设置中心标记和中心线的大小和粗细。

（3）“弧长符号”选项组

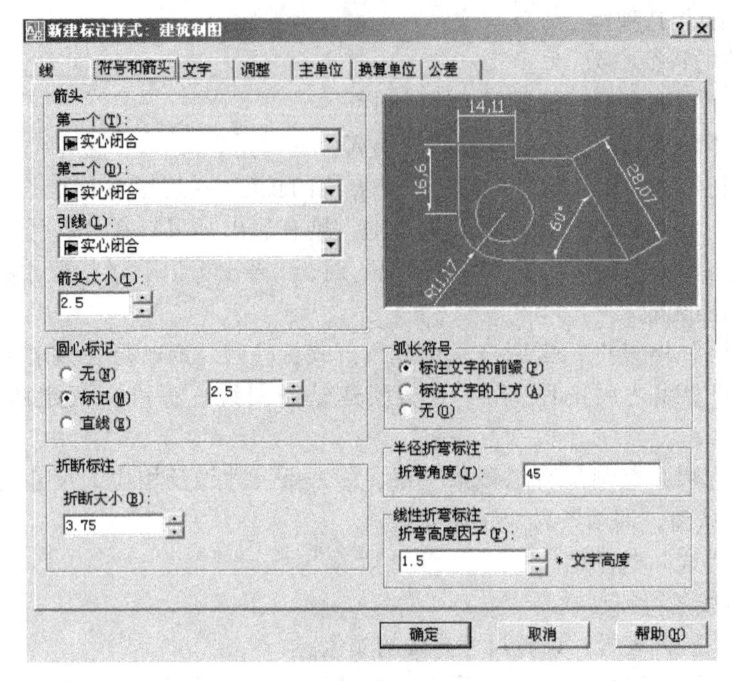

图2-47 “符号和箭头”选项卡

- “标注文字的前缀”单选按钮：将弧长符号放在标注文字的前面。
- “标注文字的上方”单选按钮：将弧长符号放在标注文字的上方。
- “无”单选按钮：不显示弧长符号。

(4)“半径标注折弯”选项组

控制折弯半径标注的显示。在“折弯角度”文字框中可以输入连接半径标注的尺寸界线和尺寸线的横向直线角度。

3. 设置尺寸文字格式

在 新建标注样式：建筑制图 对话框中，单击 文字 选项，用户可在如图2-48所示的选项卡中对文字外观、文字位置、文字对齐等相关选项进行设置。

现将该选项卡中各选项含义介绍如下：

(1)“文字外观”选项组

依次可以设置或者选择文字的样式、颜色、填充颜色、文字高度、分数高度比例和是否给标注文字加上边框。建筑制图时，文字字高为3.5~4mm。

(2)“文字位置”选项组

用于设置文字和尺寸线间的位置关系及间距。建筑制图时，“从尺寸线偏移”一般设置为1~1.5mm。

(3)“文字对齐”选项组

用于确定文字的对齐方式。

当用户对以上内容有所改变时，右上侧的预览会显示相应的变化，应特别注意观察以便确定所作定义或者修改是否合适。

4. 设置尺寸标注特征

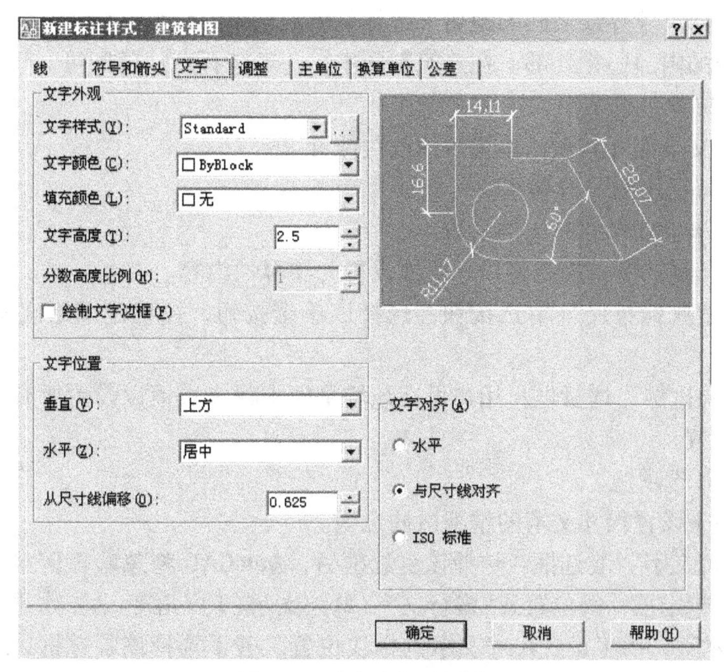

图 2-48　“文字”选项卡

在新建标注样式：建筑制图对话框中，单击调整选项，用户可在如图 2-49 所示的选项卡内设置尺寸文本、尺寸箭头、引线和尺寸线的相对排列位置。

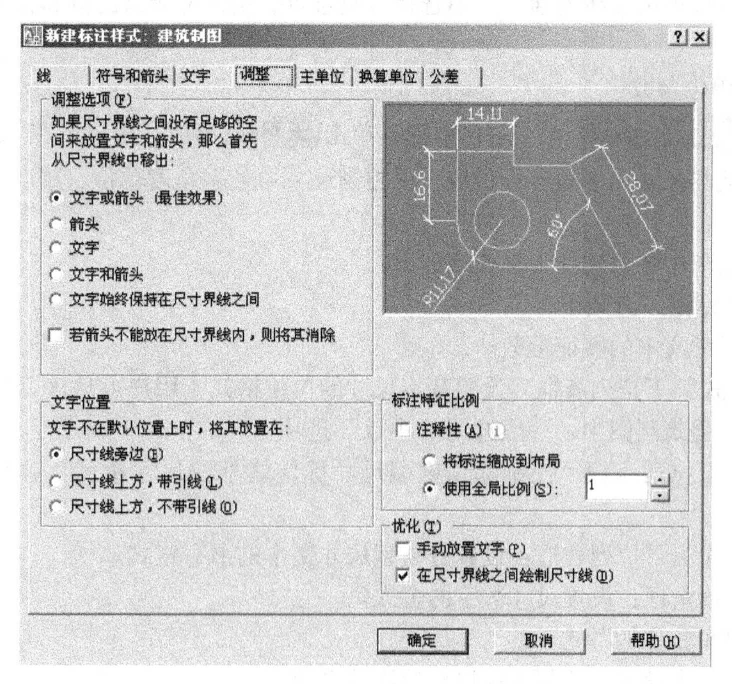

图 2-49　“调整”选项卡

现将该选项卡中各选项含义介绍如下：

（1）“调整选项”选项组

用户可根据两尺寸界线之间的距离来选择具体的选项，以控制将尺寸文本和尺寸箭头放置在两尺寸界线的内部还是外部。在建筑制图中，一般选择默认值即可。

(2)“文字位置”选项组

设置当尺寸文本离开其默认位置时的放置位置。

(3)“标注特征比例”选项组

该选项组用来设置尺寸的比例系数。

- “注释性”复选框：控制将尺寸标注设置为注释性内容。
- “将标注缩放到布局”单选按钮：选择该单选按钮，可确定图纸空间内的尺寸比例系数。
- “使用全局比例”增量框：用户可在该增量框中输入数值以设置所有尺寸标注样式的总体尺寸比例系数。

(4)“优化”选项组

该选项组用来设置尺寸文本的精细微调选项。

- “手动放置文字”复选框：选择该复选框后，AutoCAD 将忽略任何水平方向的标注设置，允许用户在指定尺寸线位置或[多行文字(M)/文字(T)/角度(A)/水平(H)/垂直(V)/旋转(R)]：提示下，手工设置尺寸文本的标注位置。若不选择该复选框，AutoCAD 将按水平下拉列表框所设置的标注位置自动标注尺寸文本。
- “在尺寸界限之间控制尺寸线”复选框：选择该复选框后，当两尺寸界线距离很近不足以放下尺寸文本，而把尺寸文本放在尺寸界线的外面时，AutoCAD 将自动在两尺寸界线之间绘制一条直线把尺寸线连通。若不选择该复选框，两尺寸界线之间将没有一条直线，导致尺寸线隔开。

5. 设置主单位参数

在 新建标注样式：建筑制图 对话框内，单击 主单位 选项，用户可在如图 2-50 所示的选项卡中设置基本尺寸文本的各种参数，以控制尺寸单位、角度单位、精度等级、比例系数等等。

现将该选项卡中各选项的含义介绍如下：

(1)“线型标注”选项组

设置基本尺寸文本的特征参数。

- “单位格式”下拉列表框：设置基本尺寸的单位格式。用户可从该下拉列表框中选取所需的单位制。建筑制图中，一般选用“小数”选项。
- “精度”下拉列表框：控制除角度型尺寸标注之外的尺寸精度。建筑制图中，精度为 0。
- “分数格式”下拉列表框：设置分数型尺寸文本的书写格式。
- “舍入”增量框：设置尺寸数字的舍入值。

(2)“测量单位比例”选项组

“比例因子”增量框：控制线性尺寸的比例系数。

(3)“清零”选项组

控制尺寸标注时的零抑制问题。

(4)“角度标注”选项组

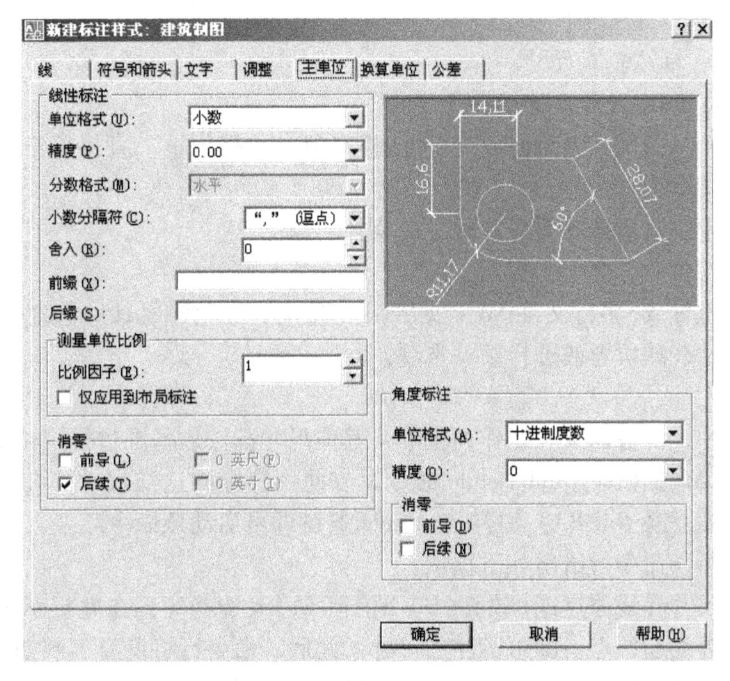

图 2-50 “主单位”选项卡

设置角度型尺寸的单位格式和精度。

2.10.3 线性型尺寸标注

线性（Linear）型尺寸是建筑制图中最常见的尺寸，包括水平尺寸、垂直尺寸、旋转尺寸、基线标注和连续标注。下面将分别介绍这几种尺寸的标注方法。

1. 标注长度类尺寸

AutoCAD 把水平尺寸、垂直尺寸和旋转尺寸都归结为长度类尺寸。这 3 种尺寸的标注方法大同小异。

AutoCAD 提供了 Dimlinear 命令来标注长度类尺寸。用户在命令行提示下，输入 DimLInear（简捷命令 DLI）并单击 < Enter > 键即可启动该命令。

启动该命令后，命令行给出如下提示：

指定第一条尺寸界线原点或 < 选择对象 >：选取一点作为第一条尺寸界线的起始点，之后命令行继续提示：

指定第二条尺寸界线原点：选择另一点作为第二条尺寸界线的起始点。

选择后，命令行又提示：

指定尺寸线位置或[多行文字(M)/文字(T)/角度(A)/水平(H)/垂直(V)/旋转(R)]：要求用户选择一点以确定尺寸线的位置或选择某个选项。

现将各选项的含义介绍如下：

- 多行文字（M）：通过对话框输入尺寸文本。
- 文字（T）：通过命令行输入尺寸文本。
- 角度（A）：确定尺寸文本的旋转角度。

• 水平（H）：标注水平尺寸。

• 垂直（V）：标注垂直尺寸。

• 旋转（R）：确定尺寸线的旋转角度。

如果在指定第一条尺寸界线原点或 <选择对象>：提示下，直接单击<Enter>键，命令行将提示：

选择标注对象：直接选择要标注尺寸的实体对象。

选择要标注对象后，命令行提示：

指定尺寸线位置或[多行文字(M)/文字(T)/角度(A)/水平(H)/垂直(V)/旋转(R)]：要求用户确定尺寸线的位置或选择某一选项。

2. 基线标注

在建筑制图中，往往以某一线作为基准，其他尺寸都按该基准进行定位或画线，这就是基线标注。AutoCAD 提供了 Dimbaseline 命令，方便用户标注这类尺寸。在命令行提示下输入 Dimbaseline（简捷命令 DBA）并单击<Enter>键即可启动该命令。

启动该命令后，命令行给出如下提示：

指定第二条尺寸界线原点或[放弃(U)/选择(S)]<选择>：在此提示下直接确定另一尺寸的第二尺寸界线起始点，即可标注出尺寸。此后，命令行将反复出现如下提示：

指定第二条尺寸界线原点或[放弃(U)/选择(S)]<选择>：

直到基线尺寸全部标注完，按<Esc>键退出基线标注为止。

如果在该提示符下输入 U 并单击<Enter>键，将删除上一次刚刚标注的那一个基线尺寸。

如果在该提示符下直接单击<Enter>键，命令行提示：

选择基准标注：选择基线标注的基线，选择一条尺寸界线为基线后，命令行将提示：

指定第二条尺寸界线原点或[放弃(U)/选择(S)]<选择>：直接确定另一要标注基线尺寸的第二尺寸界线起始点。

3. 连续标注

除了基线标注之外，还有一类尺寸，它们也是按某一“基准”来标注尺寸的，但该基准不是固定的，而是动态的。这些尺寸首尾相连（除第一个尺寸和最后一个尺寸外），前一尺寸的第二尺寸界线就是后一尺寸的第一尺寸界线。AutoCAD 把这种类型的尺寸称为连续尺寸。

开始连续标注时，要求用户先要标出一个尺寸。

AutoCAD 提供了 Dimcontinue 命令，方便用户标注连续尺寸。在命令行提示下，输入 Dimcontinue（简捷命令 DCO）并单击<Enter>键即可启动该命令。

启动该命令后，命令行将给出下列提示：

指定第二条尺寸界线原点或[放弃(U)/选择(S)]<选择>：在该提示符下直接确定另一尺寸的第二尺寸界线起始点。

命令行将反复出现如下提示：

指定第二条尺寸界线原点或[放弃(U)/选择(S)]<选择>：

直到按<Esc>键退出为止。

如果在该提示下输入 U 并单击<Enter>键，即选择 Undo 选项，AutoCAD 将撤销上一连续尺寸，然后命令行还将提示：

指定第二条尺寸界线原点或[放弃(U)/选择(S)]<选择>：

如果在该提示下直接按单击<Enter>键，命令行提示：

选择连续标注：选择新的连续尺寸群中的第一个尺寸。

确定该尺寸后，命令行又提示：

指定第二条尺寸界线原点或[放弃(U)/选择(S)]<选择>：选择一点以确定第二个尺寸的第二尺寸界线位置。

2.10.4　编辑尺寸标注

AutoCAD提供了多种方法以方便用户对尺寸标注进行编辑，下面将逐一介绍这些方法及命令。

1. 利用属性管理器编辑尺寸标注

用户先选择将要修改的某个尺寸标注，然后在命令行提示下输入Properties，启动“特性”管理器命令，可在“特性”对话框中根据需要更改、编辑尺寸标注的相关参数。

2. 利用Dim Edit命令编辑尺寸标注

在命令行提示下，输入Dimedit（简捷命令DED）并单击<Enter>键即可启动该命令。

启动该命令后，命令行提示如下：

输入标注编辑类型[默认(H)/新建(N)/旋转(R)/倾斜(O)]<默认>：要求用户输入需要编辑的选项。

现将各选项含义介绍如下：

- 默认（H）：将尺寸文本按Dimstyle所定义的默认位置、方向重新放置。

执行该选项，命令行提示：

选择对象：选择要编辑的尺寸标注即可。

- 新建（N）：更新所选择的尺寸标注的尺寸文本。

执行该选项，AutoCAD将打开“文字格式”对话框。用户可在该对话框中更改新的尺寸文本。

单击 确定 按钮关闭对话框后，命令行提示如下：

选择对象：选择要更改的尺寸文本即可。

- 旋转（R）：旋转所选择的尺寸文本。

执行该选项，命令行提示：

指定标注文字的角度：输入尺寸文本的旋转角度。

选择对象：选择要编辑的尺寸标注即可。

- 倾斜（O）：实行倾斜标注，即编辑线性型尺寸标注，使其尺寸界线倾斜一个角度，不再与尺寸线相垂直。常用于标注锥形图形。

执行该选项，命令行提示：

选择对象：选择要编辑的尺寸标注。

输入倾斜角度（单击<Enter>键表示无）：输入倾斜角度即可。

3. 利用Dimtedit命令更改尺寸文本位置

在命令行提示下，输入Dimtedit（简捷命令DIMTED）并单击<Enter>键即可启动该命令。

启动该命令后，命令行将提示：

选择标注：选择要修改的尺寸标注。

指定标注文字的新位置或[左(L)/右(R)/中心(C)/默认(H)/角度(A)]：确定尺寸文本的新位置。现将各选项的含义介绍如下：

- 左（L）：更改尺寸文本沿尺寸线左对齐。
- 右（R）：更改尺寸文本沿尺寸线右对齐。
- 中心（C）：将所选的尺寸文本按居中对齐。
- 默认（H）：将尺寸文本按 Dimstyle 所定义的默认位置、方向重新放置。
- 角度（A）：旋转所选择的尺寸文本。

输入 A 并单击 <Enter> 键后，命令行将提示：

指定标注文字的角度：输入尺寸文本的旋转角度即可。

4. 更新尺寸标注

用户可将某个已标注的尺寸按当前尺寸标注样式所定义的形式进行更新。AutoCAD 提供了 DIM 下的 Update 命令来实现这一功能。

在命令行提示下，输入 DIM 并单击 <Enter> 键，然后在标注：提示下输入 UPDATE（简捷命令 UP）并单击 <Enter> 键即可启动该命令。

启动该命令后，命令行提示：

选择对象：选择要更新的尺寸标注。

选择对象：继续选择尺寸标注或单击 <Enter> 键结束操作，回到标注：提示下。

在标注：提示下，输入 E 并单击 <Enter> 键，返回到命令行状态。

通过上述操作，AutoCAD 将自动把所选择的尺寸标注更新为当前尺寸标注样式所设置的形式。

第2篇　建筑设备标准图例实训

第3章　给排水常用图例实训

【学习目标】

本章介绍了利用 AutoCAD 命令绘制给排水常用图例的方法，同时给出了相关的练习。通过学习，要掌握综合利用前两章所学命令绘制给排水常用图例的方法，并且能够举一反三，完成随堂练习。

3.1　压力废水管

压力废水管的图例如图 3-1 所示。

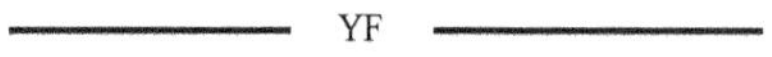

YF

图 3-1　压力废水管图例

① 执行 PLine（绘制多段线）命令，线宽 $W=0.9$mm，如图 3-2a 所示。

② 执行 Break（打断）命令，打断点分别为 A 和 B 点，结果如图 3-2b 所示。

③ 执行 DText（标注文本）命令，标出“YF”，结果如图 3-2c 所示。

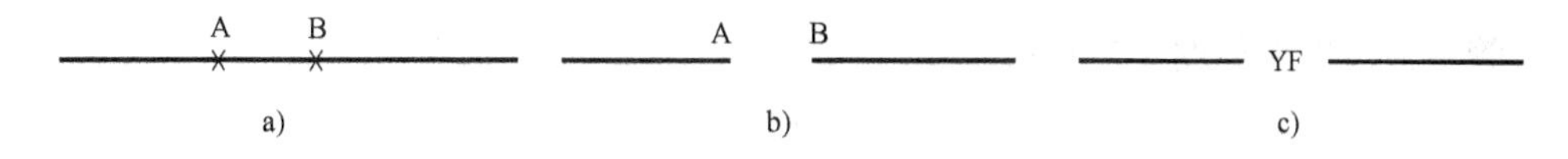

图　3-2

执行相关命令，绘制如下图例（图 3-3）：

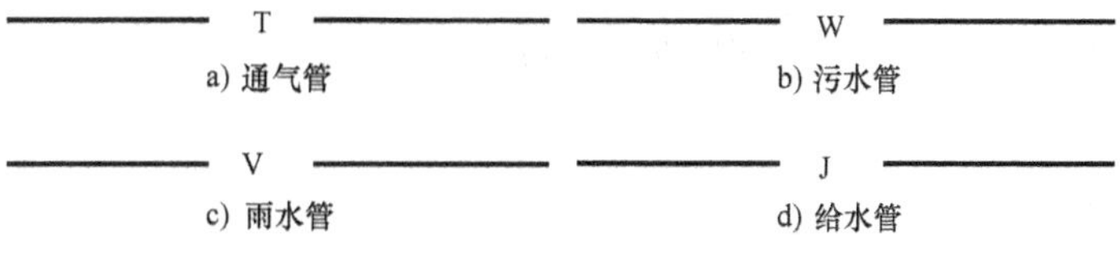

T

a) 通气管

W

b) 污水管

V

c) 雨水管

J

d) 给水管

图 3-3　各种管线图例

3.2　管道固定支架

管道固定支架图例如图 3-4 所示。

图 3-4　管道固定支架图例

操作：

① 执行 PLine（绘制多段线）命令，线宽 $W = 0.9$mm，如图 3-5a 所示。
② 单击下拉菜单中的［Style］中的［Style Point］弹出对话框。
③ 选择点的形式为“×”，并调整点的大小。
④ 执行 Point（绘点）命令，在适当位置单击两点，如图 3-5b 所示。
⑤ 执行 Line（绘制）命令，过点中心画一短直线，完成图形，如图 3-5c 所示。

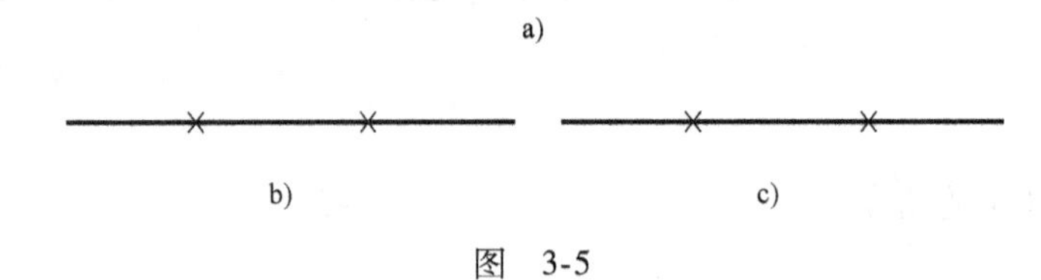

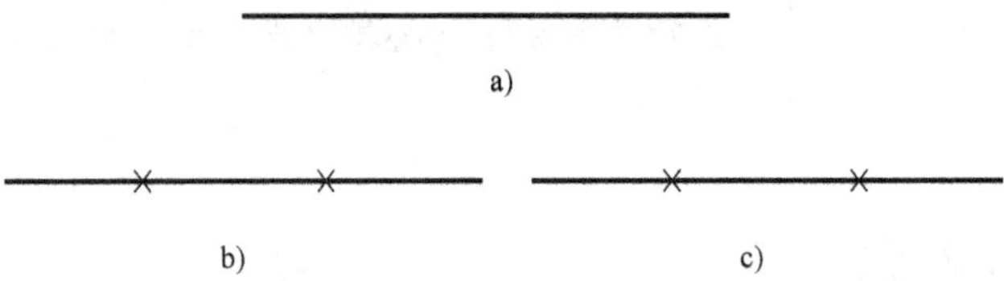

图　3-5

随堂练习

执行相关命令，绘制如下图例（图 3-6）：

图 3-6　计划分界线图例

3.3　立管检查口

立管检查口图例如图 3-7 所示。

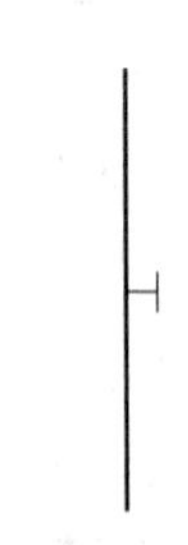

图 3-7　立管检查口图例

操作：

① 执行 PLine（绘制多段线）命令，线宽 $W = 0.9$mm，绘制一条垂直粗线，（打开正

交）如图3-8a所示。

② 执行Line（直线）命令，在相距粗线1.5mm位置绘制一条短线（L=2mm）如图3-8b所示。

③ 执行Line（绘线）命令，捕捉短线中点和长线垂足点完成图线，结果如图3-8c所示。

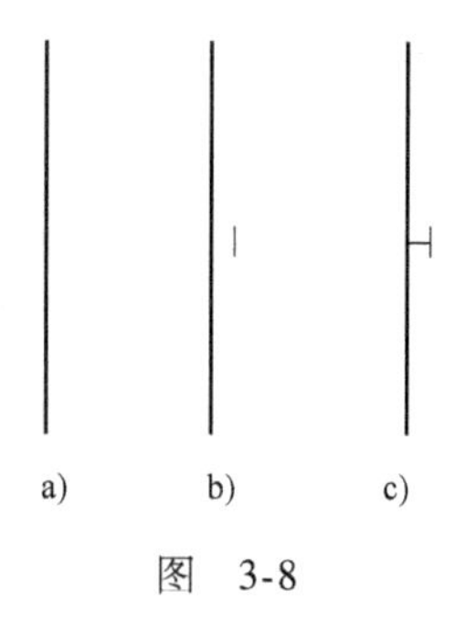

图　3-8

3.4　圆形地漏

圆形地漏图例如图3-9所示。

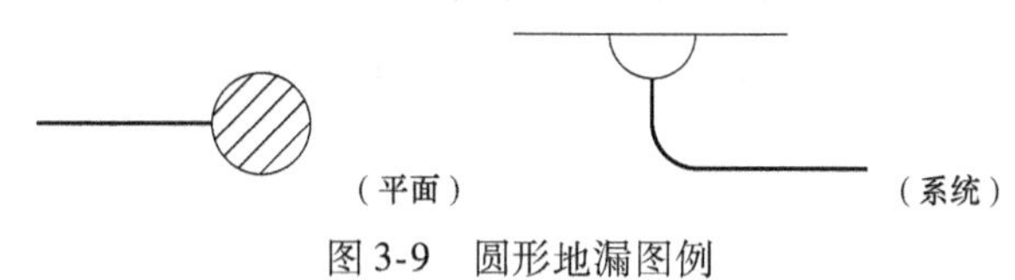

图3-9　圆形地漏图例

① 执行Circle（绘圆）命令，半径R=2mm（或直径=4mm），绘出一个圆，如图3-10a所示。

② 执行PLine（绘制多段线）命令，线宽W=0.9mm，先捕捉圆的Qua（最左边的四分圆点），绘制一段粗线，如图3-10b所示。

③ 执行BHtach（图案填充）命令，完成圆形地漏平面图，结果如图3-10c所示。

④ 执行Line（绘线）命令，绘制一直线，L=20mm。

⑤ 执行Circle（绘圆）命令，绘制一半径R=2mm的圆，圆心在所绘直线上，如图3-10d所示。

⑥ 执行Trim（剪切）命令，剪掉直线以上的半圆，如图3-10e所示。

⑦ 执行PLine（绘制多段线）命令，线宽W=0.9mm，通过捕捉最下边的四分圆点（Qua），绘出一粗折线，如图3-10f所示。

⑧ 执行Fillet（倒圆角）命令，倒角半径R=1～2mm左右，完成圆形地漏系统图，如图3-10g所示。

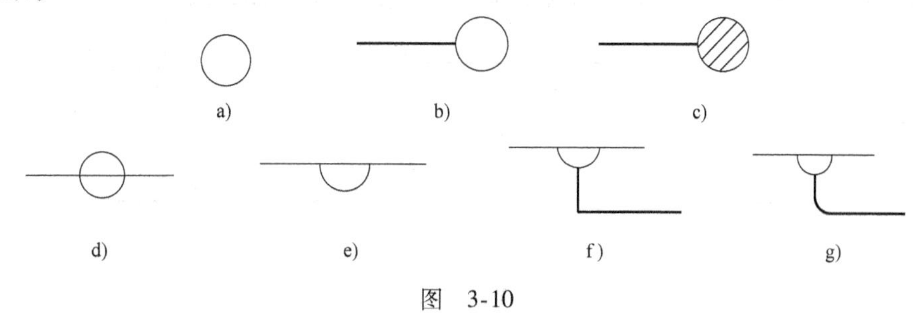

图　3-10

执行相关命令，绘制如下图例（图3-11）：

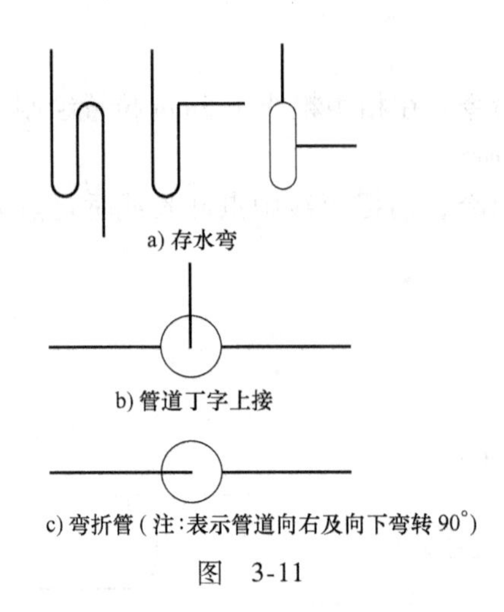

a) 存水弯

b) 管道丁字上接

c) 弯折管（注：表示管道向右及向下弯转 90°）

图 3-11

3.5 闸阀

闸阀图例如图 3-12 所示。

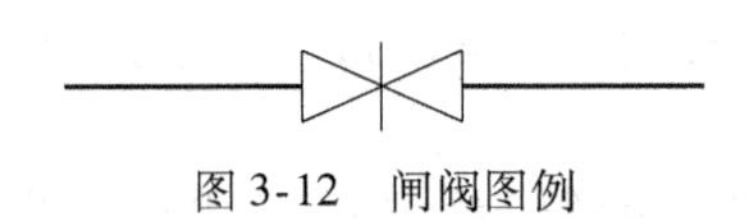

图 3-12 闸阀图例

① 执行 Rectang（矩形）命令，绘制（L=2.4mm，W=1.5mm）的矩形，如图 3-13a 所示。

② 执行 PLine（绘制多段线）命令，线宽 W=0.9mm，过线 AB 中点作一水平直线，如图 3-13b 所示。

③ 执行 Line（绘线）命令，分别连接 AC、BD，如图 3-13c 所示；

④ 执行 eXplode（分解）命令，把矩形分解，并执行 ERase（删除）、TRim（剪切）命令，删除 AD、BC，剪切 EF，结果如图 3-13d 所示。

⑤ 执行 Line（绘线）命令，过 H 点绘制一直线，如图 3-13e 所示。

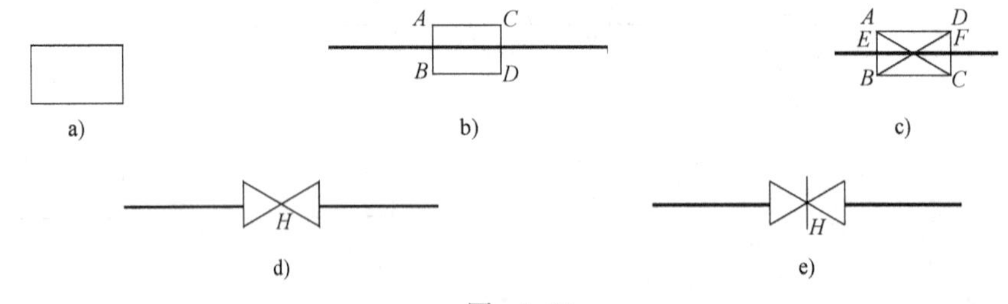

图 3-13

执行相关命令，绘制如下图例（图 3-14）：

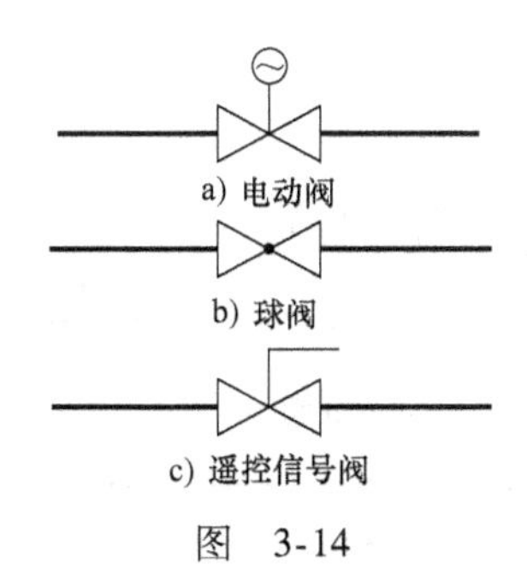

图　3-14

3.6　角阀

角阀的图例如图 3-15 所示。

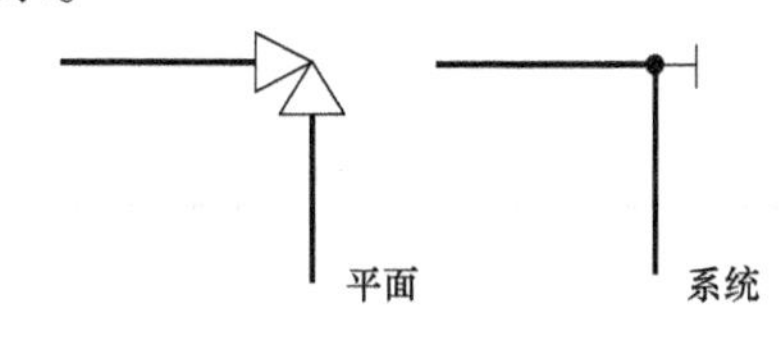

图 3-15　角阀图例

① 执行 PLine（绘制多段线）命令，绘出一直线，如图 3-16a 所示。

② 执行 Line（绘线）命令，过多段线端点绘 $L=1.5$mm 的短线，如图 3-16b 所示。

③ 执行 Line（绘线）命令，过 A 点绘一斜线，$L=3$mm，与短直线的夹角为 60°，如图 3-16c 所示。

④ 执行 Mirror（镜像）命令，镜像结果如图 3-16d 所示。

⑤ 执行 Copy（复制）命令，Rotate（旋转）命令，结果如图 3-16e 所示。

⑥ 执行 PLine（绘制多段线）命令，线宽 $W=0.9$mm，绘制如图 3-16f 所示的多段线。

⑦ 执行 Dount（点）命令，绘制内径 $R=0$，外径 $R=1.5$mm，如图 3-16g 所示。

⑧ 执行 Line（绘线）命令，捕捉点的中心，绘制一短直线，如图 3-16h 所示。

⑨ 执行 Line（绘线）命令，过端点作短直线的垂线，如图 3-16i 所示。

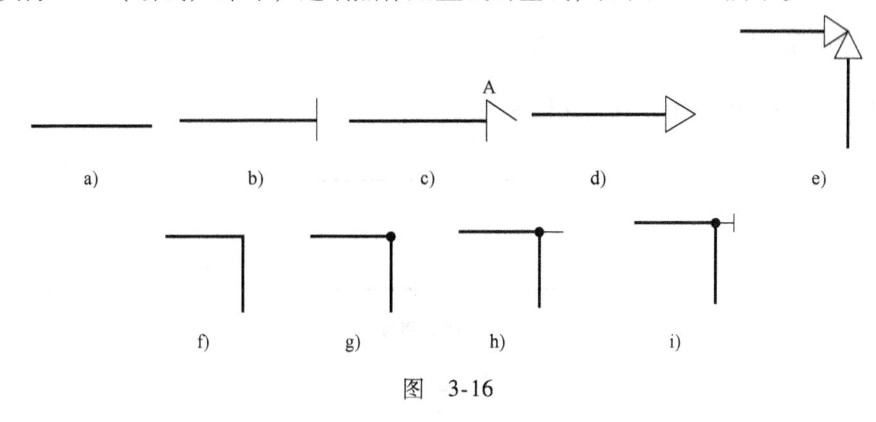

图　3-16

随堂练习

执行相关命令，绘制如下图例（图 3-17）：

a) 截止阀

b) 旋塞阀

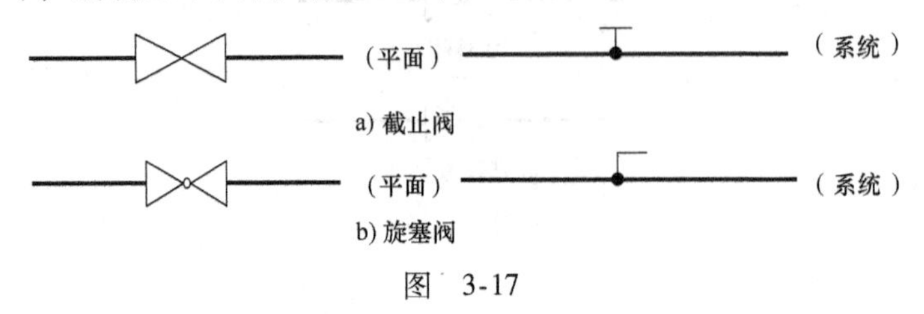

图 3-17

3.7 蝶阀

蝶阀的图例如图 3-18 所示。

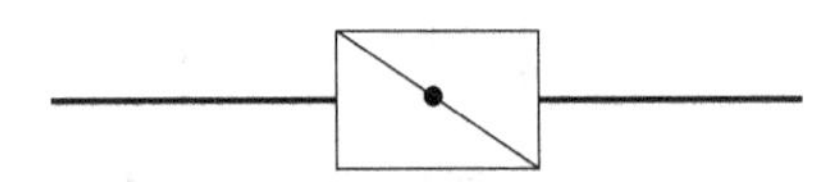

图 3-18 蝶阀图例

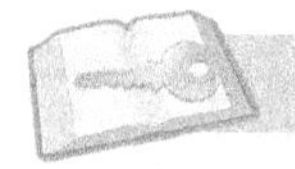

操作：

① 执行 Rectang（矩形）命令，（$L=2.4\text{mm}$，$W=1.5\text{mm}$）绘一矩形，如图 3-19a 所示。

② 执行 PLine（绘制多段线）命令，分别过矩形短边的中点作一直线，如图 3-19b 所示。

③ 执行 Line（绘线）命令，连接 AB，如图 3-19c 所示。

④ 执行 Dount（点）命令，绘制内径 $R=0$，外径 $R=1.5\text{mm}$，如图 3-19d 所示。

a) b) c) d)

图 3-19

随堂练习

执行相关命令，绘制如下图例（图 3-20）：

a) 止回阀

b) 消声止回阀

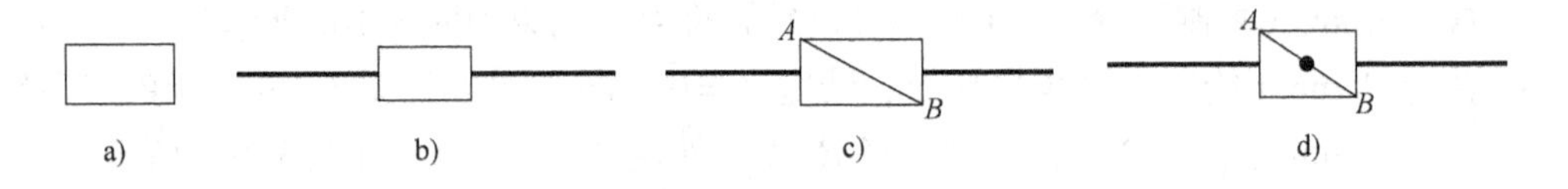

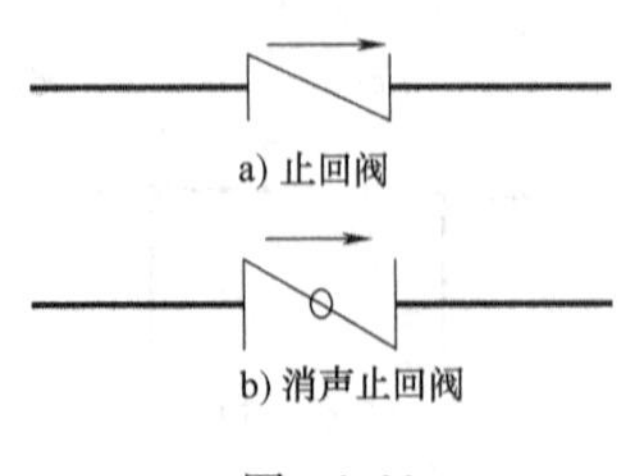

图 3-20

3.8　自动排气阀

自动排气阀的图例如图 3-21 所示。

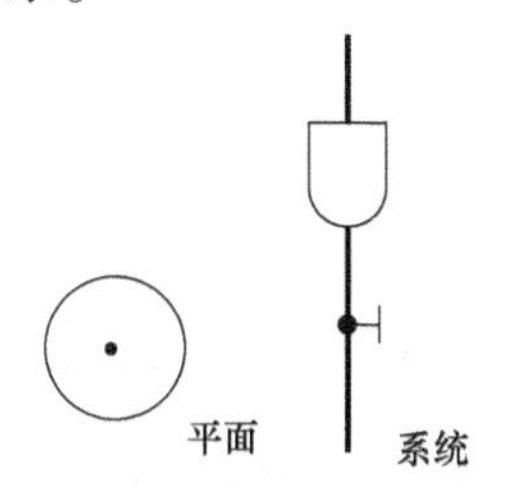

图 3-21　自动排气阀图例

① 执行 Dount（点）命令，绘制内径 $R=0$，外径 $R=0.2$，如图 3-22a 所示。

② 执行 Circle（圆）命令，$R=2$mm，捕捉点的中心，绘制一个圆，如图 3-22b 所示。

③ 执行 PLine（绘制多段线）命令，$W=0.9$mm，绘制一垂直线，如图 3-22c 所示。

④ 执行 Rectang（矩形）命令，$L=2.4$mm，$W=1.5$mm，绘制一个矩形，如图 3-22d 所示。

⑤ 执行 TRim（剪切）命令，剪掉线 AB，如图 3-22e 所示。

⑥ 执行 Fillet（倒圆角）命令，倒角半径 $R=0.5$mm，如图 3-22f 所示。

⑦ 执行 Line（绘线）命令，在合适位置绘制一短线，如图 3-22g 所示。

⑧ 执行 Line（绘线）命令，捕捉短线中点和长线垂足点，如图 3-22h 所示。

⑨ 执行 Dount（点）命令，捕捉垂足点，绘制一内径 $R=0$，外径 $R=2$mm 的点，如图 3-22i 所示。

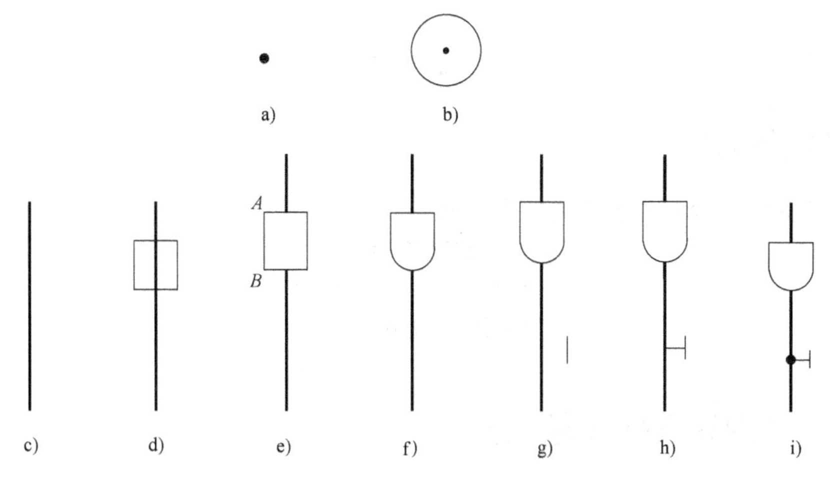

图　3-22

执行相关命令，绘制如下图例（图 3-23）：

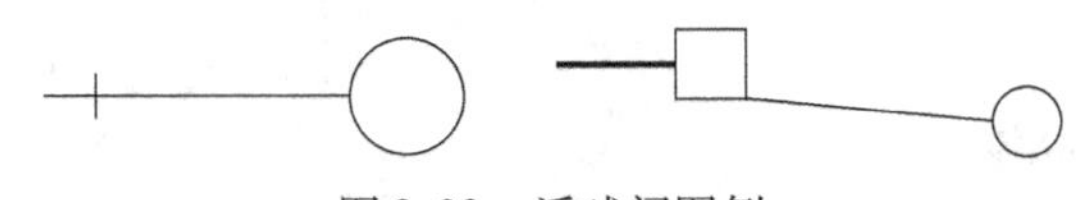

图 3-23 浮球阀图例

3.9 放水龙头

放水龙头的图例如图 3-24 所示。

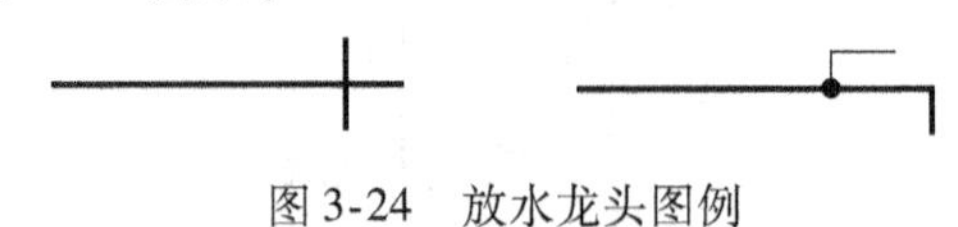

图 3-24 放水龙头图例

操作:

① 执行 PLine（绘制多段线）命令，$W=0.9$mm，绘制一水平长线，如图 3-25a 所示。

② 执行 PLine（绘制多段线）命令，$W=0.9$mm，绘制一垂直短线，如图 3-25b 所示。

③ 执行 PLine（绘制多段线）命令，$W=0.9$mm，绘制一折线，如图 3-25c 所示。

④ 执行 Dount（点）命令，在折线的适当位置绘制一内径 $R=0$，外径 $R=2$mm 的点，如图 3-25d 所示。

⑤ 执行 Line（绘线）命令，捕捉点的中心，绘制一折线，如图 3-25e 所示。

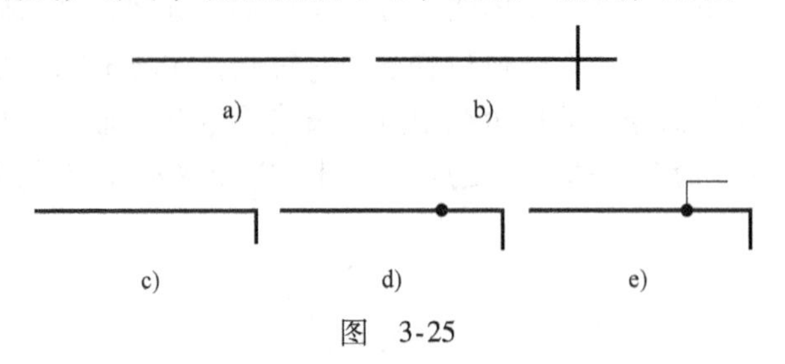

图 3-25

随堂练习

执行相关命令，绘制如下图例（图 3-26）：

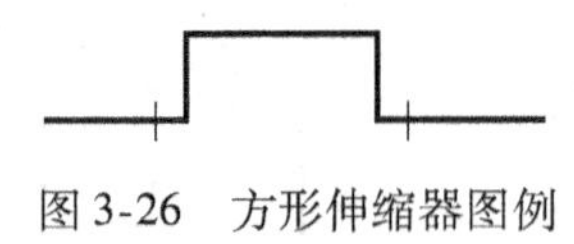

图 3-26 方形伸缩器图例

3.10 室内消火栓（单口）

室内消火栓（单口）的图例如图 3-27 所示。

图 3-27 室内消火栓（单口）图例

操作：

① 执行 Rectang（矩形）命令，$L=2.4\text{mm}$，$W=1.5\text{mm}$，绘制一矩形，如图 3-28a 所示。

② 执行 PLine（绘制多段线）命令，$W=0.9\text{mm}$，捕捉 AB 中点，绘制一水平线，如图 3-28b 所示。

③ 执行 Line（绘线）命令，连接 AC，如图 3-28c 所示。

④ 执行 Bhatch（填充）命令，选择图例，填充图形，如图 3-28d 所示。

⑤ 系统图画法同平面图。

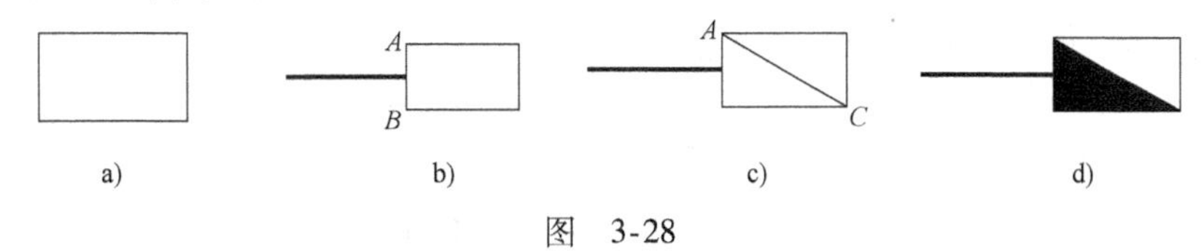

图　3-28

随堂练习

执行相关命令，绘制如下图例（图 3-29）：

图 3-29　室内消火栓（双口）图例

3.11　水泵接合器

水泵接合器的图例如图 3-30 所示。

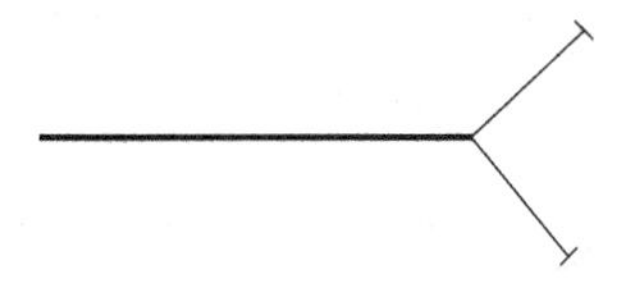

图 3-30　水泵接合器图例

操作：

① 执行 PLine（绘制多段线）命令，$W=0.9\text{mm}$，如图 3-31a 所示。

② 执行 Line（绘线）命令，捕捉多段线的端点，绘制一斜线，如图 3-31b 所示。

③ 执行 Line（绘线）命令，在适当位置绘一斜线，如图 3-31c 所示。

④ 执行 Mirror（镜像）命令，把两条斜线进行镜像，如图 3-31d 所示。

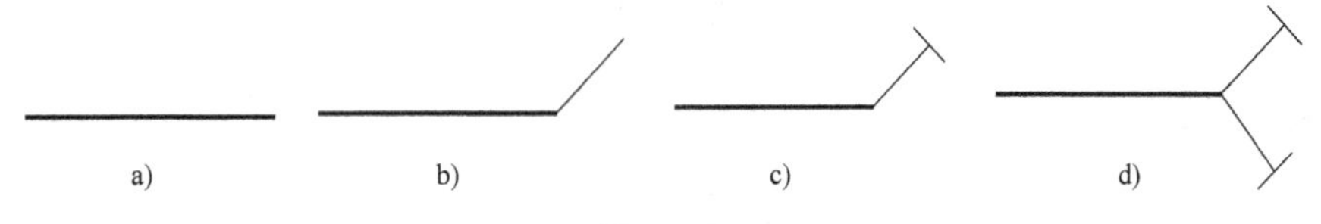

图　3-31

执行相关命令，绘制如下图例（图3-32）：

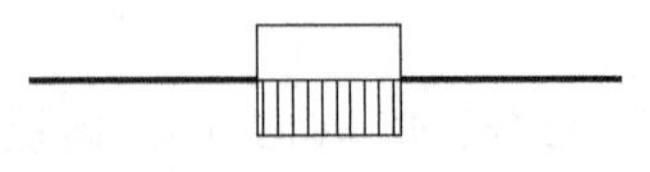

图3-32　疏水器图例

3.12　自动喷洒头（闭式）

自动喷洒头（闭式）的图例如图3-33所示。

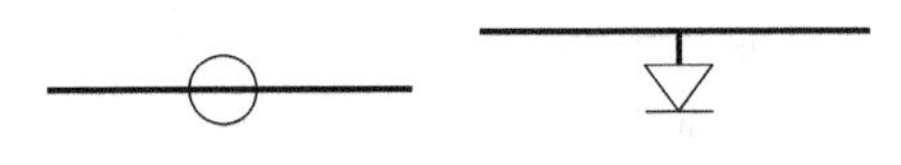

图3-33　自动喷洒头（闭式）图例

① 执行Circle（圆）命令，半径$R=2\text{mm}$，绘出一个圆，如图3-34a所示。

② 执行PLine（绘制多段线）命令，过圆心绘一直线，如图3-34b所示。

③ 执行PLine（绘制多段线）命令，$W=0.9\text{mm}$，如图3-34c所示。

④ 执行PLine（绘制多段线）命令，捕捉多段线中点，绘出一粗短直线，如图3-34d所示。

⑤ 执行Line（绘线）命令，过A点绘一直线，$L=1.5\text{mm}$，如图3-34e所示。

⑥ 执行Line（绘线）命令，过B点绘一斜线，$L=3\text{mm}$，与AB的夹角为60°，如图3-34e所示。

⑦ 执行Copy（复制）命令，把线AB复制到合适位置，如图3-34f所示。

⑧ 执行Mirror（镜像）命令，镜像结果如图3-34g所示。

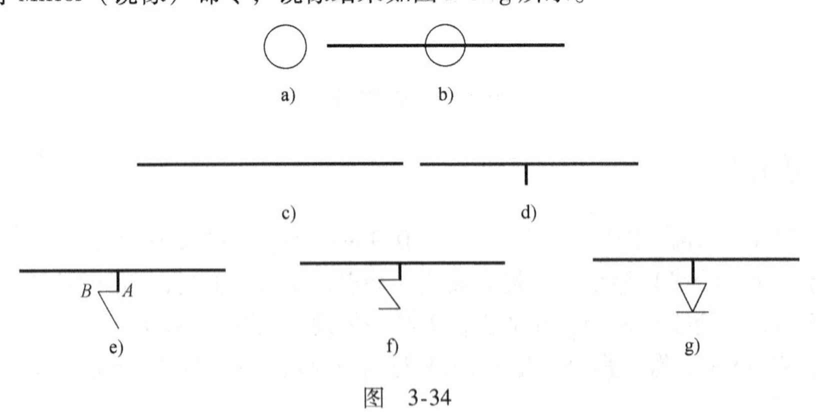

图　3-34

执行相关命令，绘制如下图例（图3-35）：

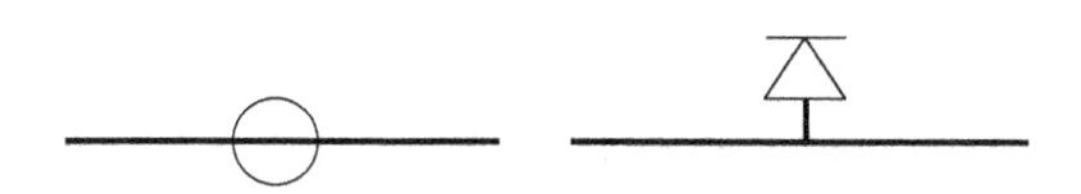

图 3-35　自动喷洒头（闭式）图例

3.13　湿式报警阀

湿式报警阀的图例如图 3-36 所示。

图 3-36　湿式报警阀图例

操作：

① 执行 Circle（圆）命令，半径 $R=2\text{mm}$，绘一个圆，如图 3-37a 所示。

② 执行 Offset（偏移复制）命令，把圆向内偏移 5mm，如图 3-37b 所示。

③ 执行 Bhatch（填充）命令，选择图例，填充图形，如图 3-37c 所示。

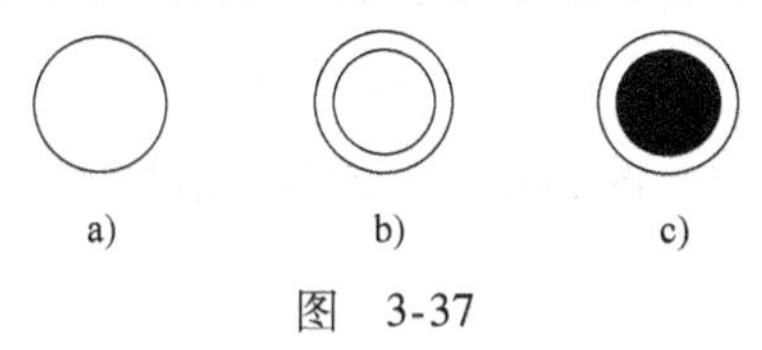

图　3-37

④ 执行 Circle（圆）命令，半径 $R=1\text{mm}$，绘一个圆，如图 3-38a 所示。

⑤ 执行 Line（绘线）命令，通过 QUA（圆的四分点）的捕捉，绘制一直线，如图3-38b

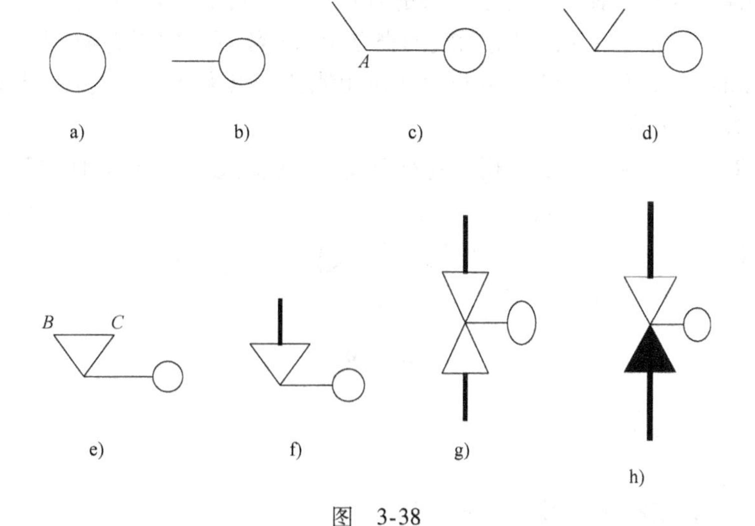

图　3-38

所示。

⑥ 执行 Line（绘线）命令，过 *A* 点绘制一斜线，如图 3-38c 所示。

⑦ 执行 Mirror（镜像）命令，镜像结果如图 3-38d 所示。

⑧ 执行 Line（绘线）命令，连接 *BC*，如图 3-38e 所示。

⑨ 执行 PLine（绘制多段线）命令，过 *BC* 中点绘一垂直线，如图 3-38f 所示。

⑩ 执行 Mirror（镜像）命令，镜像结果如图 3-38g 所示。

⑪ 执行 Bhatch（填充）命令，选择图例，完成填充，如图 3-38h 所示。

随堂练习

执行相关命令，绘制如下图例（图 3-39）：

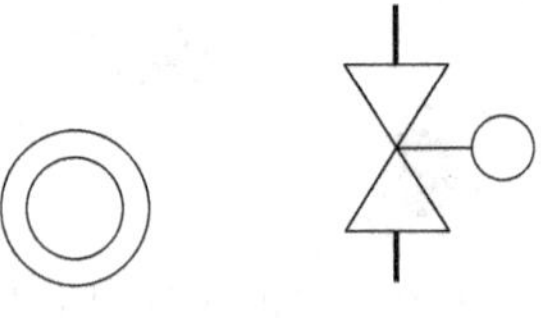

图 3-39　干式报警阀图例

3.14　台式洗脸盆

台式洗脸盆的图例如图 3-40 所示。

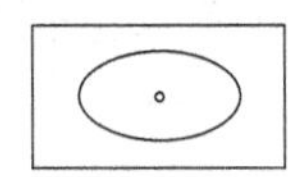

图 3-40　台式洗脸盆图例

操作：

① 执行 Rectang（矩形）命令，*L* = 8mm，*W* = 5mm，如图 3-41a 所示。

② 执行 Line（绘线）命令，绘出矩形的两对角线，如图 3-41b 所示。

③ 执行 Circle（圆）命令，以对角线的交点为圆心绘圆，如图 3-41c 所示。

④ 执行 Ellipse（椭圆）命令，同样以两对角线的交点为圆心绘椭圆，长轴为 6mm，短轴为 3mm，如图 3-41d 所示。

⑤ 执行 ERase（删除）命令，删除两对角线，完成图形，如图 3-41e 所示。

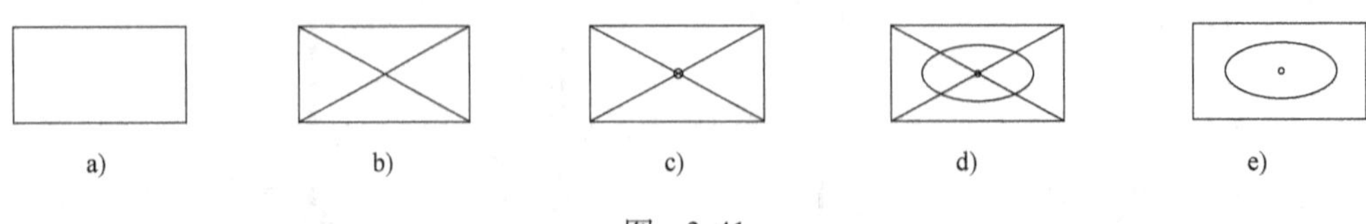

图　3-41

随堂练习

执行相关命令，绘制如下图例（图 3-42）：

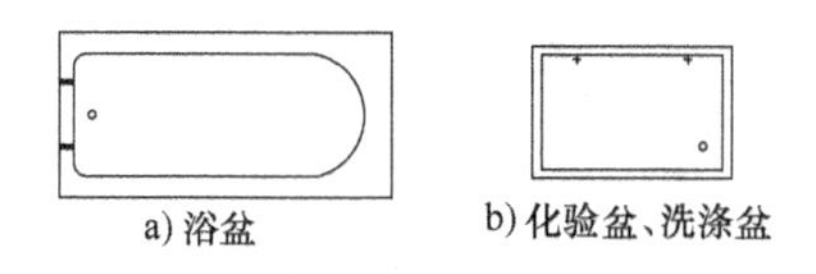

图　3-42

3.15　污水池

污水池的图例如图 3-43 所示。

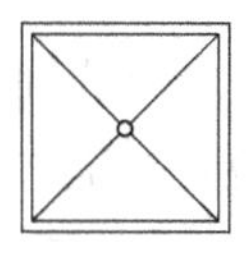

图 3-43　污水池图例

① 执行 Rectang（矩形）命令，$L=W=6.6$mm，如图 3-44a 所示。

② 执行 Offset（偏移复制）命令，把矩形向里偏移 0.9mm，如图 3-44b 所示。

③ 执行 Line（绘线）命令，连接小矩形的对角线，如图 3-44c 所示。

④ 执行 Circle（圆）命令，捕捉对角线交点，$R=0.5$mm，绘出一个圆，如图 3-44d 所示。

⑤ 执行 TRim（剪切）命令，剪掉圆内的线段，如图 3-44e 所示。

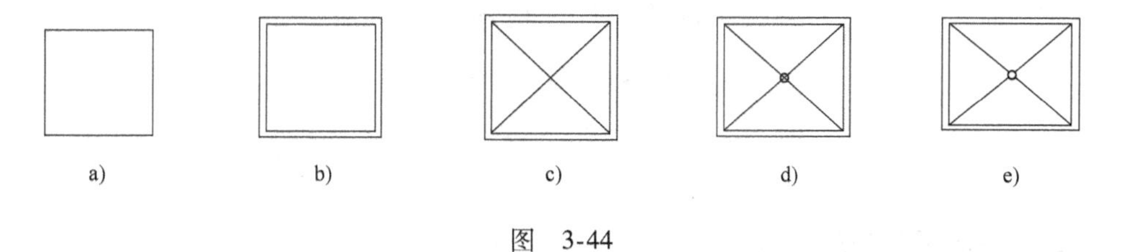

图　3-44

执行相关命令，绘制如下图例（图 3-45）：

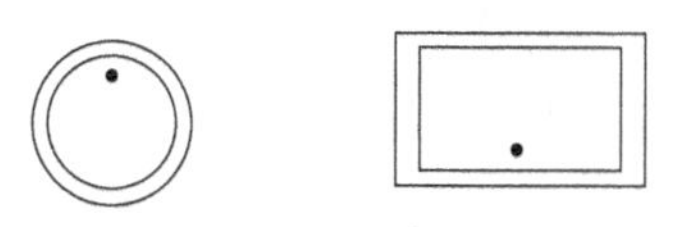

图 3-45　开水器图例

3.16　蹲式大便器

蹲式大便器的图例如图 3-46 所示。

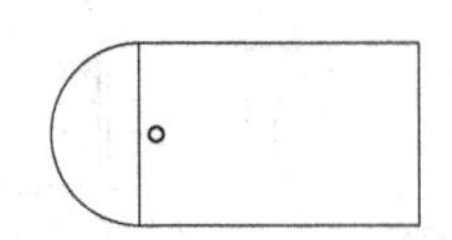

图 3-46　蹲式大便器图例

操作:

① 执行 Circle（圆）命令，$R=2$mm，如图 3-47a 所示。

② 执行 Rectang（矩形）命令，$L=5$mm，$W=4$mm，捕捉圆的四分点，绘出一个矩形，如图 3-47b 所示。

③ 执行 TRim（剪切）命令，剪掉右半部分圆，如图 3-47c 所示。

④ 执行 Circle（圆）命令，在适当位置绘制一个小圆，完成图形，如图 3-47d 所示。

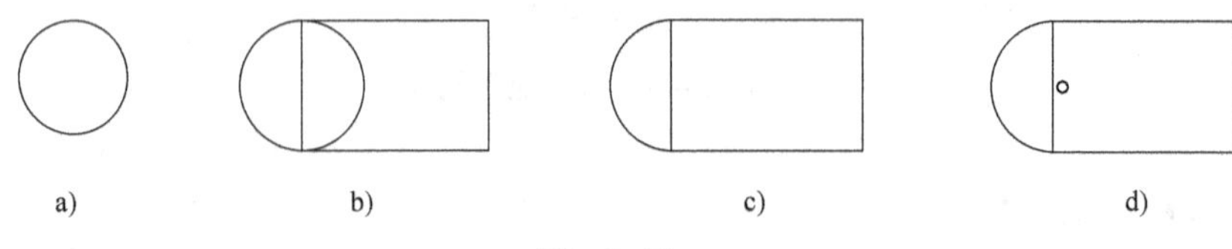

a)　b)　c)　d)

图　3-47

随堂练习

执行相关命令，绘制如下图例（图 3-48）：

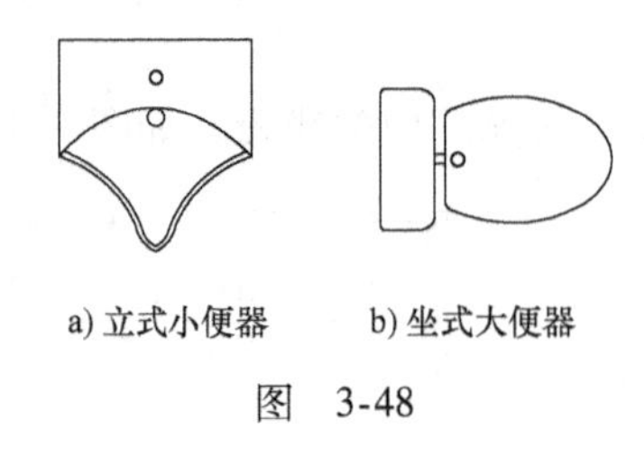

a) 立式小便器　b) 坐式大便器

图　3-48

3.17　淋浴喷头

淋浴喷头的图例如图 3-49 所示。

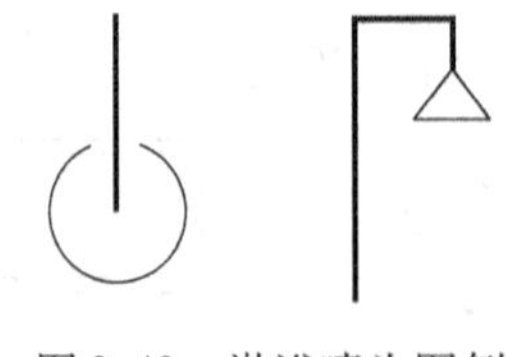

图 3-49　淋浴喷头图例

操作:

① 执行 PLine（绘制多段线）命令，$W=0.9$mm，如图 3-50a 所示。

② 执行 Arc（圆弧）命令，以多段线的下端为圆心，绘制一段圆弧，半径为 2mm，如

图3-50b所示。

③ 执行PLine（绘制多段线）命令，绘制一折线，如图3-50c所示。

④ 执行Line（绘线）命令，捕捉*A*点，绘制一斜线*AB*，$L=1.5$mm，如图3-50d所示。

⑤ 执行Mirror（镜像）命令，选择斜线进行镜像，得到斜线*AC*镜像结果如图3-50e所示。

⑥ 执行Line（绘线）命令，连接*BC*，完成图形，如图3-50f所示。

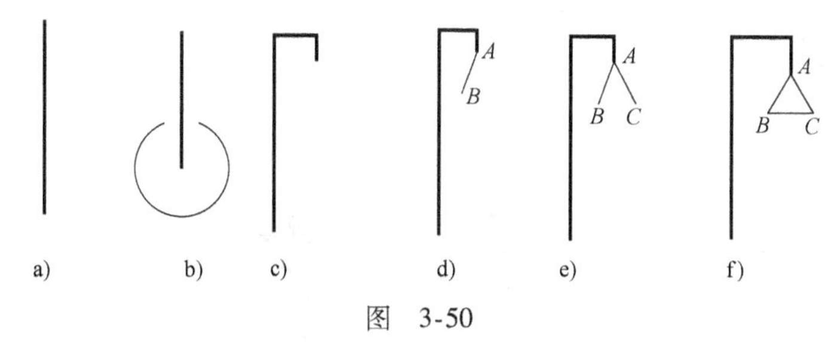

图　3-50

执行相关命令，绘制如下图例（图3-51）：

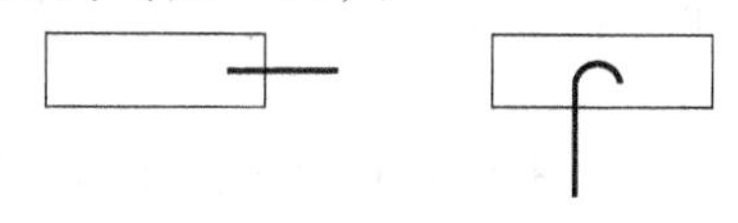

图3-51　自动冲洗箱

3.18　水表井

水表井的图例如图3-52所示。

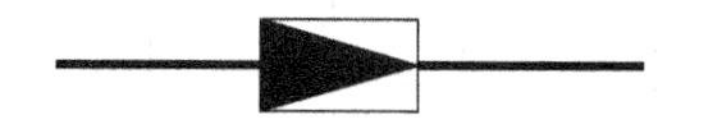

图3-52　水表井图例

① 执行Rectang（矩形）命令，$L=2.4$mm，$W=1.5$mm，如图3-53a所示。

② 执行Line（绘线）命令，分别连接*ABC*，如图3-53b所示。

③ 执行Bhatch（填充）命令，选择图例，填充图形，如图3-53c所示。

④ 执行PLine（绘制多段线）命令，$W=0.9$，分别过*AB*的中点和*C*点绘出一直线，如图3-53d所示。

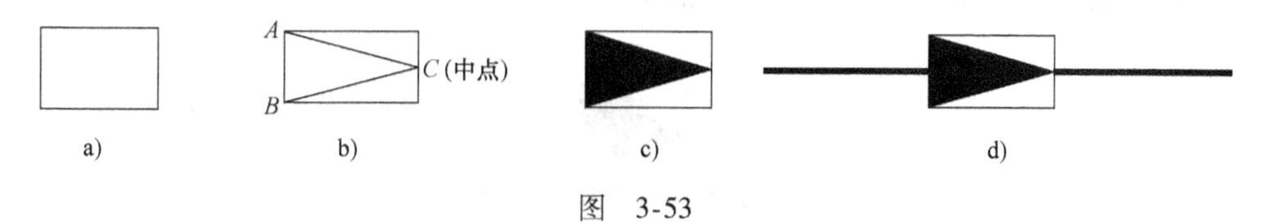

图　3-53

执行相关命令，绘制如下图例（图 3-54）：

图 3-54　室外消火栓图例

3.19　水泵

水泵的图例如图 3-55 所示。

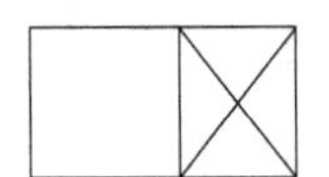

图 3-55　水泵图例

① 执行 Rectang（矩形）命令，绘制一矩形，$L = 0.9\text{mm}$，$W = 0.6\text{mm}$，如图 3-56a 所示。

② 执行 Line（绘线）命令，连接矩形的对角线，如图 3-56b 所示。

③ 执行 Rectang（矩形）命令，绘制一矩形，如图 3-56c 所示。

④ 执行 Circle（圆）命令，半径 $R = 2\text{mm}$，绘出一个圆，如图 3-56d 所示。

⑤ 执行 Divide（等分）命令，把圆等分成三份。

⑥ 执行 Line（绘线）命令，连接各节点，绘出如图 3-56e 所示的三角形。

⑦ 执行 Bhatch（填充）命令，选择图例，填充图形，如图 3-56f 所示。

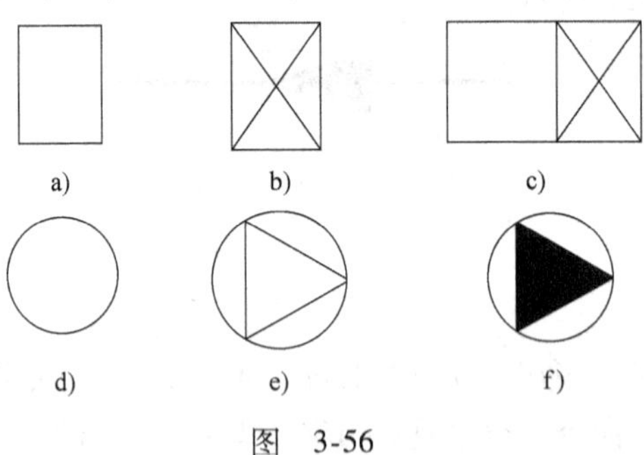

图　3-56

执行相关命令，绘制如下图例（图 3-57）：

图 3-57　消火栓井图例

3.20　温度计

温度计的图例如图 3-58 所示。

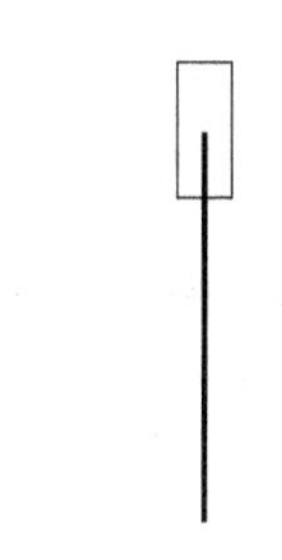

图 3-58　温度计图例

操作：

① 执行 Rectang（矩形）命令，$L=4$mm，$W=2$mm，绘出一矩形，如图 3-59a 所示。
② 执行 PLine（绘制多段线）命令，过短边中点绘一垂直线，如图 3-59b 所示。
③ 执行 Move（移动）命令，把多段线向上移动 2mm，如图 3-59c 所示。

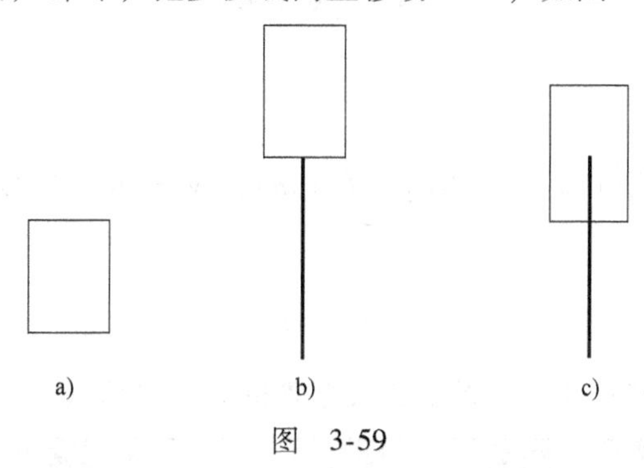

图　3-59

随堂练习

执行相关命令，绘制如下图例（图 3-60）：

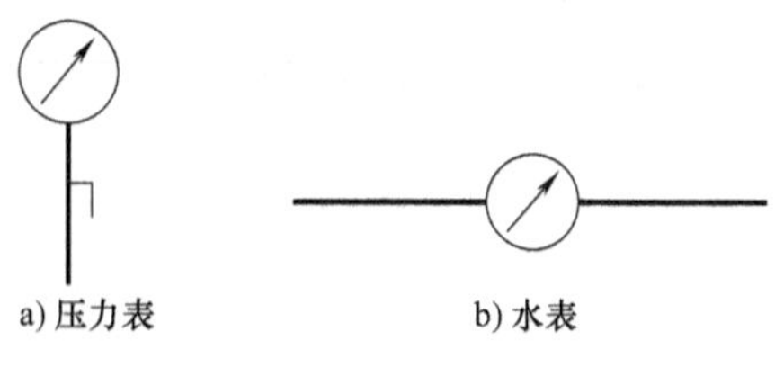

图　3-60

第4章　采暖与空调常用图例实训

【学习目标】

本章介绍了利用AutoCAD命令绘制采暖与空调常用图例的方法，同时给出了相关的练习。通过学习，要掌握综合利用第一、二章所学命令绘制采暖与空调常用图例的方法，并且能够举一反三，完成随堂练习。

4.1　阀门

阀门的图例如图4-1所示。

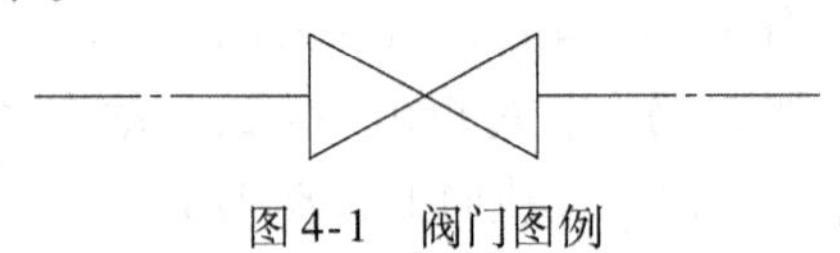

图4-1　阀门图例

操作：

① 执行Rectang（矩形）命令，绘制一$L=3$mm，$W=2$mm矩形，如图4-2所示。

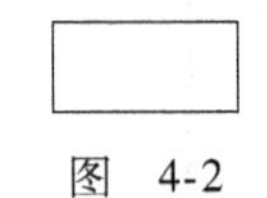

图　4-2

② 执行Ltscale（线型）命令，弹出“线型管理器”对话框，如图4-3所示。

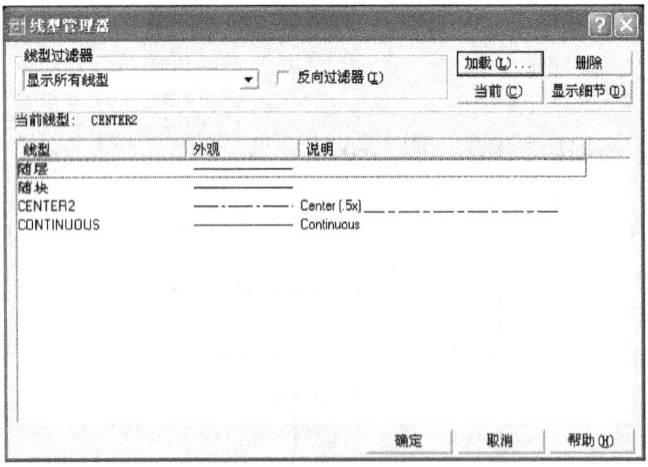

线型管理器
线型过滤器
显示所有线型
反向过滤器(I)
加载(L)...　删除
当前(C)　显示细节(D)
当前线型：CENTER2

线型	外观	说明
随层		
随块		
CENTER2		Center (.5x)
CONTINUOUS		Continuous

确定　取消　帮助(H)

图　4-3

③ 执行Line（绘线）命令，过矩形短边中点绘制一CENTER线，如图4-4a所示。

④ 执行Line（绘线）命令，连接矩形两对角线，如图4-4b所示。

⑤ 执行 eXplode（分解）命令，把矩形分解，并执行 ERase（删除）、TRim（剪切）命令，删除掉矩形两长边，剪切掉多余线段，如图 4-4c 所示。

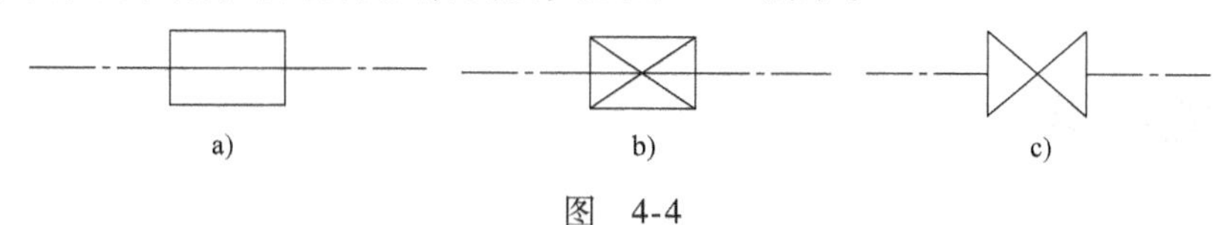

图　4-4

执行相关命令，绘制如下图例（图 4-5）：

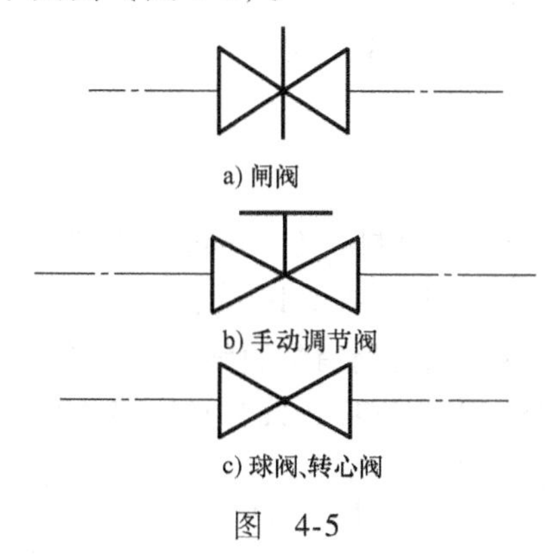

图　4-5

4.2　坡度及坡向

坡度及坡向的图例如图 4-6 所示。

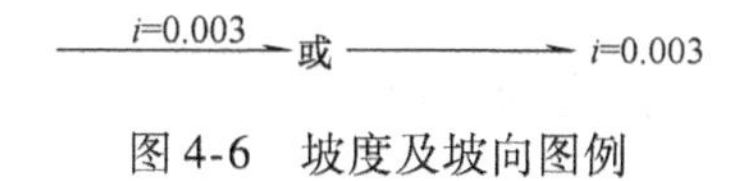

图 4-6　坡度及坡向图例

① 执行 PLine（绘制多段线）命令，绘制如图 4-7a 所示的箭头。

② 执行 DText（标注文本）命令，在适当的位置标注文字“$i=0.003$”，如图 4-7b 所示。

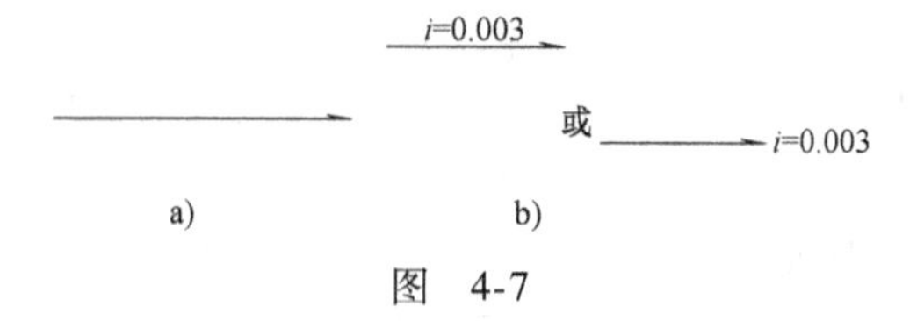

图　4-7

执行相关命令，绘制如下图例（图 4-8）：

R

图 4-8 空调热水供水管图例

4.3 消声器

消声器的图例如图 4-9 所示。

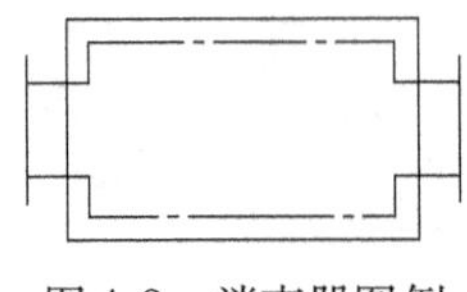

图 4-9 消声器图例

操作：

① 执行 Rectang（矩形）命令，绘制一 $L=3\text{mm}$，$W=2\text{mm}$ 的矩形，如图 4-10a 所示。
② 执行 Line（绘线）命令，绘出如图 4-10b 所示的几条段直线。
③ 执行 Mirror（镜像）命令，选择所有短直线进行镜像，结果如图 4-10c 所示。
④ 执行 Line（绘线）命令，用 CENTER 线分别连接 *AB*、*CD*，如图 4-10d 所示。

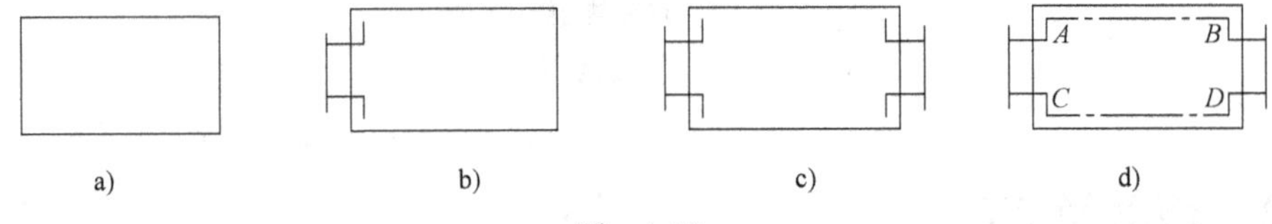

图 4-10

随堂练习

执行相关命令，绘制如下图例（图 4-11）：

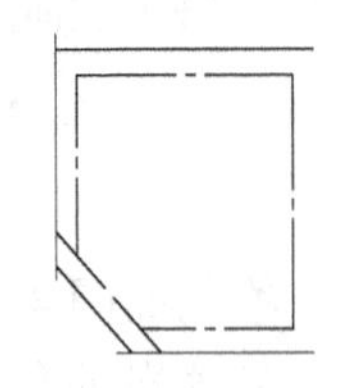

图 4-11 消声器弯管图例

4.4 蝶阀

蝶阀的图例如图 4-12 所示。

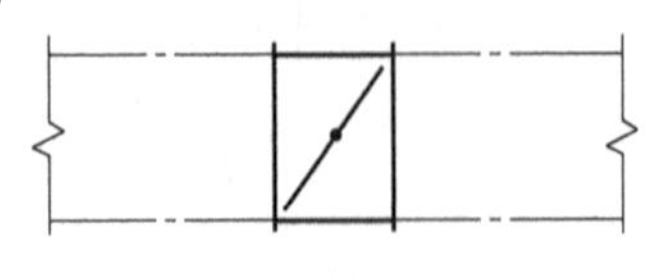

图 4-12 蝶阀图例

操作：

① 执行 PLine（绘制多段线）命令，线宽 $W=0.9$mm，绘出如图 4-13a 所示的直线。

② 执行 PLine（绘制多段线）命令，分别连接 *AB*、*CD*，如图 4-13b 所示。

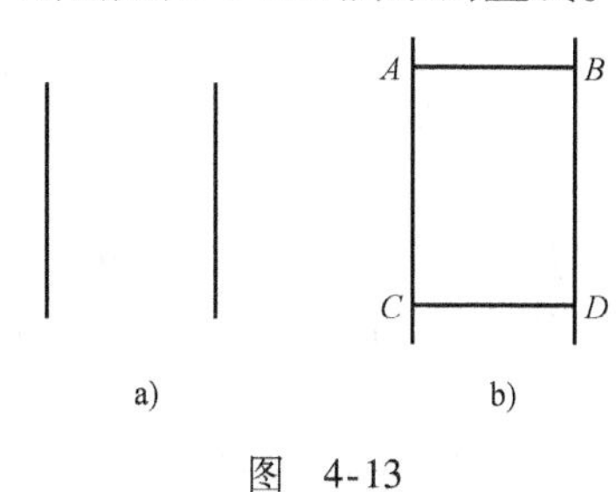

a)　b)

图　4-13

③ 执行 Line（绘线）命令，分别过 *A*、*C* 点绘出 CENTER 线，如图 4-14a 所示。

④ 执行 Line（绘线）命令，连接 CENTER 线 *A*、*C*，如图 4-14b 所示。

⑤ 执行 Line（绘线）命令，在适当位置绘制折线，如图 4-14c 所示。

⑥ 执行 Trim（剪切）命令，结果如图 4-14d 所示。

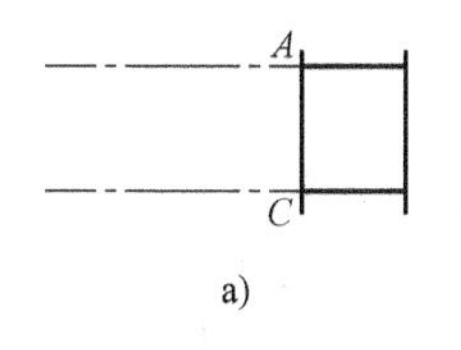

a)

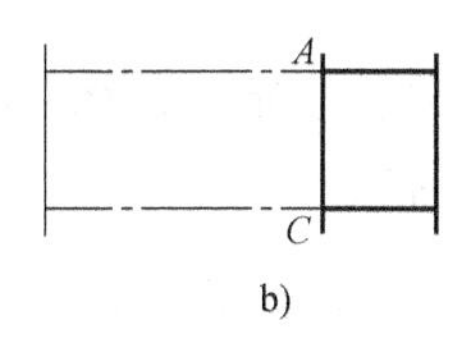

b)

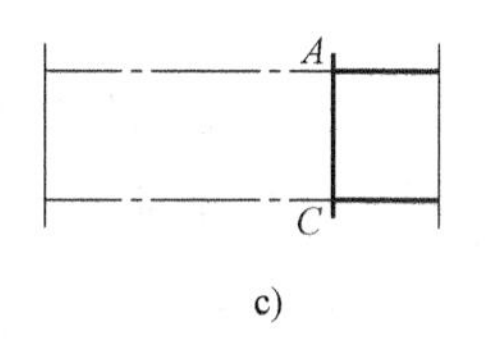

c)

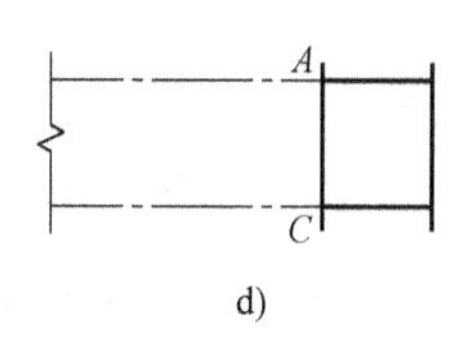

d)

图　4-14

⑦ 执行 Mirror（镜像）命令，进行镜像，结果如图 4-15a 所示。

⑧ 执行 Line（绘线）命令，在合适位置绘制一斜线如图 4-15b 所示。

⑨ 执行 Dount（圆环）命令，在斜线中点绘出一点，如图 4-15c 所示。

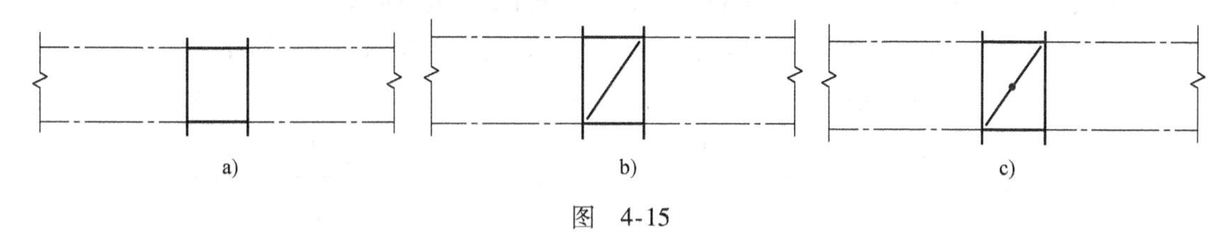

a)　b)　c)

图　4-15

随堂练习

执行相关命令，绘制如下图例（图 4-16）：

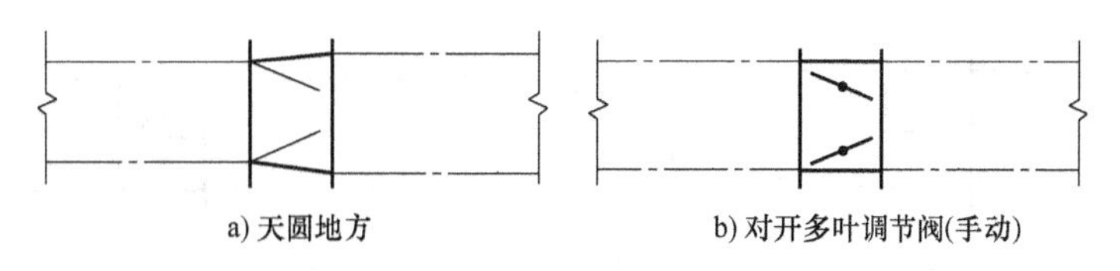

a) 天圆地方　b) 对开多叶调节阀(手动)

图　4-16

4.5　防火阀

防火阀的图例如图 4-17 所示。

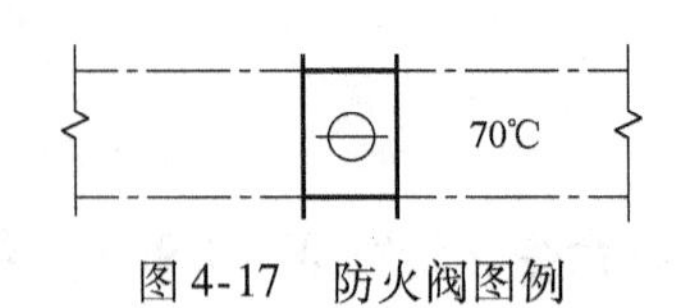

图4-17 防火阀图例

操作：

① 执行 PLine（绘制多段线）命令，线宽 $W=0.9$，绘出如图4-18a所示的两条直线。

② 执行 PLine（绘制多段线）命令，连接 AB、CD，如图4-18b所示。

a) b)

图 4-18

③ 执行 Line（绘线）命令，分别过 A、C 绘出 CENTER 线，如图4-19a所示。

④ 执行 Line（绘线）命令，连接 CENTER 线 A、C，如图4-19b所示。

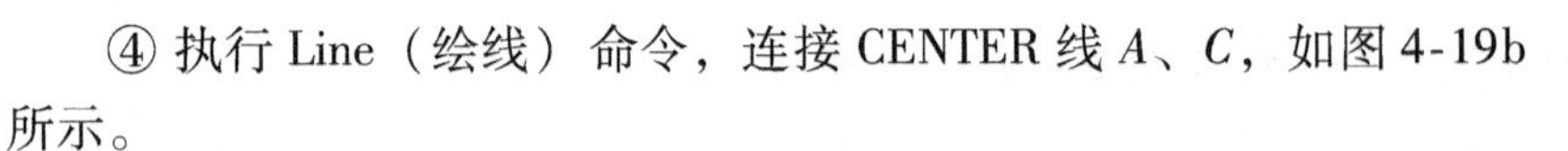

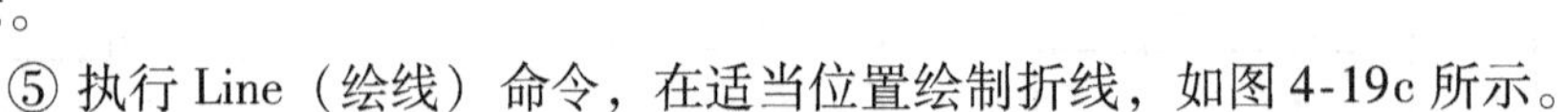

⑤ 执行 Line（绘线）命令，在适当位置绘制折线，如图4-19c所示。

⑥ 执行 Trim（剪切）命令，结果如图4-19d所示。

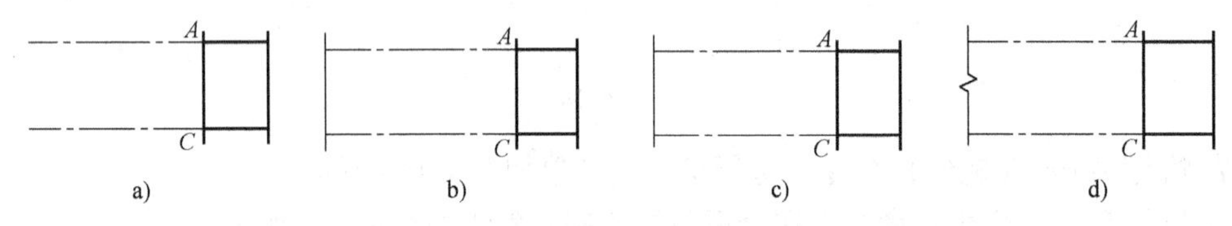

a) b) c) d)

图 4-19

⑦ 执行 Mirror（镜像）命令，进行镜像，结果如图4-20a所示。

⑧ 执行 Line（绘线）命令，在适当位置绘制一短直线，如图4-20b所示。

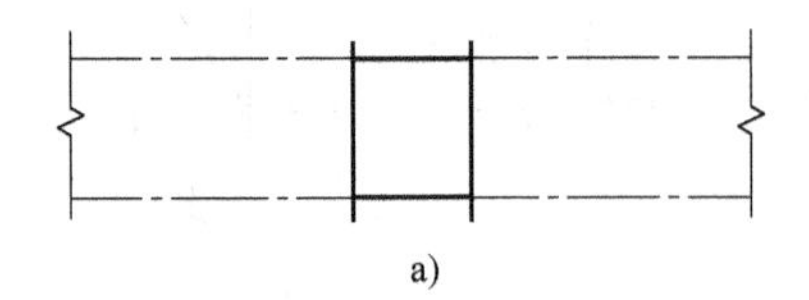

a)

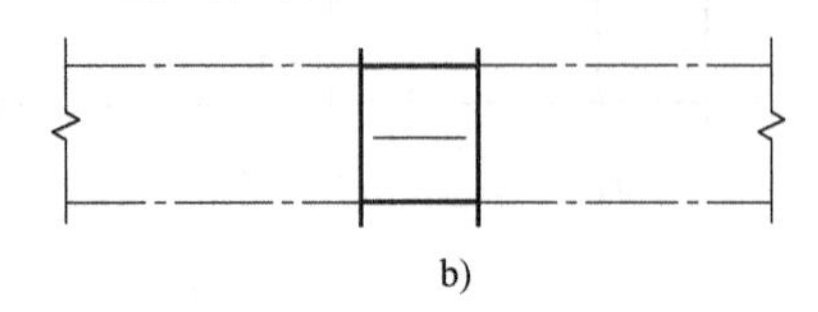

b)

图 4-20

⑨ 执行 Circle（圆）命令，捕捉短线中点绘出一个圆，如图4-21a所示。

⑩ 执行 DText（标注文本）命令，在适当位置标出文字“70℃”，如图4-21b所示。

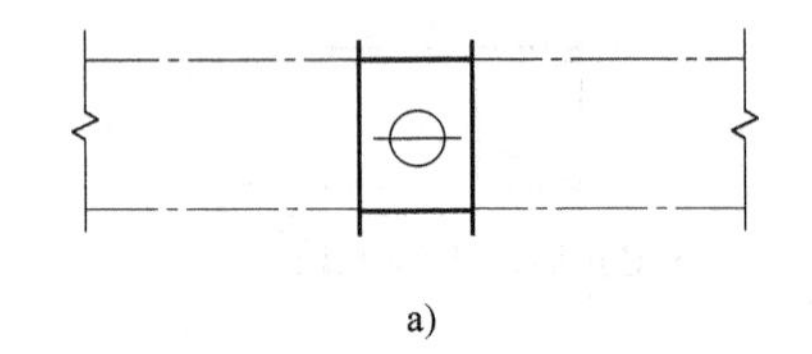

a)

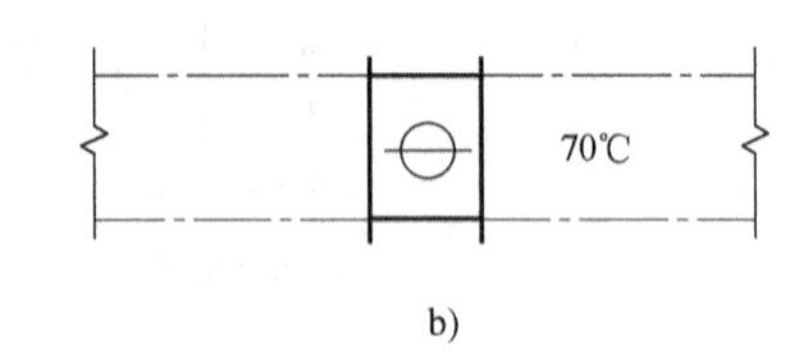

b)

图 4-21

随堂练习

执行相关命令，绘制如下图例（图4-22）：

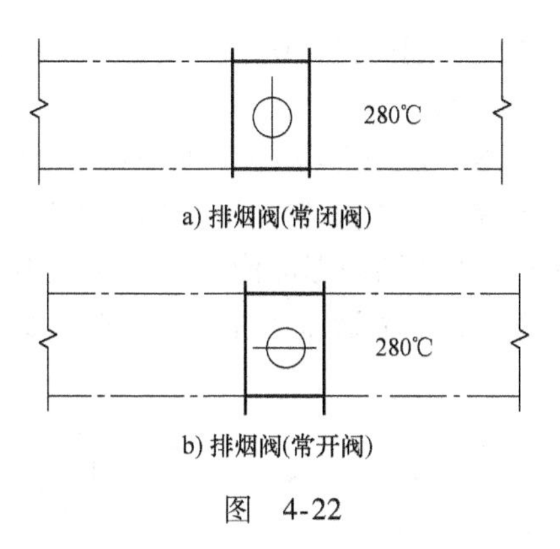

图　4-22

4.6　矩形散流器

矩形散流器的图例如图 4-23 所示。

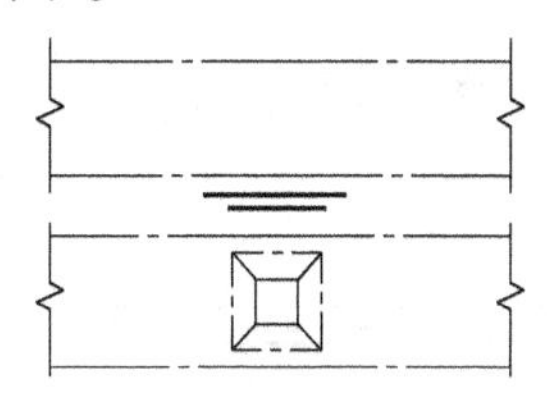

图 4-23　矩形散流器图例

操作：

① 执行 Line（绘线）命令，绘出一 CENTER 线，如图 4-24a 所示。
② 执行 Copy（复制）命令，把 CENTER 线向下复制一定距离，如图 4-24b 所示。
③ 执行 Line（绘线）命令，过两 CENTER 线末端绘出一直线，如图 4-24c 所示。
④ 执行 Line（绘线）命令，在适当位置绘制折线，如图 4-24d 所示。

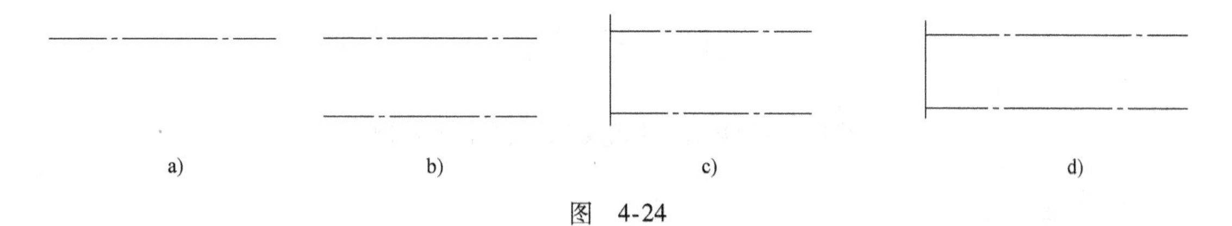

图　4-24

⑤ 执行 TRim（剪切）命令，结果如图 4-25a 所示。
⑥ 执行 Mirror（镜像）命令，结果如图 4-25b 所示。

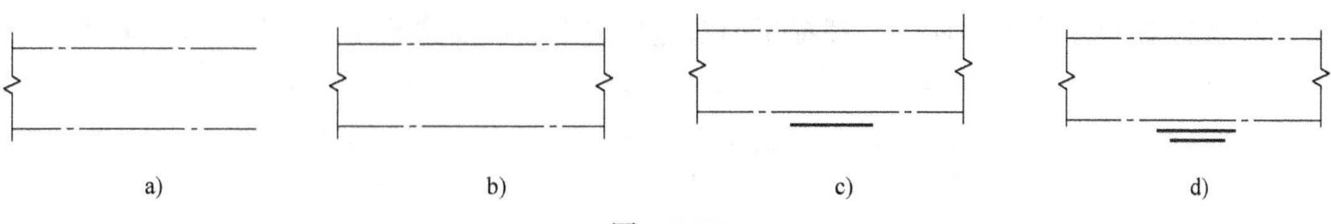

图　4-25

⑦ 执行 PLine（绘制多段线）命令，$W=0.9$，如图4-25c所示。

⑧ 执行同样的步骤完成图4-25d。

⑨ 执行 Rectang（矩形）命令，$L=W=3$mm，如图4-26a所示。

⑩ 执行 Offset（偏移复制）命令，把矩形向里偏移复制0.5mm，如图4-26b所示。

⑪ 执行 Line（绘线）命令，连接两矩形的四个角，如图4-26c所示。

⑫ 双击大矩形，弹出“特性”对话框，把“线型”改为CENTER线，如图4-26d所示。

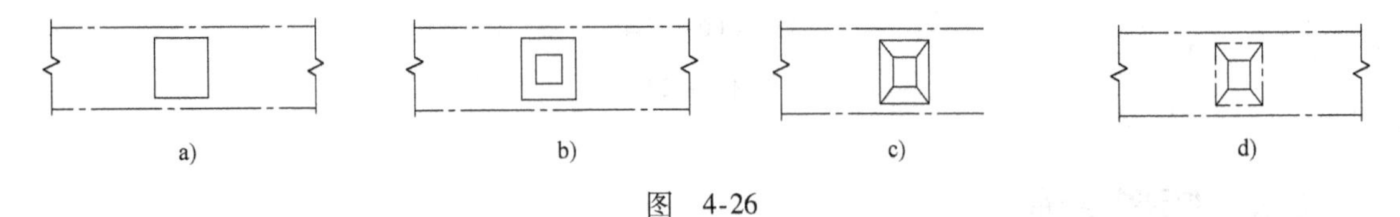

a) b) c) d)

图 4-26

执行相关命令，绘制如下图例（图4-27）：

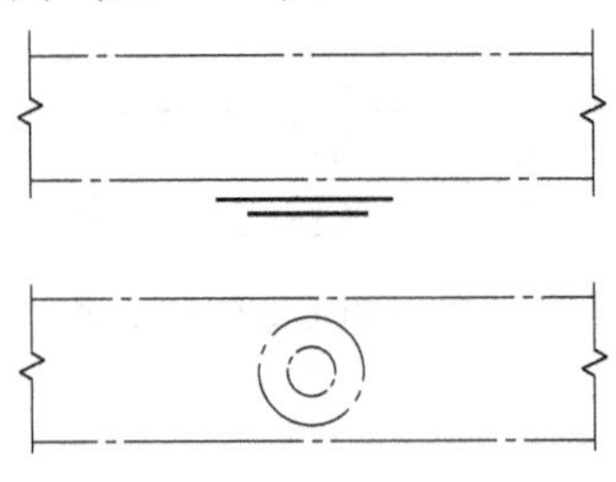

图4-27 圆形散流器图例

4.7 散热器及手动放气阀（平面）

散热器及手动放气阀（平面）图例如图4-28所示。

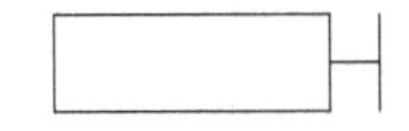

图4-28 散热器及手动放气阀（平面）图例

① 执行 Rectang（矩形）命令，$L=4$mm，$W=1$mm，绘制一矩形，如图4-29a所示。

② 执行 Line（绘线）命令，过矩形右边绘制短垂直线，如图4-29b所示。

③ 执行 Line（绘线）命令，捕捉矩形右边短边中点和短边垂足点，如图4-29c所示。

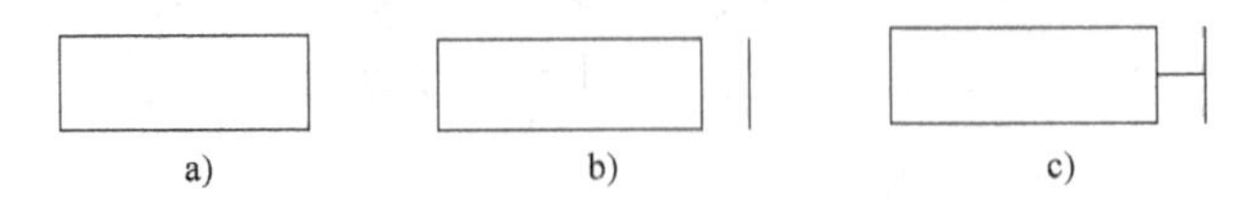

a) b) c)

图 4-29

执行相关命令，绘制如下图例（图 4-30）：

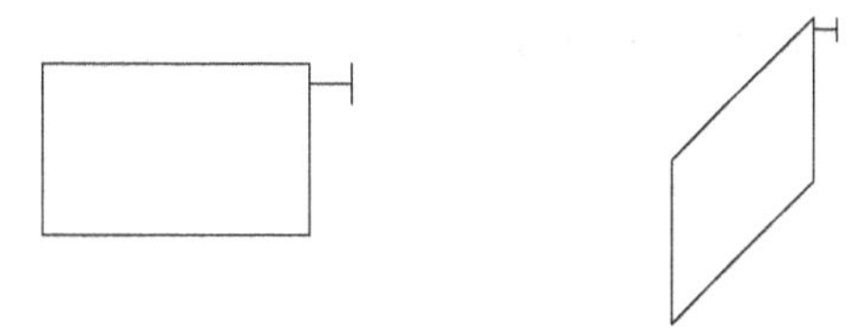

a) 散热器及手动放气阀(剖面图)　　b) 散热器及手动放气阀(系统图)

图　4-30

4.8　轴流风机

轴流风机的图例如图 4-31 所示。

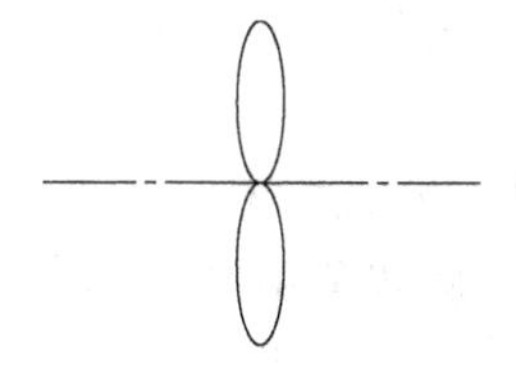

图 4-31　轴流风机图例

① 执行 Ellipse（椭圆）命令，绘制一个椭圆长轴为 4mm，短轴为 2mm 如图 4-32a 所示。

② 执行 Line（绘线）命令，过椭圆上边的四分点，绘制一 CENTER 线，如图 4-32b 所示。

③ 执行 Mirror（镜像）命令，以 CENTER 线为镜像线镜像椭圆，如图 4-32c 所示。

图　4-32

执行相关命令，绘制如下图例（图 4-33）：

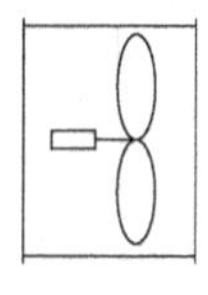

图　4-33

4.9 离心风机（左旋）

离心风机（左旋）的图例如图 4-34 所示。

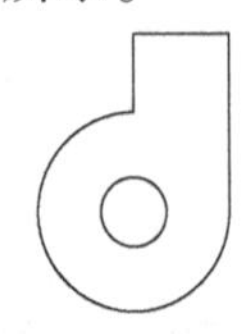

图 4-34 离心风机（左旋）图例

① 执行 Circle（圆）命令，半径 $R=2$mm，如图 4-35a 所示。

② 执行 Offset（偏移复制）命令，把圆向里偏移复制 0.5mm，如图 4-35b 所示。

③ 执行 Line（绘线）命令，分别过圆的上四分点和右四分点绘制直线，如图 4-35c 所示。

④ 执行 Line（绘线）命令，连接两直线末端如图 4-35d 所示。

⑤ 执行 TRim（剪切）命令，结果如图 4-35e 所示。

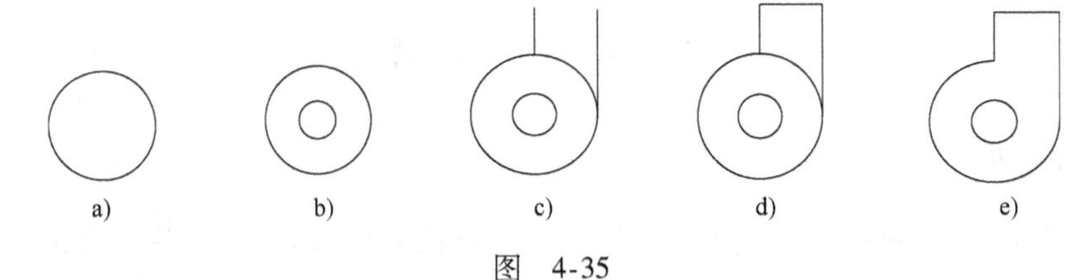

图 4-35

执行相关命令，绘制如下图例（图 4-36）：

图 4-36 离心风机（右旋）图例

4.10 空气加热器

空气加热器的图例如图 4-37 所示。

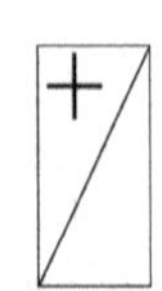

图 4-37 空气加热器图例

操作：

① 执行 Rectang（矩形）命令，$L = 2$mm，$W = 5$mm，如图 4-38a 所示。

② 执行 Line（绘线）命令，连接矩形一对角线，如图 4-38b 所示。

③ 执行 DText（标注文本）命令，在适当位置标注符号“ + ”，如图 4-38c 所示。

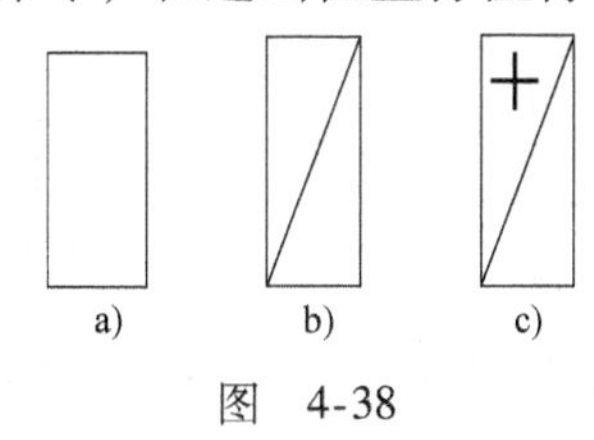

图　4-38

随堂练习

执行相关命令，绘制如下图例（图 4-39）：

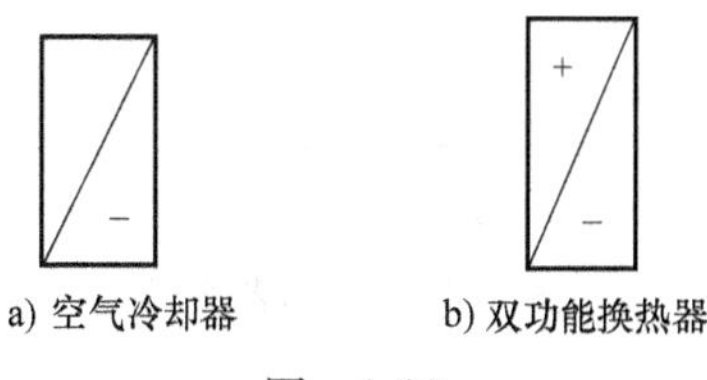

图　4-39

4.11　空气过滤器（粗效）

空气过滤器（粗效）的图例如图 4-40 所示。

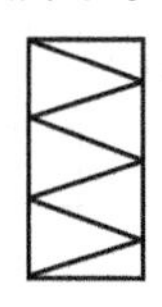

图 4-40　空气过滤器（粗效）图例

操作：

① 执行 Rectang（矩形）命令，$L = 2$mm，$W = 5$mm，如图 4-41a 所示。

② 执行 eXplode（分解）命令，把矩形分解。

③ 执行 Divide（等分）命令，把矩形左长边等分成 3 份。

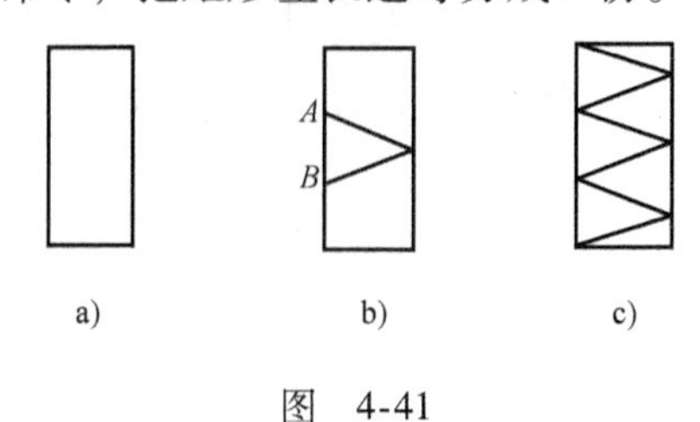

图　4-41

④ 执行 Line（绘线）命令，分别捕捉 A、B 点和矩形右长边的中点，如图 4-41b 所示。
⑤ 执行 Copy（复制）命令，把两斜线分别向上向下复制，如图 4-41c 所示。

执行相关命令，绘制如下图例（图 4-42）：

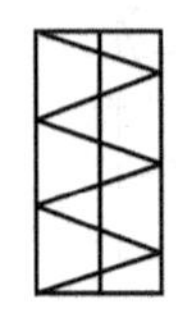

a) 空气过滤器（中效）

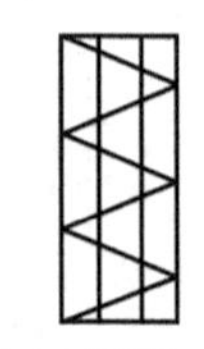

b) 空气过滤器（高效）

图 4-42

4.12 加湿器

加湿器的图例如图 4-43 所示。

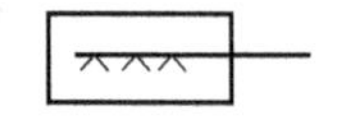

图 4-43 加湿器图例

① 执行 Rectang（矩形）命令，$L = 5$mm，$W = 2$mm，如图 4-44a 所示。
② 执行 Line（绘线）命令，过矩形右边短边中心绘一直线，如图 4-44b 所示。
③ 执行 Line（绘线）命令，在适当位置绘制一条斜线，并镜像对称，如图 4-44c 所示。
④ 执行 Copy（复制）命令，把两斜线向左复制两次，如图 4-44d 所示。

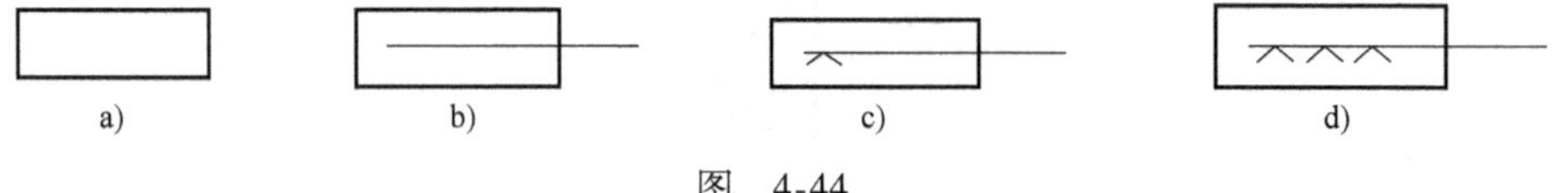

图 4-44

执行相关命令，绘制如下图例（图 4-45）：

图 4-45 风路过滤器图例

第5章　建筑电气常用图例实训

【学习目标】

本章介绍了利用AutoCAD命令绘制建筑电气常用图例的方法，同时给出了相关的练习。通过学习，要掌握综合利用第一、二章所学命令绘制采暖与空调常用图例的方法，并且能够举一反三，完成随堂练习。

5.1　自带电源的事故照明

自带电源的事故照明图例如图5-1所示。

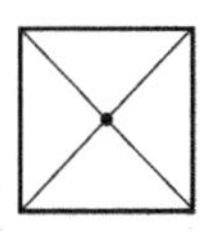

图5-1　自带电源的事故照明图例

操作：

① 执行Rectang（矩形）命令，$L = W = 2\text{mm}$，如图5-2a所示。

② 执行Line（绘线）命令，连接矩形的对角线，如图5-2b所示。

③ 执行Dount（圆环）命令，在对角线交点处绘制一个点，如图5-2c所示。

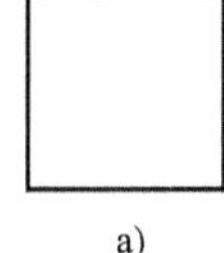

a)

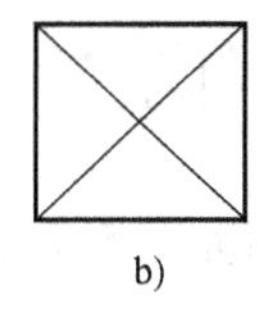

b)

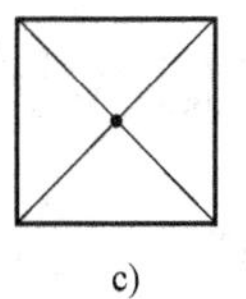

c)

图　5-2

随堂练习

执行相关命令，绘制如下图例（图5-3）：

图5-3　烟感探测器图例

5.2　应急疏散指示标志灯

应急疏散指示标志灯图例如图5-4所示。

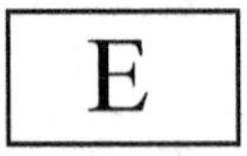

图 5-4 应急疏散指示标志灯图例

① 执行 Rectang（矩形）命令，$L=3\text{mm}$，$W=2\text{mm}$，如图 5-5a 所示。
② 执行 DText（标注文本）命令，标出文字“E”，如图 5-5b 所示。

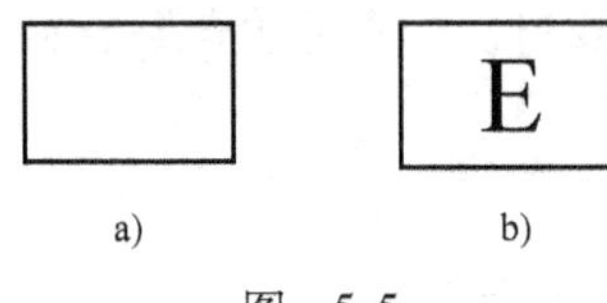

a) b)

图 5-5

执行相关命令，绘制如下图例（图 5-6）：

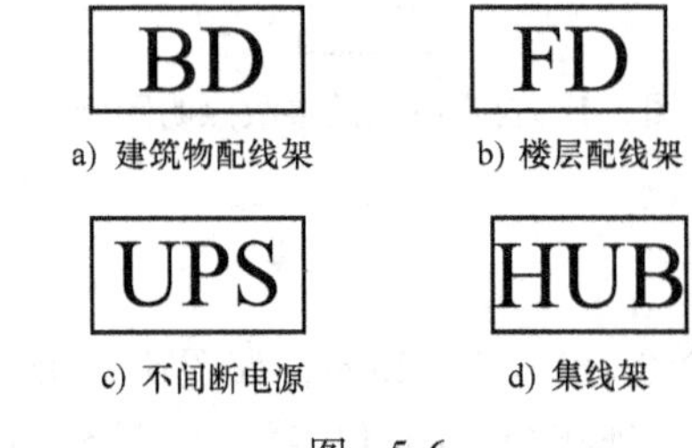

a) 建筑物配线架 b) 楼层配线架
c) 不间断电源 d) 集线架

图 5-6

5.3 应急疏散指示标志灯（向左）

应急疏散指示标志灯（向左）的图例如图 5-7 所示。

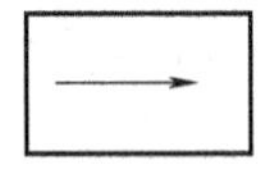

图 5-7 应急疏散指示标志灯（向左）图例

① 执行 Rectang（矩形）命令，$L=3\text{mm}$，$W=2\text{mm}$，如图 5-8a 所示。
② 执行 PLine（绘制多段线）命令，绘制箭头，如图 5-8b 所示。

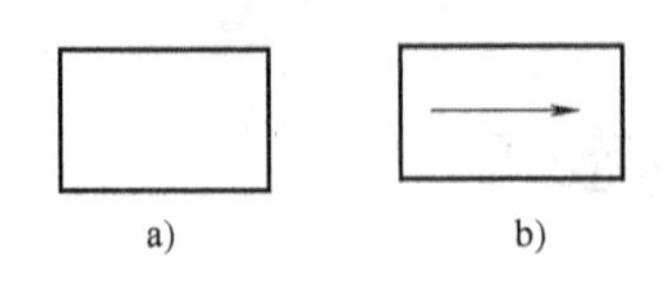

a) b)

图 5-8

随堂练习

执行相关命令，绘制如下图例（图 5-9）：

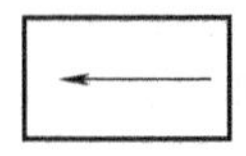

图 5-9　应急疏散指示标志灯（向右）图例

5.4　单管荧光灯

单管荧光灯的图例如图 5-10 所示。

图 5-10　单管荧光灯图例

操作：

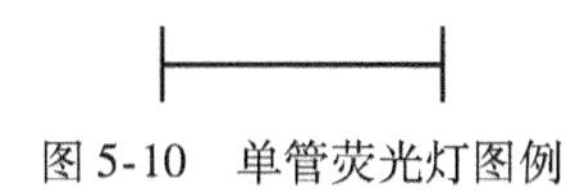

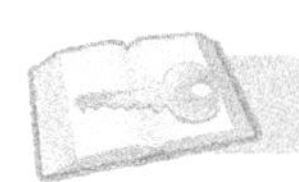

① 执行 Line（绘线）命令，绘制垂直短线，如图 5-11a 所示。
② 执行 Line（绘线）命令，过短线中点，绘一水平长线，如图 5-11b 所示。
③ 执行 Copy（复制）命令，把短线复制至水平长线右端，如图 5-11c 所示。

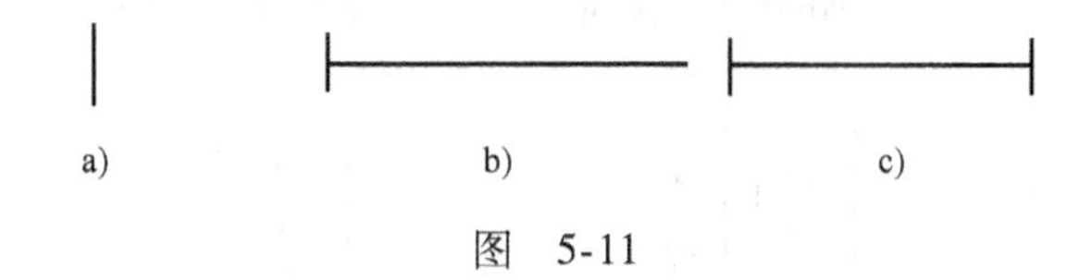

a)　　b)　　c)

图　5-11

随堂练习

执行相关命令，绘制如下图例（图 5-12）：

a) 二管荧光灯　　b) 三管荧光灯

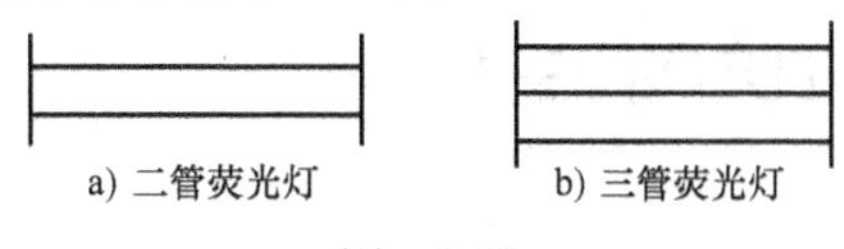

图　5-12

5.5　70℃动作的常开防火阀

70℃动作的常开防火阀图例如图 5-13 所示。

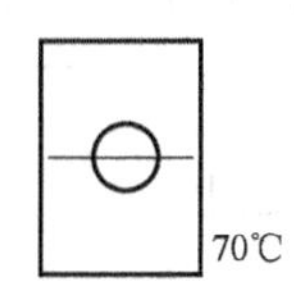

图 5-13　70℃动作的常开防火阀图例

① 执行 Line（绘线）命令，绘制一短线，如图 5-14a 所示。
② 执行 Circle（圆）命令，过短线中点绘制一小圆，如图 5-14b 所示。
③ 执行 Rectang（矩形）命令，绘制一 $L=2\text{mm}$，$W=3\text{mm}$ 矩形，如图 5-14c 所示。
④ 执行 DText（标注文本）命令，标出文字“70℃”，如图 5-14d 所示。

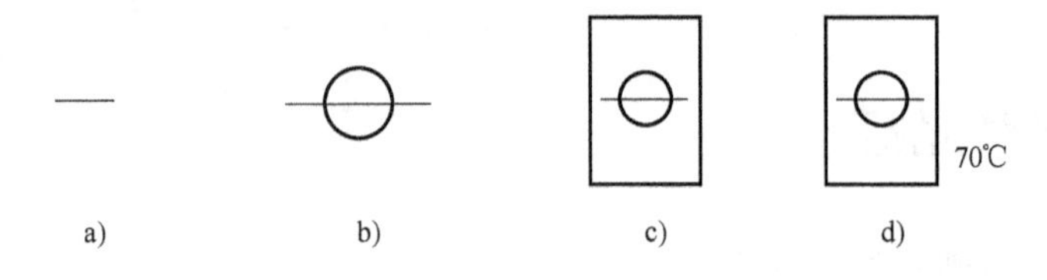

图 5-14

执行相关命令，绘制如下图例（图 5-15）：

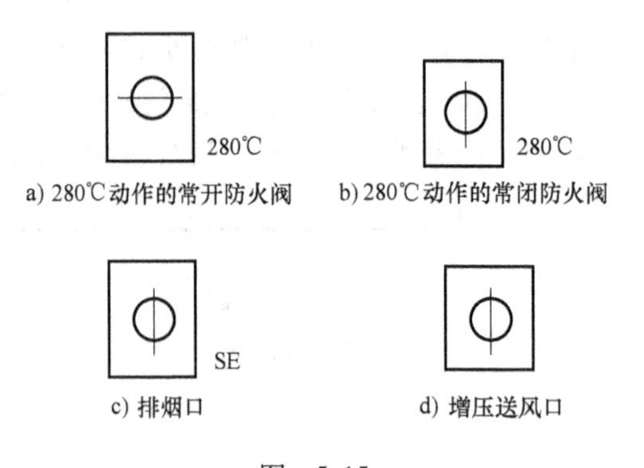

图 5-15

5.6 访客对讲电控防盗门主机

① 执行 Rectang（矩形）命令，绘制一 $L=3\text{mm}$，$W=2\text{mm}$ 矩形，如图 5-16a 所示。
② 执行 Line（绘线）命令，绘制一短直线，如图 5-16b 所示。
③ 执行 Copy（复制）命令，把短直线进行复制，结果如图 5-16c 所示。
④ 执行 Circle（圆）命令，在合适位置绘出一个圆，如图 5-16d 所示。

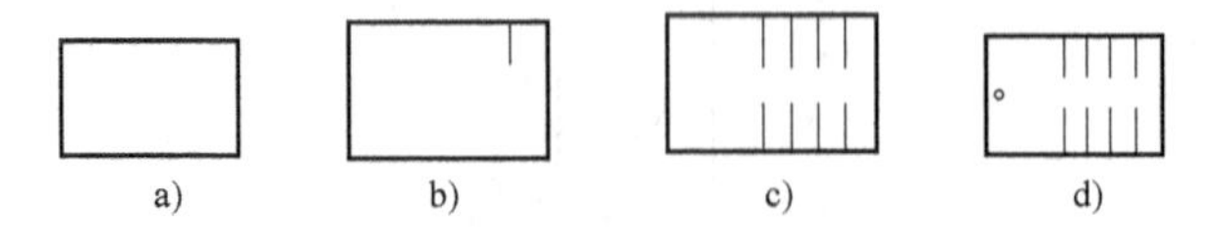

图 5-16

执行相关命令，绘制如下图例（图 5-17）：

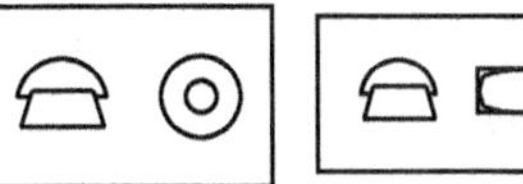

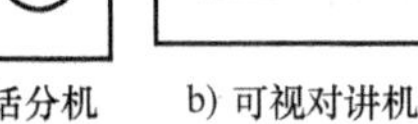

a) 对讲电话分机（带呼叫按钮）　b) 可视对讲机　c) 对讲电话分机

图　5-17

5.7　向上配线

向上配线的图例如图 5-18 所示。

图 5-18　向上配线图例

① 执行 Line（绘线）命令，绘出一直线，如图 5-19a 所示。
② 执行 Dount（点）命令，在直线末端绘出一点，如图 5-19b 所示。
③ 执行 Line（绘线）命令，过点中心绘制一 45°斜线，完成图形，如图 5-19c 所示。

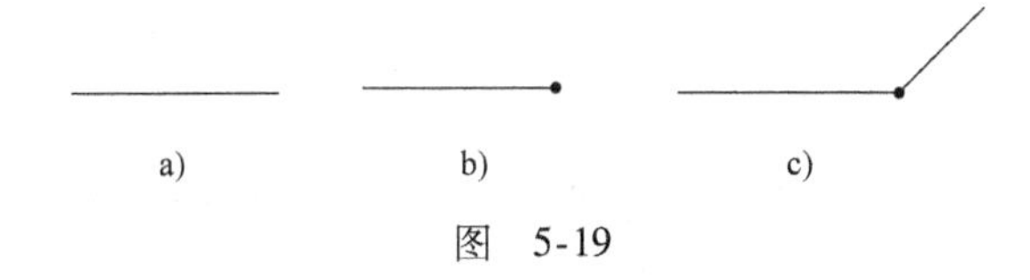

a)　b)　c)

图　5-19

执行相关命令，绘制如下图例（图 5-20）：

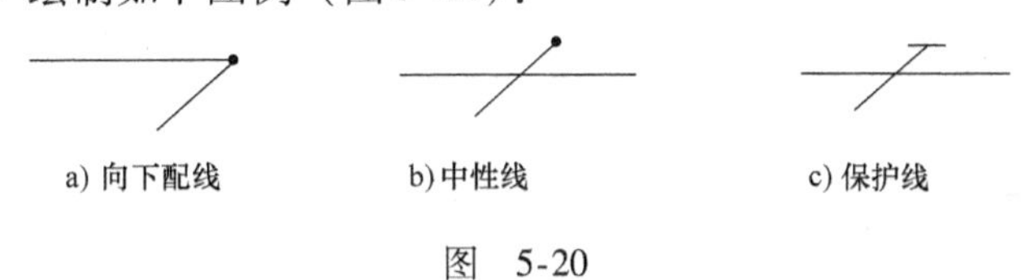

a) 向下配线　b) 中性线　c) 保护线

图　5-20

5.8　保护接地线

保护接地线的图例如图 5-21 所示。

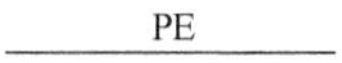

PE

图 5-21　保护接地线图例

操作：

① 执行 Line（绘线）命令，绘出一直线，如图 5-22a 所示。

② 执行 DText（标注文本）命令，标出文字“PE”，如图 5-22b 所示。

PE

a)　　b)

图　5-22

随堂练习

执行相关命令，绘制如下图例（图 5-23）：

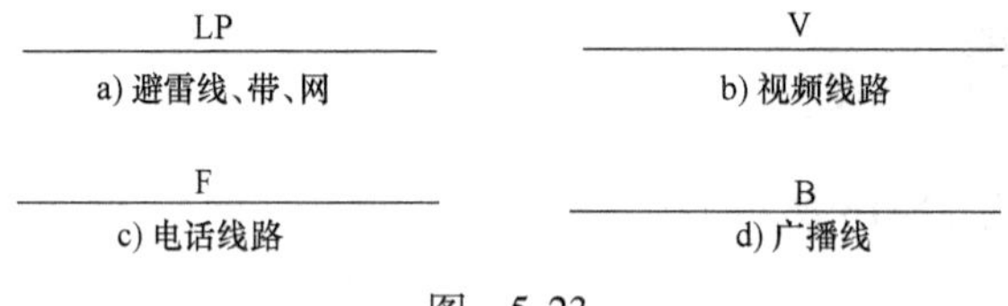

图　5-23

5.9　光纤或光缆

光纤或光缆的图例如图 5-24 所示。

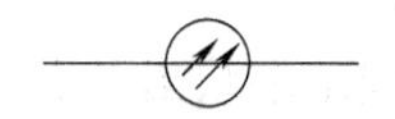

图 5-24　光纤或光缆图例

操作：

① 执行 Line（绘线）命令，绘出一直线，如图 5-25a 所示。

② 执行 Circle（圆）命令，绘制一半径 $R=2\text{mm}$，如图 5-25b 所示。

③ 执行 PLine（绘制多段线）命令，绘出如图 5-25c 所示的箭头，完成图形。

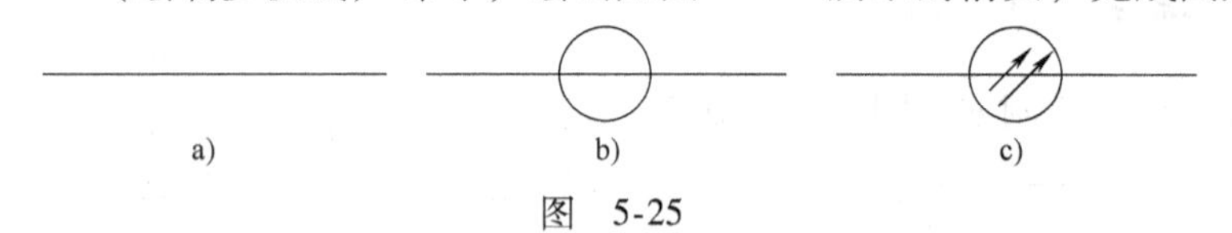

图　5-25

随堂练习

执行相关命令，绘制如下图例（图 5-26）：

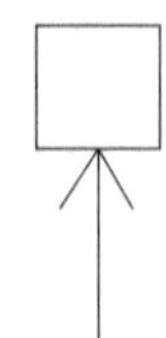

图 5-26　缆示探测器图例

第3篇　用天正设备软件绘制设备施工图

近年来，随着计算机硬件的不断更新，建筑给排水、暖通、电气软件的开发和应用发展很快，出现了一批较好的软件，在这些软件中，天正公司制作的天正给排水、天正暖通以及天正电气软件在设计单位中应用较广。天正公司不断搜集设计单位对给排水、暖通和电气软件的设计需求，及时对软件进行升级，使软件的自动化水平不断提高，适用性不断增强，软件用户迅速增长。从天正软件的使用来看，国内外几乎是同步的，今后还有更广阔的发展空间。

天正设计软件提供了各专业的国标图库，并提供了扩充自定图库的接口；设有与其他各类建筑软件的接口，并提供建筑图的绘制功能；同时还具备卫生洁具、管道、设备布置定位的功能，能够根据用户输入的信息进行施工处理（如自动检测给排水管道与其他设备管道、构件的碰撞问题等）；可根据条件图自动生成系统图，并可用 AutoCAD 命令任意编辑。

第6章　给排水施工图

【学习目标】

本章主要介绍天正给排水 TWT7 的基本功能。通过学习，要了解天正给排水软件的主要功能，掌握利用天正给排水软件绘制给排水施工图的方法，并能够利用软件进行相关的计算。

6.1　概述

天正给排水 TWT 是一个符合工程师设计习惯的软件，绘制平面图时，即可记录下管线的参数，这些参数为系统图的生成和材料的统计奠定了基础。平面图可以直接生成完整的系统图和展开图，同时该软件也提供直接绘制系统图的功能。

6.1.1　主要功能

1. 绘制建筑图

TWT 内嵌天正建筑软件 TArch，可绘制建筑平面图。

2. 室内给排水设计

可以按需要进行个性化设置，标注文字大小，标注风格，管道线宽、颜色、线型和立管圆圈大小等。卫生器具与管道自动相连，平面图完成后可自动生成系统图，利用提供的工具完善系统图。

3. 消防喷淋系统设计

提供多种布置消防设备的方案，如“任意布置”、“直线喷头”、“矩形喷头” 和 “等距喷头” 等。喷头可自动或指定位置布置，自动连接喷洒干管，并自动计算管径和起点压力。

4. 室外给排水设计

可快速绘制出各种管网系统及构筑物，并进行管网水力计算和绘制纵断面图。

5. 水泵房、水箱设计

可绘制泵房平面图，能够直接生成剖面图，可自行扩充水泵的图库，提供标准方形及圆形水箱，也可自定水箱，进行水箱间的平、剖面图设计。

6. 材料表统计，完成各种专业计算并导出计算书

绘制平面图后，可直接进行材料统计，并生成材料表。统计内容包括管材的管径和管长，阀门的种类和数量，弯头的材料和数量。采用最新规范，具有室内、室外常用水力计算功能。

7. 标注功能

通用、方便的标注工具能快速完成尺寸、管径、标高、坡度等复杂繁琐的标注任务。

6.1.2 用户界面

如图 6-1 所示，天正给排水设计软件的工作界面在 AutoCAD 的界面基础上增加了如下内容：

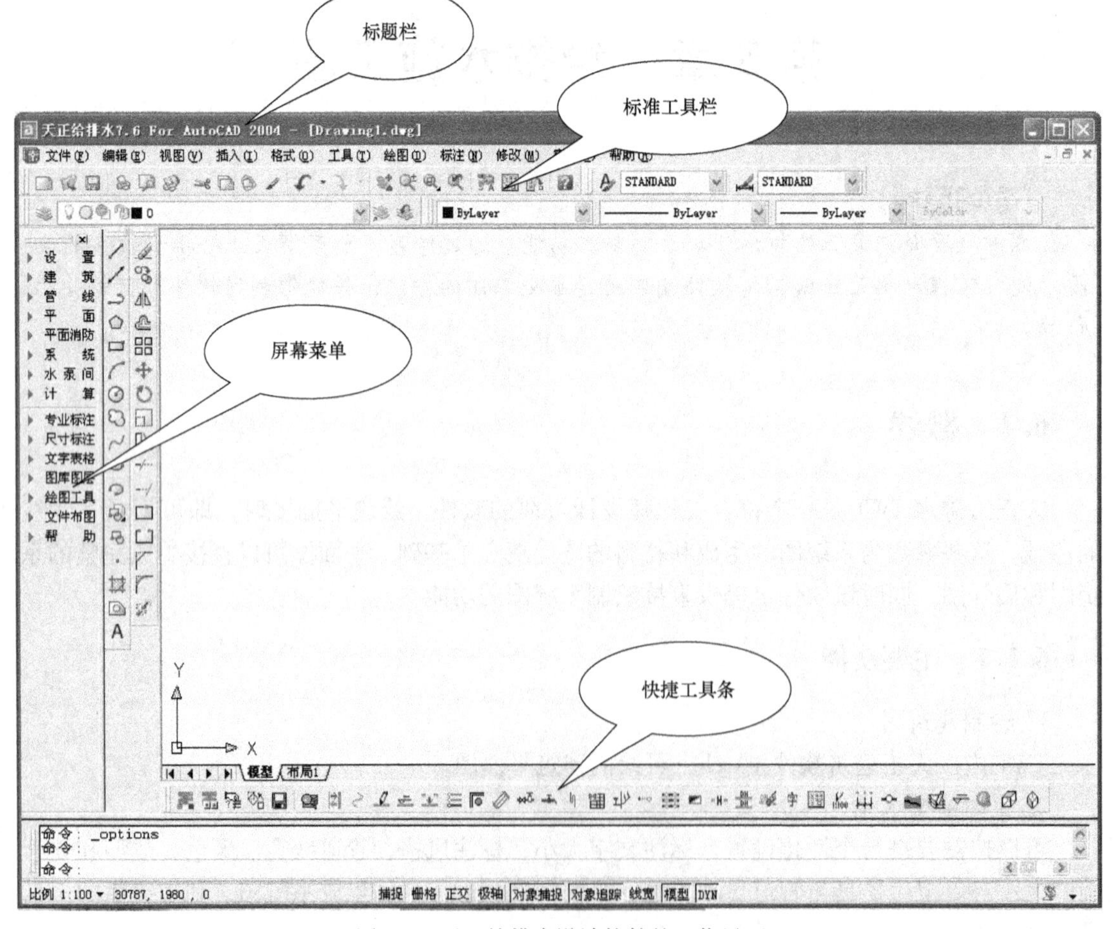

图 6-1 天正给排水设计软件的工作界面

1. 屏幕菜单

天正给排水设计软件的所有功能调用都可以在天正给排水的屏幕菜单上实现，所有的分支子菜单都可以用鼠标左键点取进入变为当前菜单，也可以用鼠标右键点取弹出菜单，从而维持当前菜单不变。

2. 快捷菜单

在 AutoCAD 绘图区，单击鼠标右键弹出快捷菜单。

1）鼠标置于 CAD 对象或天正实体上使之亮显后，单击鼠标右键弹出此对象、实体相关的菜单内容。

2）鼠标单选对象或实体后，单击鼠标右键弹出相关菜单。

3）在绘图区域内用 < Ctrl > + 单击鼠标右键弹出常用命令组成的菜单。

3. 命令行

天正的大部分功能都可由命令行输入。

4. 快捷工具条

快捷工具条中列出了常用的天正工具，用户也可根据自己的绘图习惯设置快捷工具条的工具。单击“设置”菜单中的“工具条”，用户可以将自己常用的一些命令放在工具条中，如图 6-2 所示。

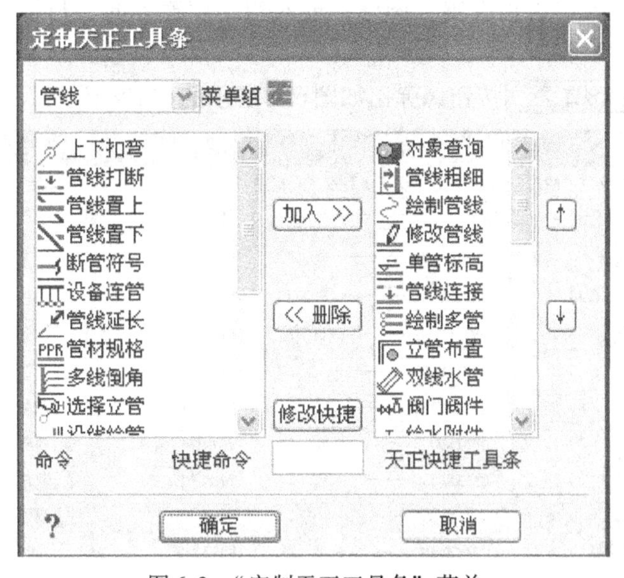

图 6-2　“定制天正工具条”菜单

6.2　给排水平面图

6.2.1　初始设置

① 单击主菜单 设　置 中的 初始设置，屏幕上出现如图 6-3 所示的“选项”对

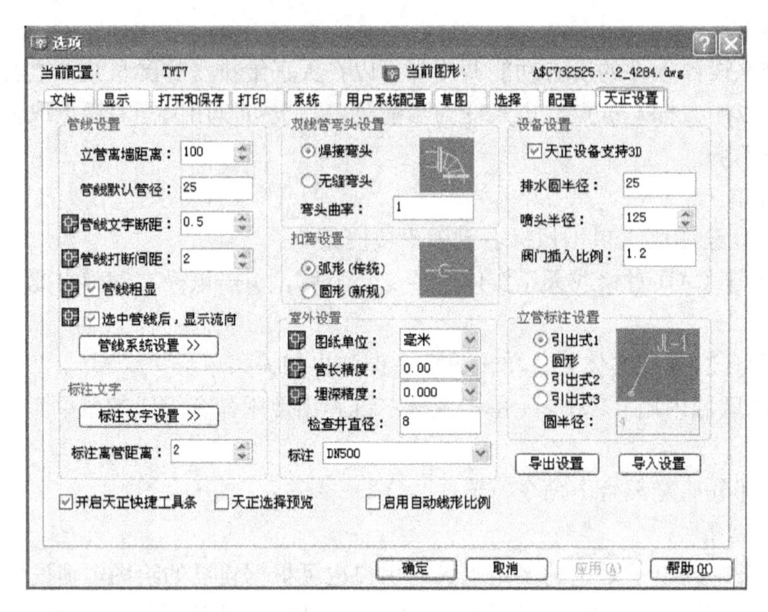

图 6-3 “选项”对话框

话框。选择本对话框的“天正设置”图标，进入初始设置界面。利用此对话框可以对绘图时的一些默认值进行修改。

② 单击 管线系统设置 >> 按钮，弹出如图6-4所示的“管线设置”对话框，可以对管线

管线设置

管线系统	颜色	线宽	线型	标注	管材	立管	绘制半径	颜色
给 水 →		0.35	CONTINUOUS	J	PP-R	双管	0.5	
给水中区 →		0.35	CONTINUOUS	J	PP-R	双管	0.5	
给水高区 →		0.35	CONTINUOUS	J	PP-R	双管	0.5	
热给水→		0.35	CONTINUOUS	RJ	PP-R	双管	0.5	
热回水→		0.35	CONTINUOUS	RH	PP-R	双管	0.5	
污 水 →		0.35	CONTINUOUS	W	排水PVC-U	双管	0.5	
废 水 →		0.35	CONTINUOUS	F	排水铸铁管	双管	0.5	
雨 水 →		0.35	CONTINUOUS	Y	排水铸铁管	双管	0.5	
中 水 →		0.35	CONTINUOUS	Z	PP-R	双管	0.5	
消 防 →		0.35	CONTINUOUS	X	镀锌钢管	双管	0.5	
喷 淋 →		0.35	CONTINUOUS	H	镀锌钢管	双管	0.5	
凝结 →		0.35	CONTINUOUS	N	镀锌钢管	双管	0.5	
直饮 →		0.35	CONTINUOUS	ZY	镀锌钢管	双管	0.5	
压力污 →		0.35	CONTINUOUS	YW	镀锌钢管	双管	0.5	
压力废 →		0.35	CONTINUOUS	YF	镀锌钢管	双管	0.5	
压力雨 →		0.35	CONTINUOUS	YY	镀锌钢管	双管	0.5	
其它管→		0.35	CONTINUOUS	T	镀锌钢管	双管	0.5	

天正线型库

线形随层

本图已绘制管线强制修改(颜色，线宽，线型，管材，立管半径)　确定　取消

图 6-4 “管线设置”对话框

颜色、线宽、线型（可自创新线型）、标注、管材、立管（双管）、图面绘制立管的半径大小进行初始设置，并可强制修改已画管线。

③ 单击 确定 ，关闭对话框。

④ 单击 标注文字设置 >> 弹出“标注文字设置”对话框，此对话框可以设置标注文字的样式、字高、宽高比，如图 6-5 所示。

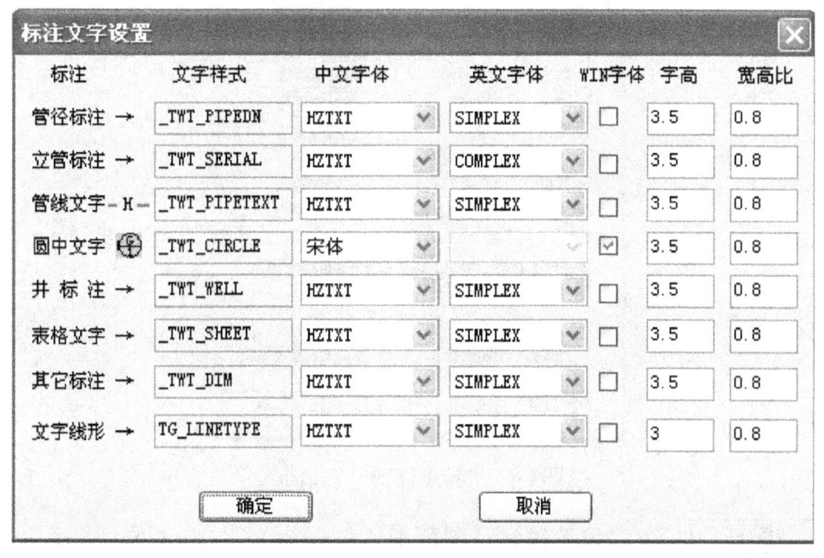

标注文字设置

标注	文字样式	中文字体	英文字体	WIN字体	字高	宽高比
管径标注 →	_TWT_PIPEDN	HZTXT	SIMPLEX	☐	3.5	0.8
立管标注 →	_TWT_SERIAL	HZTXT	COMPLEX	☐	3.5	0.8
管线文字 -H-	_TWT_PIPETEXT	HZTXT	SIMPLEX	☐	3.5	0.8
圆中文字	_TWT_CIRCLE	宋体		☑	3.5	0.8
井 标 注 →	_TWT_WELL	HZTXT	SIMPLEX	☐	3.5	0.8
表格文字 →	_TWT_SHEET	HZTXT	SIMPLEX	☐	3.5	0.8
其它标注 →	_TWT_DIM	HZTXT	SIMPLEX	☐	3.5	0.8
文字线形 →	TG_LINETYPE	HZTXT	SIMPLEX	☐	3	0.8

确定　取消

图 6-5 “标注文字设置”对话框

⑤ 单击 确定 ，关闭对话框。

说明：

TWT7 提供室内给排水的设计和室外给排水的设计两种模式，打开 TWT7 时默认的模式是室内模式，如要进行室外给排水管道的绘制，可单击 设　置 菜单中的 室外菜单 ，则菜单会切换到室外菜单的模式。

6.2.2　绘制建筑平面图

TWT7 提供了绘制基本建筑平面图的功能，单击 建　筑 ，可看到绘制轴网、绘制墙体、绘制门窗、绘制柱子等工具，可用来绘制基本的建筑条件图。对于设备专业的学生来说建筑平面图只是作为条件图，条件图由建筑专业的人员来提供，故此处不详细介绍此功能。

6.2.3　转条件图

① 单击主菜单 建　筑 中的 转条件图 ，弹出“转条件图”对话框。

② 勾选“转条件图”对话框中的选项，如图 6-6 所示。

图 6-6 “转条件图”对话框

③ 单击 转条件图 ，在“请选择建筑图范围〈整张图〉:”提示下，直接单击 <Enter> 键〈接受默认值〉，结束命令。

说明：

① 不执行“转条件图”命令，打开“预演”，框选转图范围，可以清楚地看到转条件图后的 DWG 图，能够达到用户要求时，再执行命令。

②“转条件图”命令只对用天正建筑软件所绘建筑平面图有效，对直接用 CAD 软件绘制的建筑平面图无效。

6.2.4 绘制管线

1. 立管布置

(1) 给水立管 (JL-1)

① 单击主菜单 管 线 中的 立管布置 ，弹出“布置立管”对话框，单击 给水 按钮，如图 6-7 所示。

② 命令行提示：请指定立管的插入点［输入参考点］〈退出〉:

单击轴线②与轴线 D 之间墙角任意一点。结果如图 6-8a 所示。

③ 命令行提示：请给出标注第二点〈退出〉:

上拉鼠标单击任意一点。

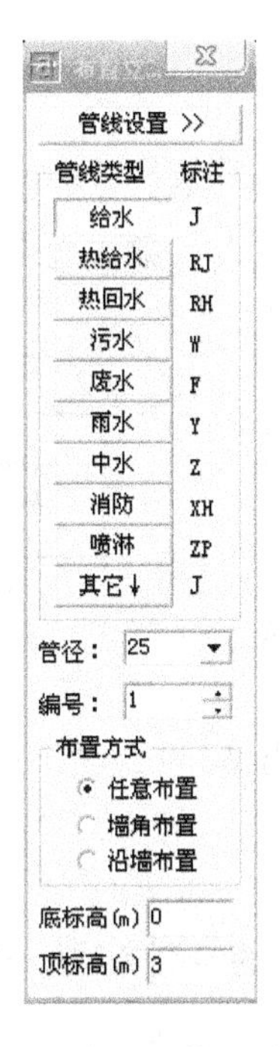

图 6-7　“布置立管”对话框

④ 命令行提示：请指定立管的插入点［输入参考点］〈退出〉：

单击 <Enter> 键结束命令，绘制出 JL-1，如图 6-8b 所示。

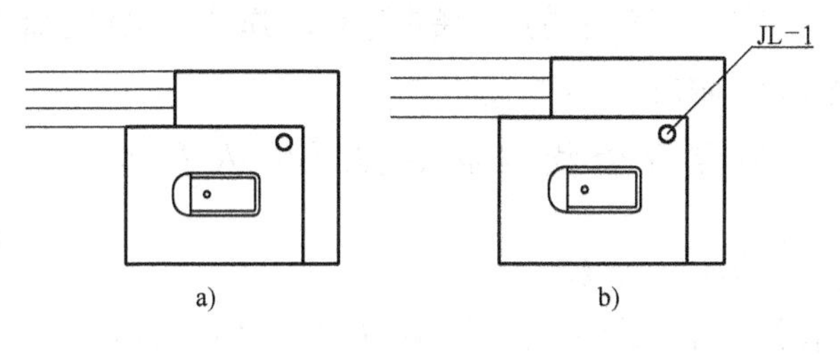

图　6-8

说 明：

在绘制管线和布置立管时，可以先不用确定管径和标高的数值，而采用默认管径和标高，之后在设计过程中确定了管径和标高后再用“单管标高”、“单管管径”或“修改管线”命令对标高、管径进行赋值；如果在已知管径和标高的情况下，于绘制之前编辑输入，所画出的管线与设置一致。另外，天正会按照对管线标高的差别自动打断交叉的管线。

提 示：

JL-2 的绘制方法与 JL-1 的绘制方法一样。

（2）污水立管（WL-1）

操作：

① 在“布置立管”对话框中，单击 污水 按钮。

② 命令行提示：请指定立管的插入点［输入参考点］〈退出〉：

单击给水立管左端任意一点，结果如图 6-9a 所示。

③ 命令行提示：请给出标注第二点〈退出〉：

上拉鼠标单击任意一点。

④ 命令行提示：请指定立管的插入点［输入参考点］〈退出〉：

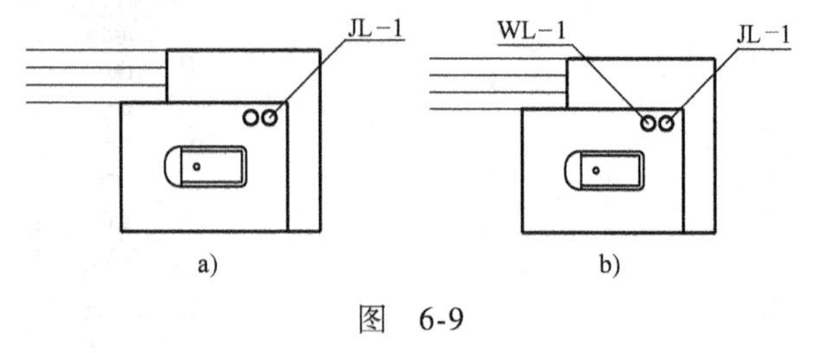

图 6-9

单击 <Enter> 键结束命令，绘制出 WL-1，结果如图 6-9b 所示。

提示：

WL-2、WL-3 的绘制方法与 WL-1 的绘制方法一样。

2. 绘制支管

(1) 绘制给水管

操作：

① 单击主菜单 管 线 中的 绘制管线，弹出“绘制管线”对话框，单击 给水 按钮，如图 6-10 所示。

② 命令行提示：请点取管线的起始点［输入参考点］〈退出〉：

单击 JL-1 管中心一点后下拉管线。

③命令行提示：请点取管线的终止点［轴锁 0 度（A）/轴锁 30 度（S）轴锁 45 度（D）/选取行向线（G）/弧管线（R）/回退（U）］〈结束〉：

输入 A，并将管线下拉至第四蹲便器末端一点，单击 <Enter> 键结束命令，结果如图 6-11 所示。

图 6-10 “绘制管线”对话框

(2) 绘制污水管

操作：

① 单击“绘制管线”对话框中的 污水 按钮。

② 命令行提示：请点取管线的起始点［输入参考点］〈退出〉：

单击 WL-1 管中心一点后下拉管线。

③ 命令行提示：请点取管线的终止点［轴锁 0 度（A）/轴

锁30度（S）轴锁45度（D）/选取行向线（G）/弧管线（R）/回退（U）]〈结束〉：

输入A，并将管线下拉至第四蹲便器末端一点，单击<Enter>键结束命令，结果如图6-12所示。

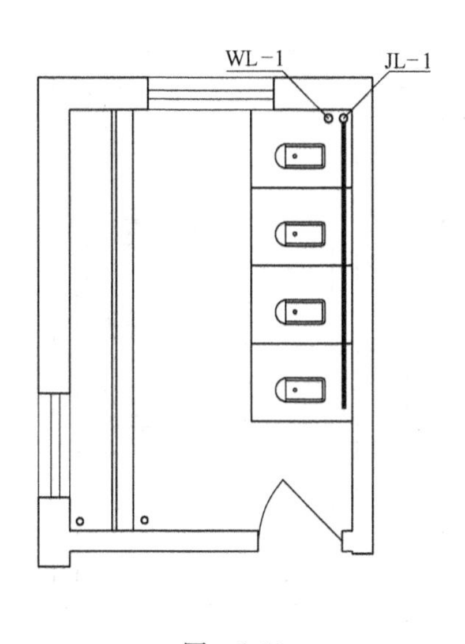

图　6-11

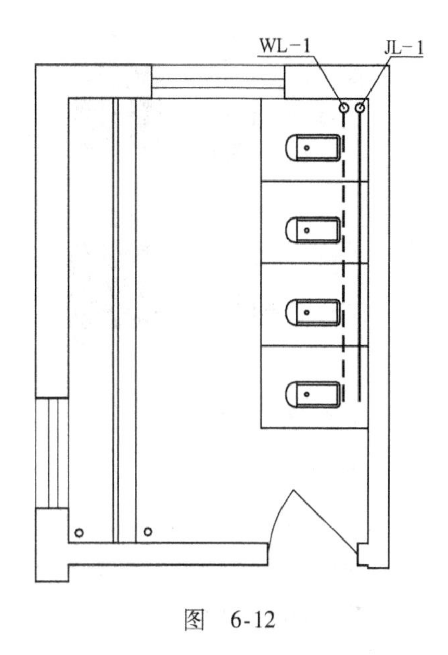

图　6-12

3. 管连洁具

① 单击主菜单 平　面 中的 定义洁具，对洁具进行定义，如选中其中一个大便器（洁具必须为一个块，否则无法定义），会出现如图6-13所示的“定义洁具”对话框。按照提示指定冷水给水点的位置、热水给水点的位置、排水点的位置，并选择给水和排水的系统图块，再给定给水和排水的当量及额定流量。单击“确定”按钮则所有的大便器都被定义（定义洁具不仅可以进行管连洁具，对后续给水排水计算也有很大的意义）。

② 单击主菜单 平　面 中的 管连洁具。

命令行提示：请选择支管〈退出〉：

用鼠标点选给排水管。

③ 命令行提示：请选择需要连接管线的洁具〈退出〉：

用鼠标框选四个蹲便器后单击<Enter>键，结果如图6-14所示。

4. 管线倒角

① 单击主菜单 管　线 中的 管线倒角。

② 命令行提示：请选择主干管〈退出〉：

用鼠标点选排水管。

③ 命令行提示：请选择支管〈退出〉：

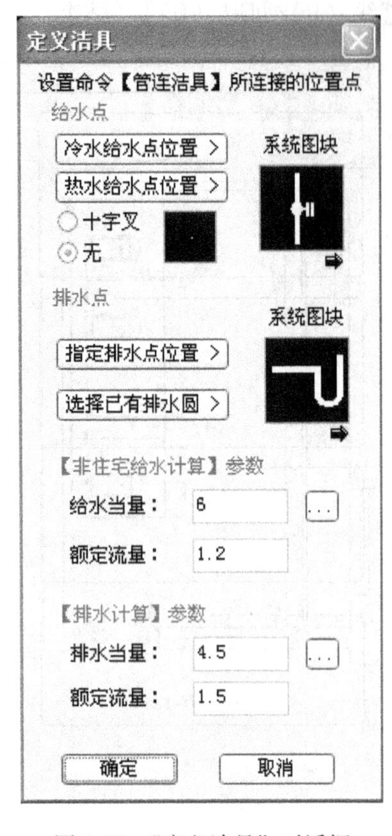

图 6-13 “定义洁具”对话框

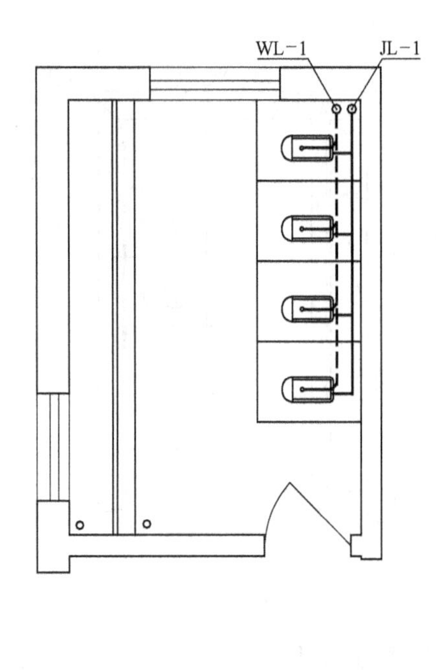

图 6-14 管连洁具

用鼠标点选排水支管并单击 <Enter> 键。

④ 命令行提示：请输入倒角距离〈100〉：

直接单击 <Enter> 键，用鼠标单击器具上方任意一点即可，结果如图 6-15 所示。

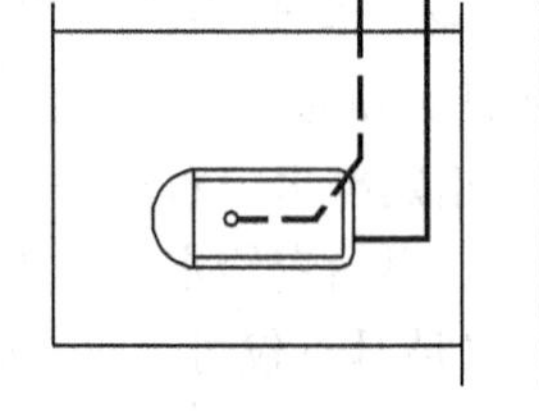

图 6-15 管线倒角

提 示：

盥洗室部分的给排水管线绘制方法与上述方法一样。

5. 绘制给排水干管

(1) 绘制给水干管

操 作：

① 单击“绘制管线”对话框中的 给水 按钮。

② 命令行提示：请点取管线的起始点［输入参考点］〈退出〉：

单击 JL-1 管中心一点。

③ 命令行提示：请点取管线的终止点［轴锁 0 度（A）/轴锁 30 度（S）轴锁 45 度（D）/选取行向线（G）/弧管线（R）/回退（U）］〈结束〉：

输入 A 并将管线上拉至外墙边缘任意一点，单击 <Enter> 键结束命令，结果如图 6-16 所示。

④ 单击主菜单 平　面 中的 阀门阀件，弹出“天正给排水图块”对话框，如图 6-17 所示。

⑤ 单击图 6-17 中第一行第四列中的⋈，命令行提示：请指定阀件的插入点［放大（E）缩小（D）左右翻转（F）］〈退出〉：

将选定的阀件插入至给水干管中；再单击图 6-17 中第二行第六列中的 ，插入至给水干管中；再次单击图 6-17 中第四行第三列中的 ，插入至给水干管中，最后再插入一个⋈，单击<Enter>键结束命令。

⑥ 单击主菜单 平　面 中的 管道附件，弹出“天正给排水图块”对话框，如图 6-18 所示。

⑦ 单击图 6-18 中第一行中的 ，命令行提示：请指定阀件的插入点［放大（E）缩小（D）左右翻转（F）］〈退出〉：

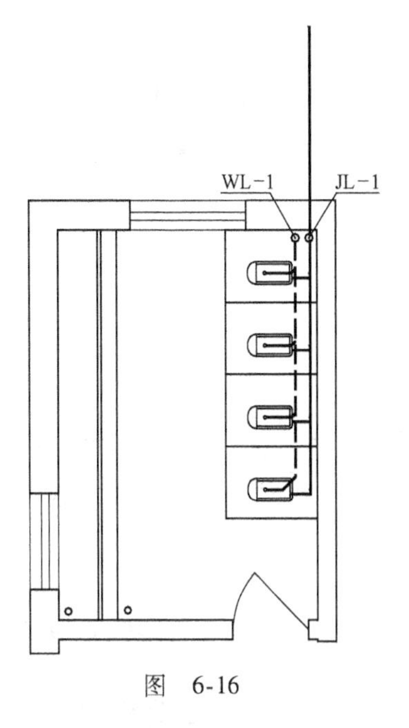

图　6-16

将选定的阀件插入至给水干管与外墙的交接处，单击<Enter>键结束命令。结果如图 6-19 所示。

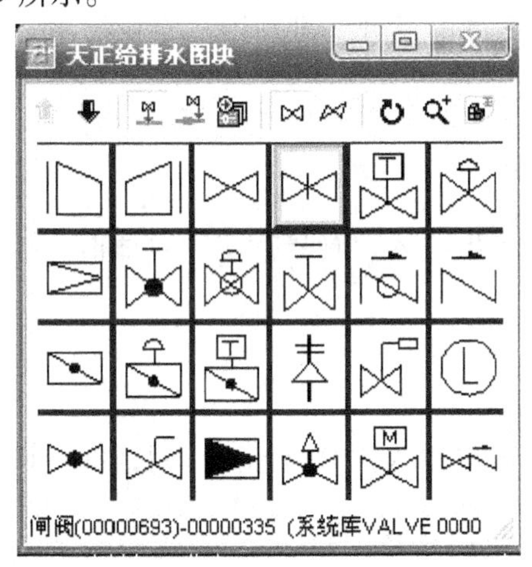

图　6-17

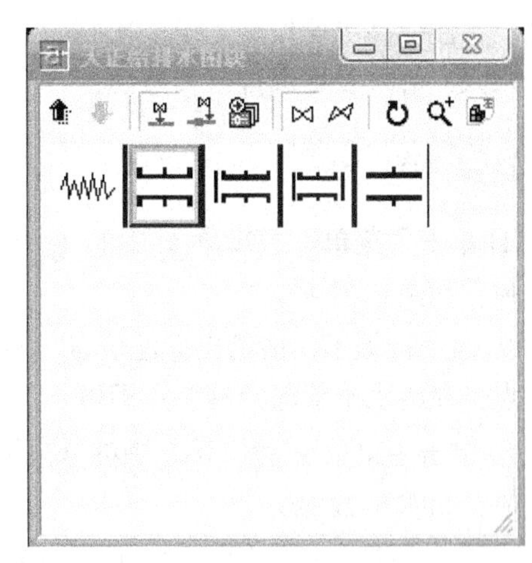

图　6-18

（2）绘制污水干管

① 单击“绘制管线”对话框中的 污水 按钮。

② 命令行提示：请点取管线的起始点［输入参考点］〈退出〉：

单击 WL-1 管中心一点。

③ 命令行提示：请点取管线的终止点［轴锁 0 度（A）/轴锁 30 度（S）轴锁 45 度（D）/选取行向线（G）/弧管线（R）/回退（U）］〈结束〉：

输入 A 并将管线下拉至外墙边缘任意一点，单击<Enter>键结束命令。

④ 单击图 6-18 中第一行中的，命令行提示：请指定阀件的插入点［放大（E）缩小（D）左右翻转（F）］〈退出〉：

将选定的阀件插入至污水干管与外墙的交接处，单击 < Enter > 键结束命令，结果如图 6-20 所示。

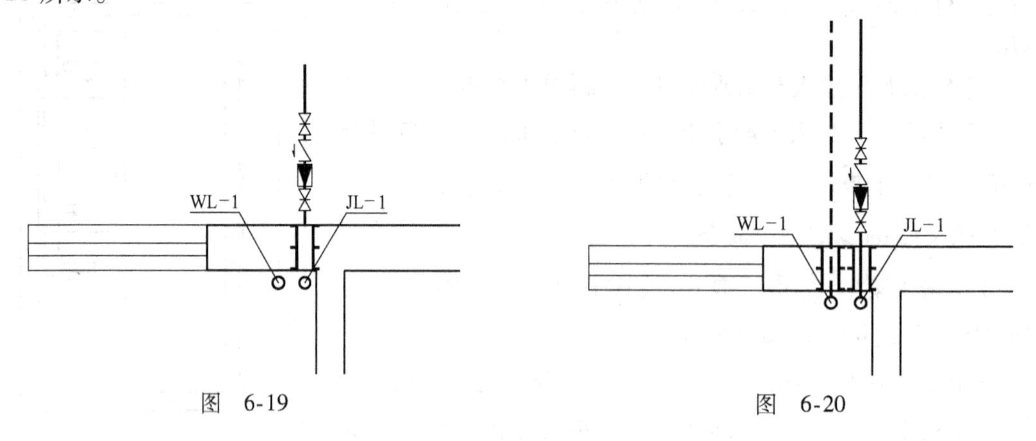

图 6-19　　　　图 6-20

6.2.5　专业标注

TWT7 的“专业标注”功能能够提供标注立管、立管排序、入户管号、标注洁具、标注管径、标注标高等操作。对于本次宿舍楼给排水平面图的设计，可利用“专业标注”标注出给水入户管号及排水排出管号。

① 单击主菜单▾ 专业标注 中的 入户管号，弹出“入户管号标注”对话框，修改各参数值，如图 6-21 所示。

② 命令行提示：请给出标注位置〈退出〉：

点击在给水干管起始端一点即可。

③ 单击主菜单▾ 专业标注 中的 入户管号，弹出“入户管号标注”对话框，修改各参数值，如图 6-22 所示。

④ 命令行提示：请给出标注位置〈退出〉：

点击在排水干管排出端一点即可，结果如图 6-23 所示。

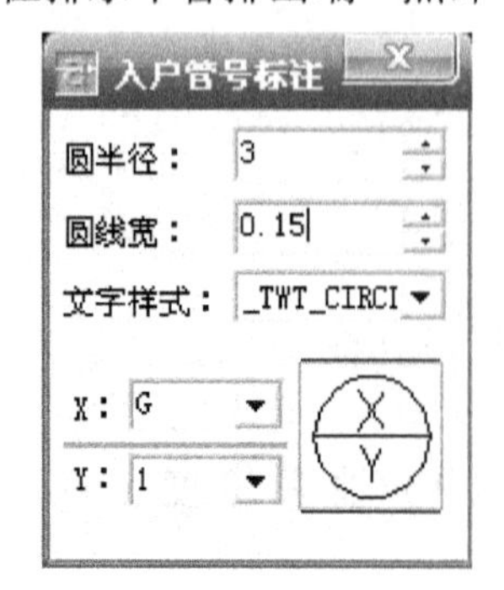

图 6-21

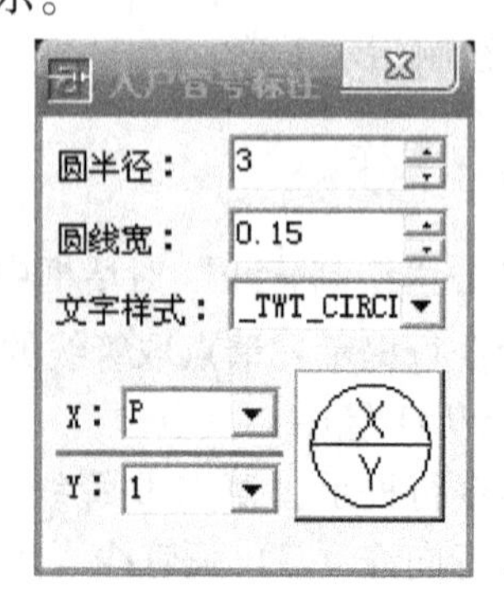

图 6-22

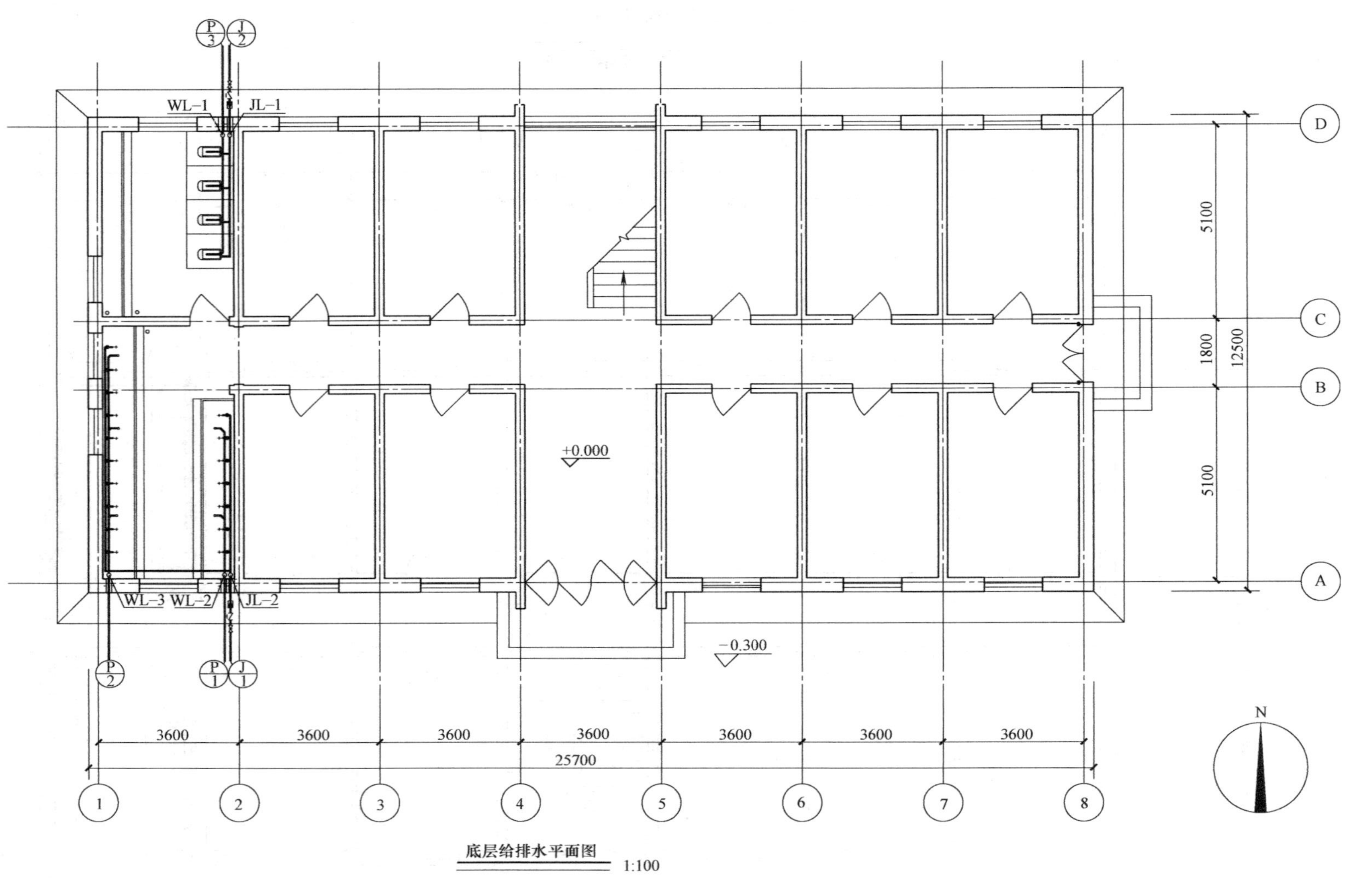

图 6-23　底层给排水平面图

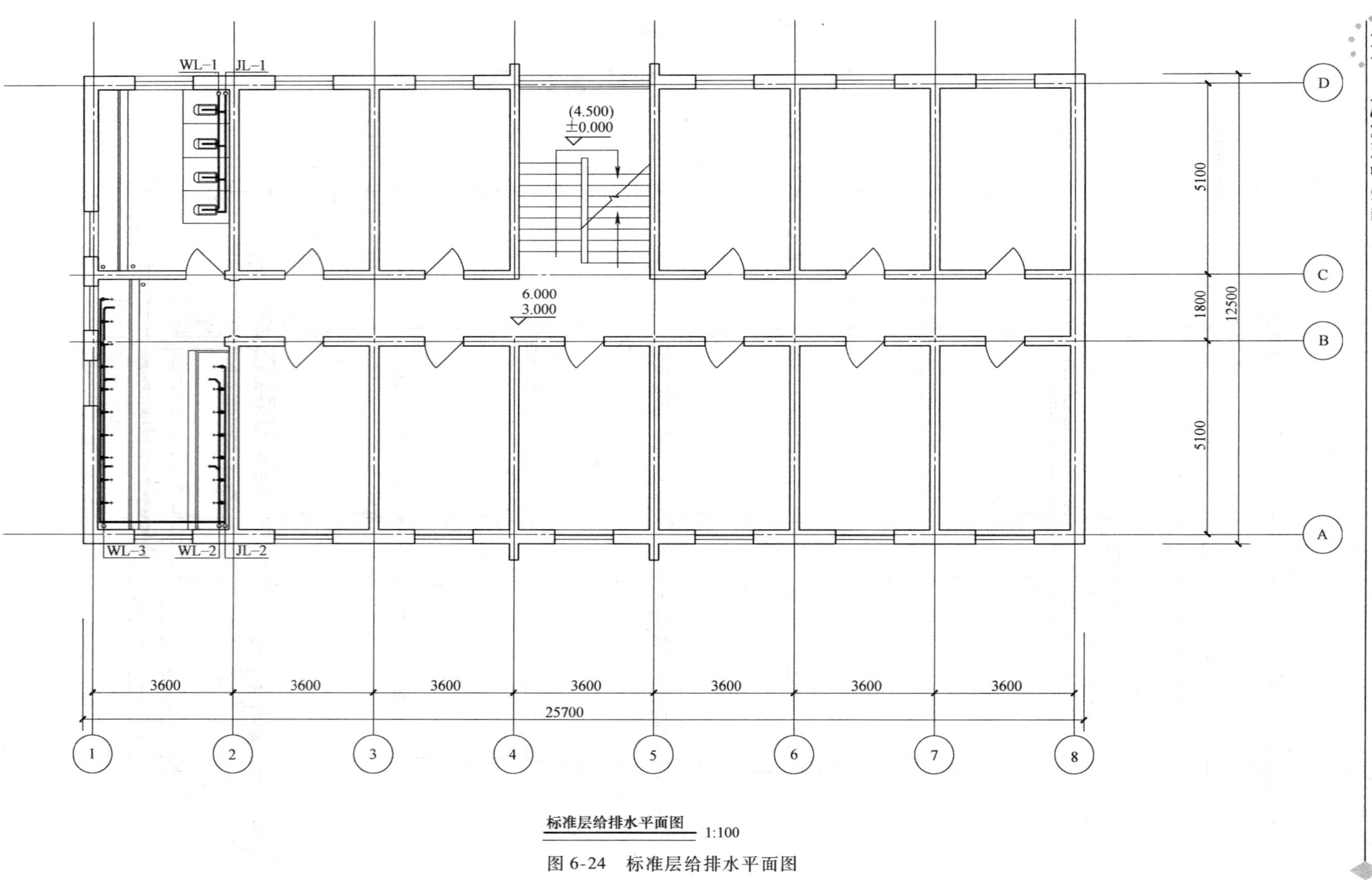

图 6-24 标准层给排水平面图

提 示:

标准层部分的给排水管道可单独绘制，也可以通过 CAD 复制命令，复制底层给排水管道至标准层来完成。最终结果如图 6-24 所示。

6.3　给排水系统图

6.3.1　给水系统图

操 作:

① 单击主菜单 系　统 中的 系统生成，弹出“平面生成系统图”对话框。输入参数值如图 6-25 所示。

② 单击 未指定 按钮，出现如图 6-26 所示的对话框。

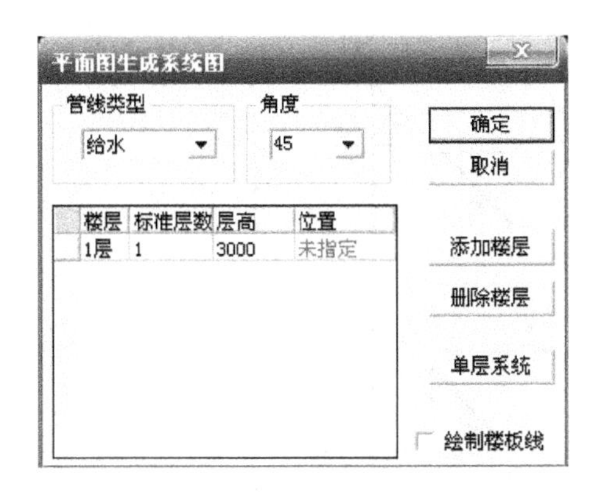

图 6-25　“平面生成系统图”对话框（一）

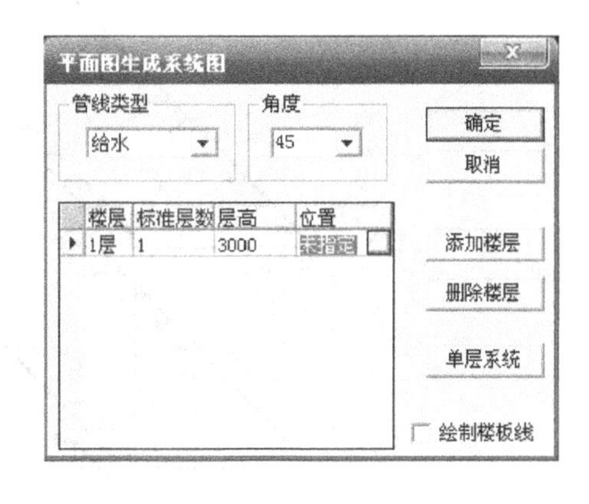

图 6-26　“平面生成系统图”对话框（二）

单击 未指定 后面的 □。

命令行提示：选择自动生成系统图的所有平面图管线〈退出〉:

框选底层给排水平面图后单击 <Enter> 键。

命令行提示：请点取基点（必须是连接各楼层的立管）〈退出〉:

点取任意一个给水立管中心，将标准层数指定为 4，出现如图 6-27 所示的对话框。

单击 确定 按钮。

命令行提示：请点取系统图位置〈退出〉

在空白处任意点取一点即可。

命令结束后，得到由平面图生成的给水系统图，生成系统图后，用 CAD 命令稍加修改，结果如图 6-28 所示。

③ 在管线上面标注标高可利用 管　线 菜单下的 单管标高 工具。单击后命令行提示：请选择管线（用鼠标右键进行标高修改，左键对选中管线标高标注）〈退出〉:

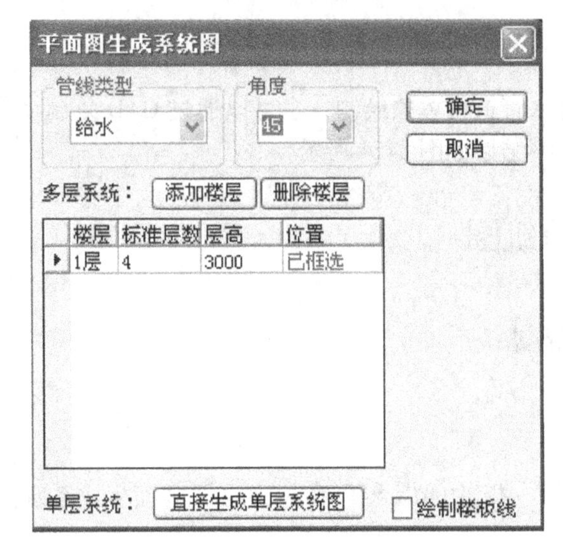

图 6-27

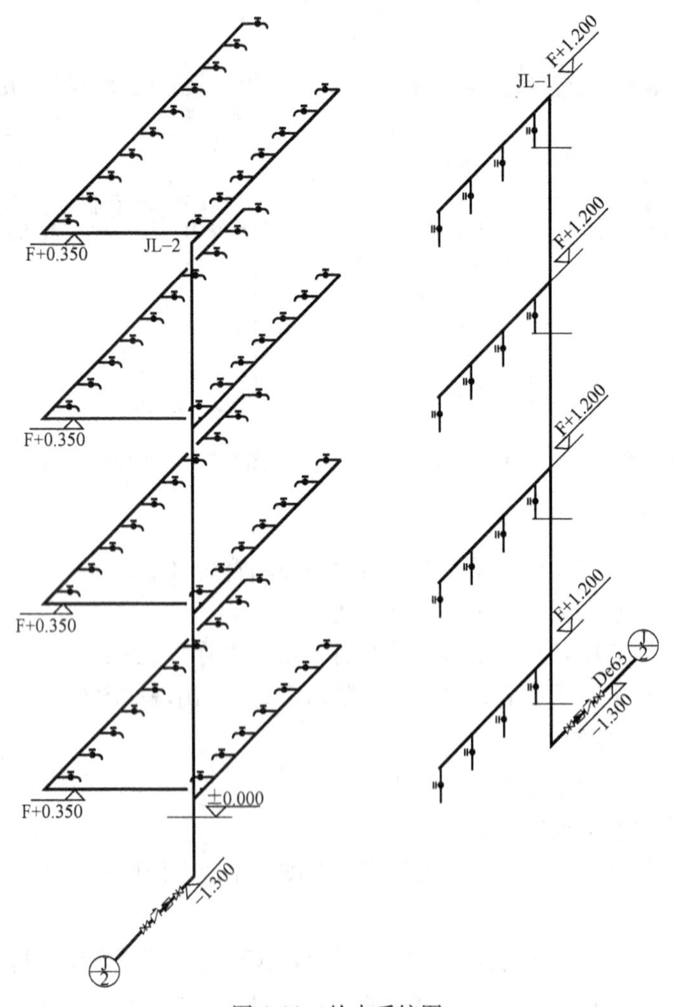

图 6-28 给水系统图

在需要标注标高的管线上点取一点即可。标注的内容可以自己修改，只需用鼠标双击标高上面的数字即可。

6.3.2　排水系统图

1. 系统生成

① 单击主菜单▾ 系　统 中的 系统生成，系统弹出如图 6-29 所示的“平面生成系统”对话框。

单击 未指定 后面的□。

命令行提示：选择自动生成系统图的所有平面图管线〈退出〉：

框选底层给排水平面图后单击 <Enter> 键。

命令行提示：请点取基点（必须是连接各楼层的立管）〈退出〉：

点选任意一个排水立管中心，将标准层数指定为 4，出现如图 6-30 所示的对话框。

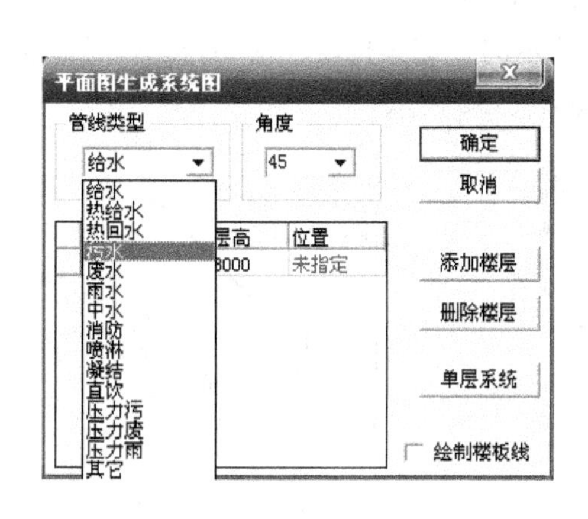

图　6-29

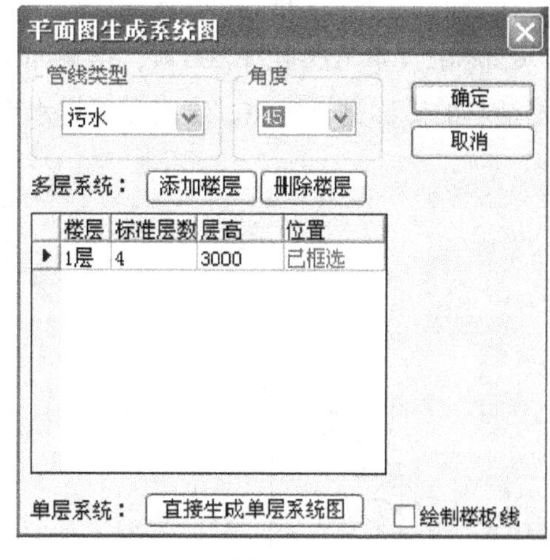

图　6-30

② 单击 确定 按钮。

命令行提示：请点取系统图位置〈退出〉：

在空白处任意点取一点即可。

命令结束后，得到由平面图生成的污水系统图，生成系统图后，用 CAD 命令稍加修改。

2. 系统绘制工具

(1) 通气帽

① 鼠标单击主菜单▾ 系　统 中的 通气帽 后，命令行提示：请选择需要插入通气帽的管线 <退出>：

可以单独点选或者是多根管线框选。

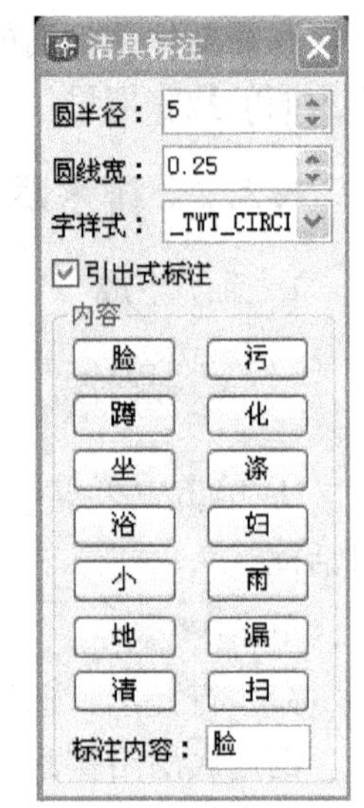

图 6-31 “洁具标注”对话框

② 选择完成后，命令行提示：请输入通气帽管长 <800>：

输入 700，单击 <Enter> 键。

③ 命令行提示：请点取尺寸线位置 <退出>：

通过鼠标点击给出尺寸线的方向。

（2）检查口

① 鼠标单击主菜单 系统 中的 检查口 后，命令行提示：请输入检查口距地面距离 <1000>：

输入 1000，单击 <Enter> 键。

② 命令行提示：请点取检查口所在地面位置 <退出>：

选取所要插入检查口的管线与地面楼板线的相交位置，系统会自动生成检查口。拖拽出标注尺寸线。

（3）洁具标注

在自动生成的排水系统图中可进行洁具的标注，单击 专业标注 菜单下的 标注洁具，出现如图 6-31 所示的“洁具标注”对话框，在对话框中选择洁具的简称进行标注。绘制完的排水系统图如图 6-32 所示。

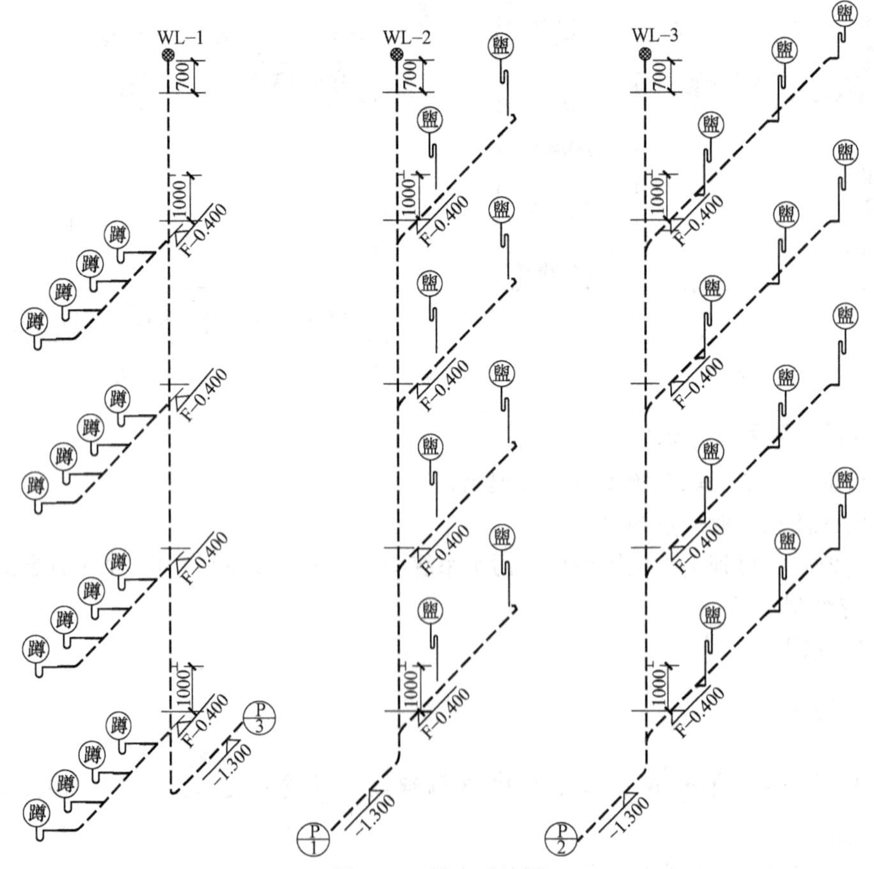

图 6-32 排水系统图

说明：

若系统图采用自绘的方式绘制，则可单击“系统”→“系统附件”，出现如图 6-33 所示的天正给排水图块对话框，可在系统图中插入各种系统附件。其中：

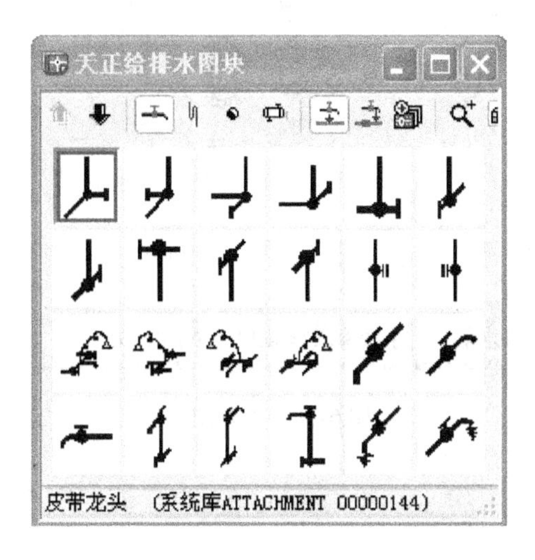

图 6-33　“天正给排水图块”对话框

点取 或 ，可上下翻页，查找图块。

点取 ，可插入、替换给水附件，如图 6-33 所示。

点取 ，可插入、替换排水附件，如图 6-34 所示。

点取 ，可插入、替换消防附件，如图 6-35 所示。

点取 ，可插入、替换设备附件，如图 6-36 所示。

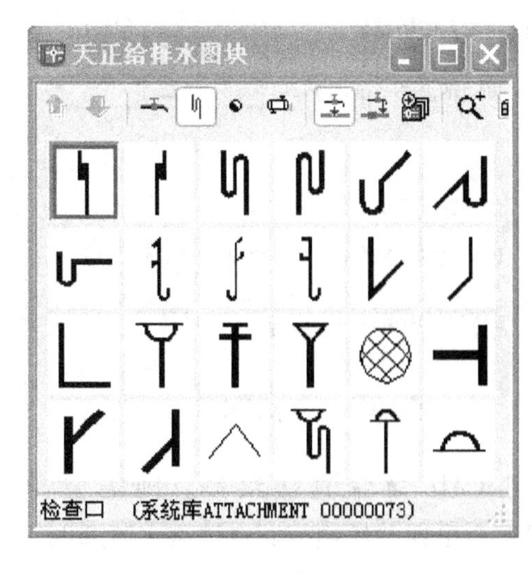

图 6-34　排水附件

图 6-35　消防附件

图6-36 设备附件

6.4 专业计算

6.4.1 给水计算

单击主菜单▼计 算中的给水计算后，系统会弹出如图6-37所示的“给水计算”对话框。

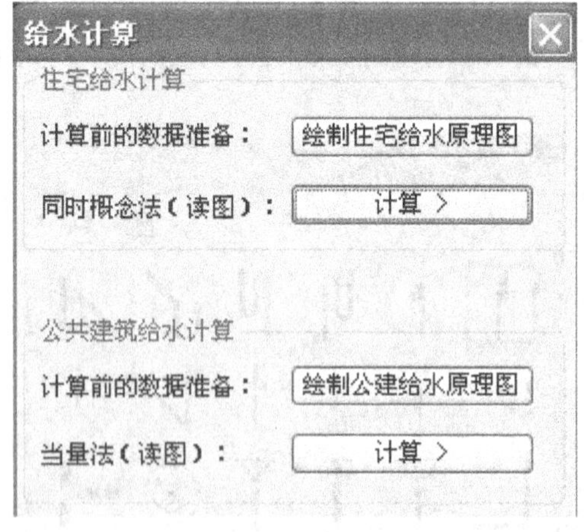

图6-37 “给水计算”对话框

给水计算分为住宅给水计算和公共建筑给水计算两部分。以公共建筑为例，如果系统图的绘制是用天正“系统生成”直接生成的，并且之前也进行了定义洁具的操作，则可以直接单击当量法(读图)：计算 >，命令提示行提示请选择给水总干管，此时在系统图中干管上单击鼠标左键，会出现如图6-38所示“公共建筑给水计算”对话框，在建筑类型里面选择本图中的“学校”，计算模式中选择初算，如需要出word计算书可单击出计算书，单击退出后即可将管径标于给水系统图中。

如果系统图不是用天正绘制的，而是用CAD命令直接绘制，则需要单击绘制公建给水原理图按钮，先绘制出给水原理图，屏幕会出现“绘制公共建筑给水原理图”对话框，可以修改接管标高、接管长度、管材等参数，可以定义楼层情况，如本图给水立管1

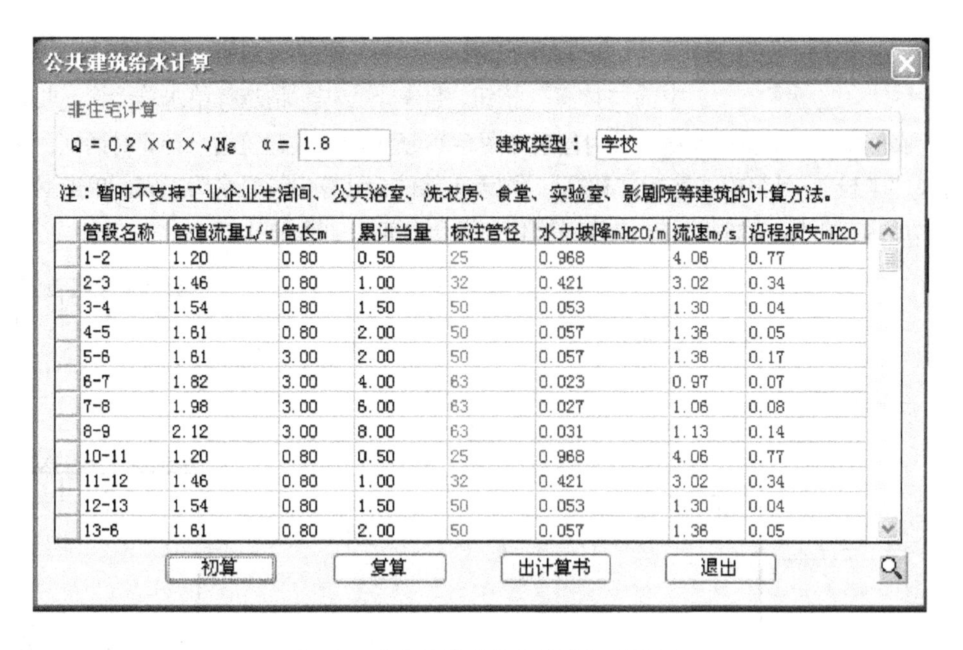

管段名称	管道流量L/s	管长m	累计当量	标注管径	水力坡降mH20/m	流速m/s	沿程损失mH20
1-2	1.20	0.80	0.50	25	0.968	4.06	0.77
2-3	1.46	0.80	1.00	32	0.421	3.02	0.34
3-4	1.54	0.80	1.50	50	0.053	1.30	0.04
4-5	1.61	0.80	2.00	50	0.057	1.36	0.05
5-6	1.61	3.00	2.00	50	0.057	1.36	0.17
6-7	1.82	3.00	4.00	63	0.023	0.97	0.07
7-8	1.98	3.00	6.00	63	0.027	1.06	0.08
8-9	2.12	3.00	8.00	63	0.031	1.13	0.14
10-11	1.20	0.80	0.50	25	0.968	4.06	0.77
11-12	1.46	0.80	1.00	32	0.421	3.02	0.34
12-13	1.54	0.80	1.50	50	0.053	1.30	0.04
13-6	1.61	0.80	2.00	50	0.057	1.36	0.05

图6-38　“公共建筑给水计算”对话框

的标准层数为4，层高为3000，卫生器具为大便器（延时自闭式冲洗阀），数量为4个，当量为6.0，额定流量为1.20L/s，如图6-39所示。

输完之后单击确定按钮，则可绘制出给水原理图，如图6-40所示。

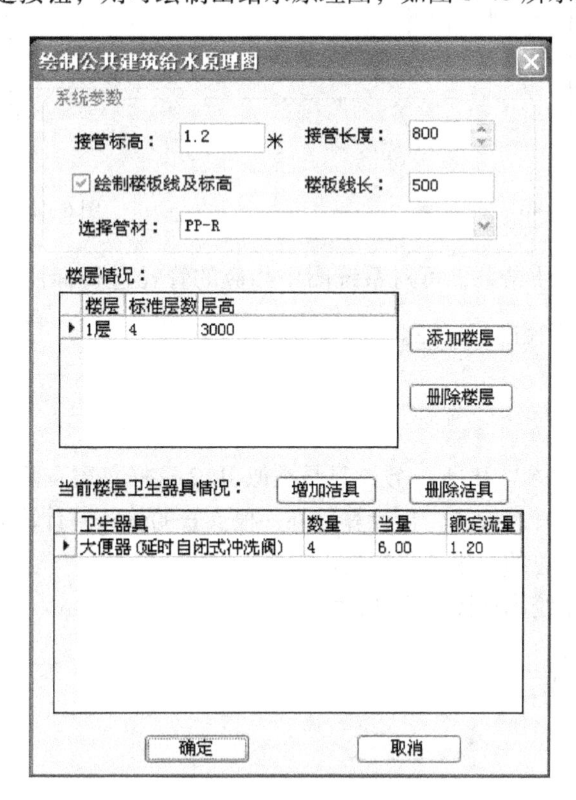

图6-39　“绘制公共建筑给水原理图”对话框

绘完原理图之后再次单击 给水计算 工具，在公共建筑给水计算中单击 当量法(读图)： 计算 > 中的“计算”按钮，屏幕下方提示请选择给水总干管，此时在原理图中立管底部单击一下鼠标左键，此时出现如图6-38 所示的公共建筑给水计算对话框，在建筑类型中选择“学校”，计算模式选择“初算”，则天正软件会计算出管径水头损失，单击退出，此时会看到天正软件在刚才绘制的展开图中将管径标注在上面，如图6-41 所示。

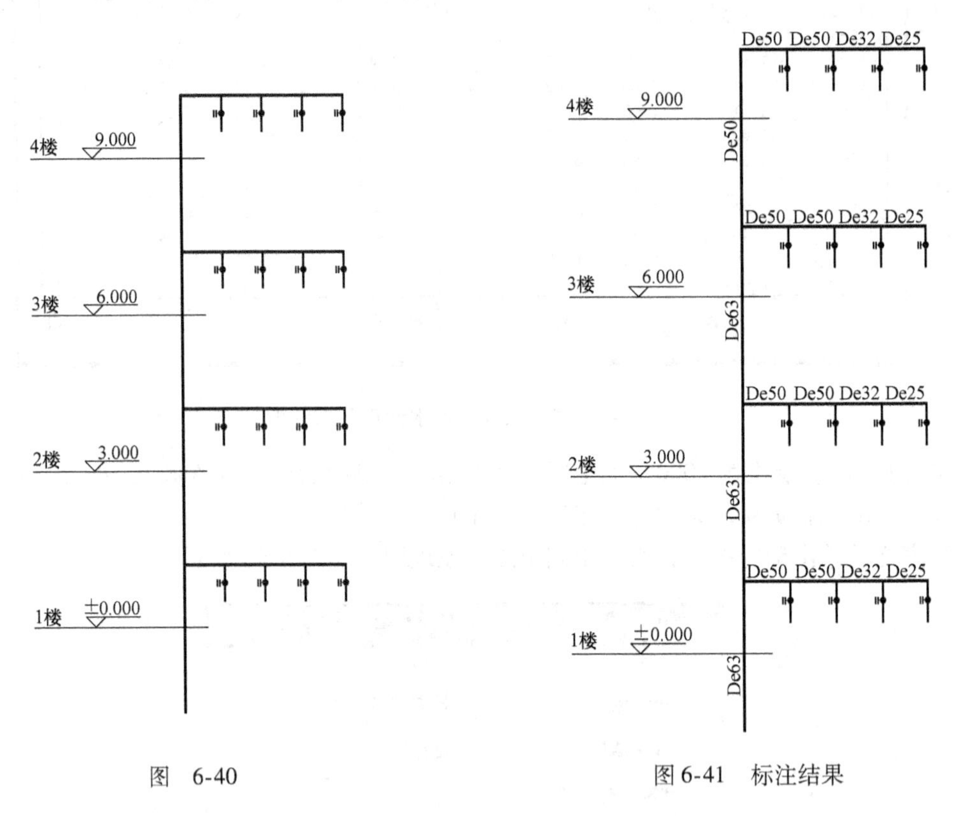

图 6-40

图6-41 标注结果

对照原理图中的标注结果，可对系统图中相应的管径进行标注。单击 专业标注 下面的 DN 单管管径，可对管径进行标注。

提示：

JL-2 的计算方法大体与 JL-1 一致，只是类似 JL-2 这样每层有两个支管的立管，可以先用天正计算其中一根支管的管径，再计算另外一根支管的管径，计算立管管径的时候每层卫生器具应输入两根支管总的卫生器具当量。

标注完成的给水系统图如图 6-42 所示。

6.4.2 排水计算

排水计算与给水计算方法类似，如果排水系统图是用天正直接生成的，所有的卫生器具

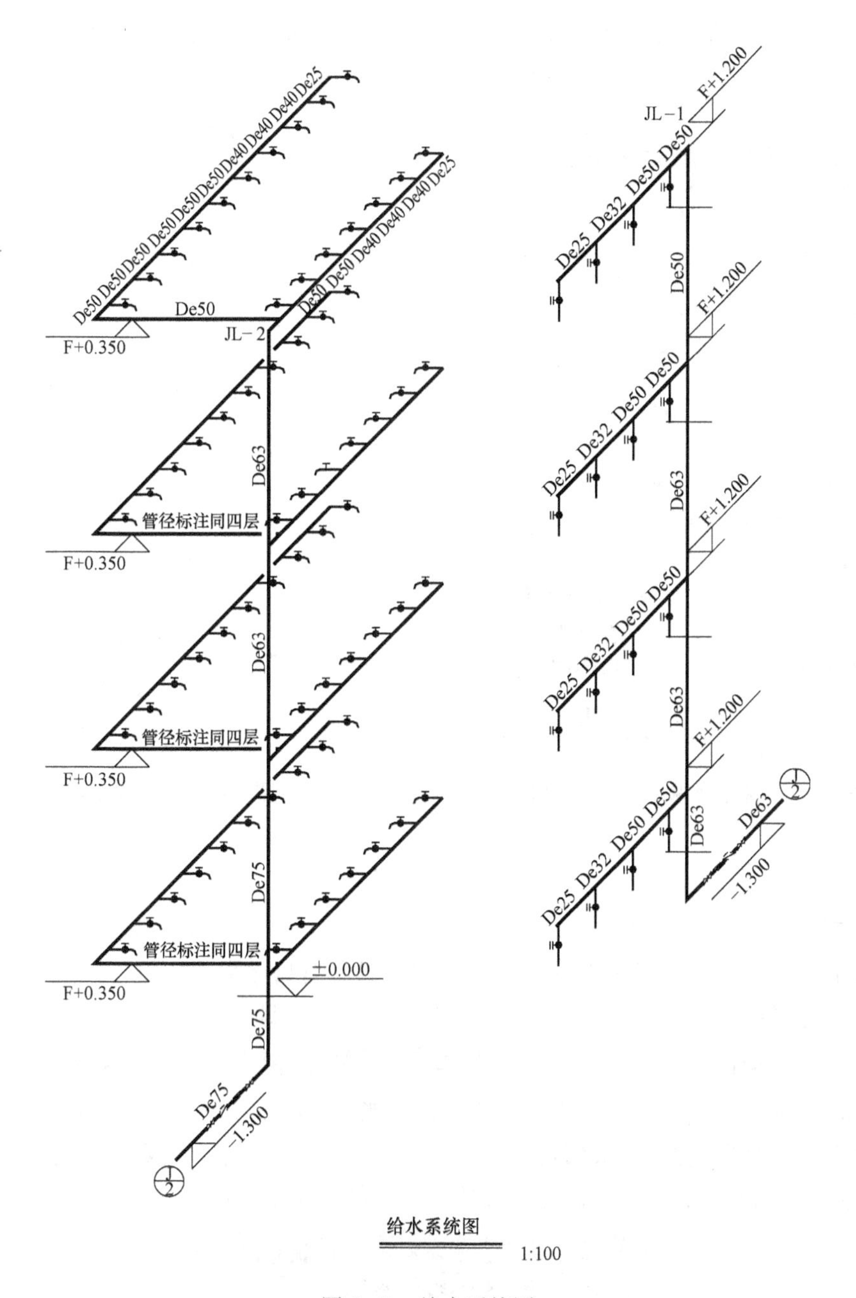

图 6-42　给水系统图

也已经定义过，那么用鼠标单击 计　算 中的 排水计算，命令提示行提示“请选择排水出口管”，单击排水排出管，则天正可以自动计算出管径并将其标注于绘制好的排水系统图中。

如果排水系统图是直接用 CAD 绘制的，则需要先绘制排水原理图，单击主菜单 计　算 中的 排水原理 后，系统会弹出“绘制污水展开图”对话框。可以修改层高、楼层数、标高、接管长度、楼板线长、方向、末端样式、定义每层当量及流量等参数，如图 6-43 所示。

单击“确定”按钮，命令提示行提示：请点取系统图位置〈退出〉→在空白处任意点取一点即可。命令结束后，得到污水系统原理图，如图 6-44 所示。

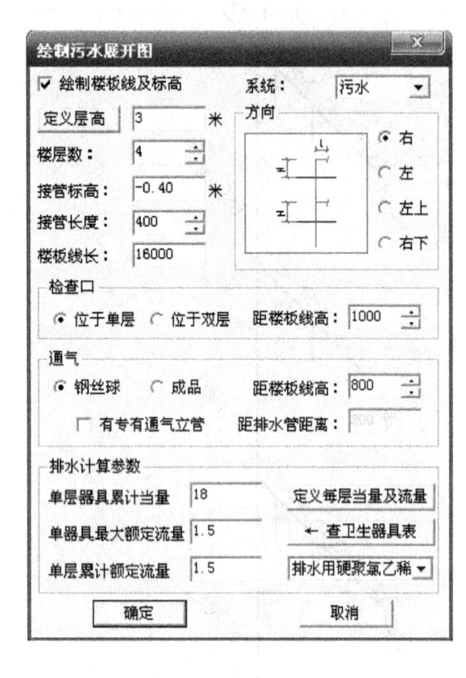

图 6-43 “绘制污水展开图”对话框

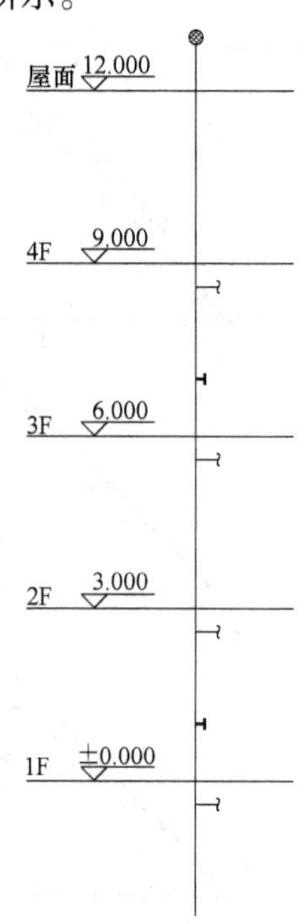

图 6-44 污水系统原理图

[排水计算参数] 确定排水当量、额定流量、计算管材参数。

① 如果每层计算参数相同，只需在编辑栏中输入数据即可。

② 当每层不同时，需要点击 **定义每层当量及流量** 按钮进入 [定义各楼层当量] 对话框，如图 6-45 所示，点击当量值后面的按钮，就能调出图 6-46 所示的对话框。

③ 进入“卫生器具给/排水额定流量/当量”表（图 6-46），只要双击表中所需的排水洁具，就能计算出当量、流量总值并从中选出最大洁具额定流量。

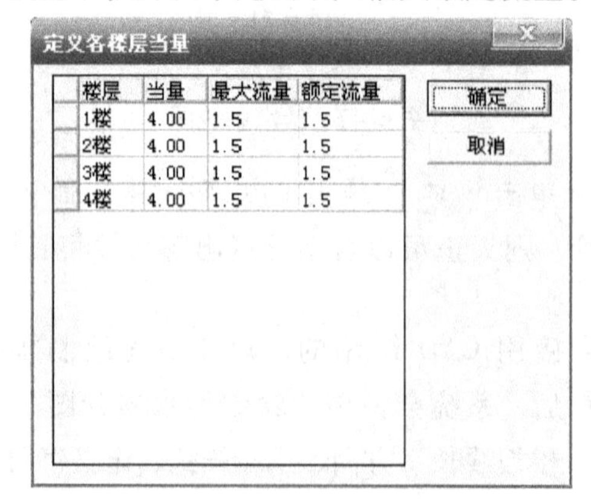

图 6-45 “定义楼层当量”对话框

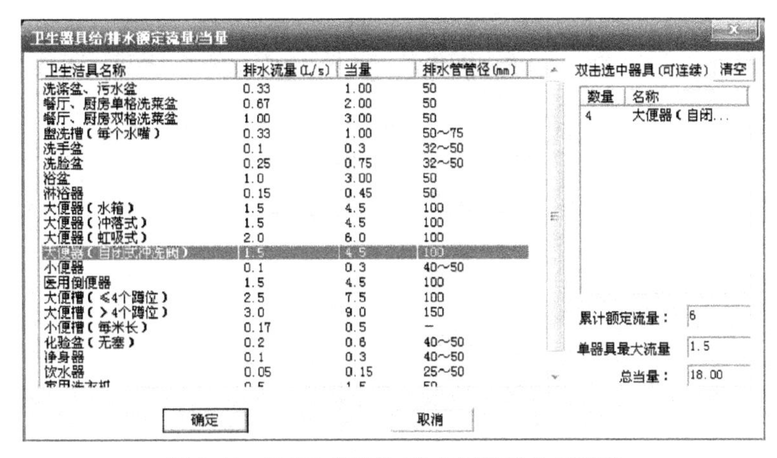

图 6-46　“卫生器具给/排水额定流量/当量”

鼠标单击主菜单 计　算 中的 排水计算，命令提示行提示：请选择排水出口管 <退出>，选择排水原理图的排水出口，将弹出“排水计算”对话框，选择 α 系数和通气管类型后进行计算、完成管径标注，如图 6-47 所示。

排水计算

计算公式

$Q = 0.12 \times \alpha \times \sqrt{Ng} + Qmax$　　α = 2.0　?　通气管类型：仅有伸顶通气管

注：暂时不支持工业企业生活间、公共浴室、洗衣房、食堂、实验室、影剧院等建筑的计算方法。

编号	管类型	管径mm	当量	最大流量	额定流量	计算流量	坡度‰	流速m/s	充满度
1-2	立管	50	0.00	0.00	0.00	0.00	0.0000	0.000	0.00
2-3	立管	50	0.00	0.00	0.00	0.00	0.0000	0.000	0.00
3-4	立管	110	18.00	1.50	1.50	1.50	0.0000	0.000	0.00
4-5	立管	110	36.00	1.50	3.00	2.58	0.0000	0.000	0.00
5-6	立管	110	54.00	1.50	4.50	2.82	0.0000	0.000	0.00
6-7	立管	110	72.00	1.50	6.00	3.03	0.0000	0.000	0.00
8-3	横管	110	18.00	1.50	1.50	1.50	0.0260	1.530	0.24
9-4	横管	110	18.00	1.50	1.50	1.50	0.0260	1.530	0.24
10-5	横管	110	18.00	1.50	1.50	1.50	0.0260	1.530	0.24
11-6	横管	110	18.00	1.50	1.50	1.50	0.0260	1.530	0.24

计算书　标注 <　计算　退出

图 6-47　“排水计算”对话框

单击此对话框中的“标注”按钮，程序将根据计算各管段的流量、流速等参数，自动配管，并标出各个管段的管径，如图 6-48 所示。

对照原理图中的标注结果，可对系统图中相应的管径进行标注。单击 专业标注 下面的 DN 单管管径，可对管径进行标注。

提 示：

WL-2、WL-3 的计算方法与上述 WL-1 方法一样。

标注完成的排水系统图如图 6-49 所示。

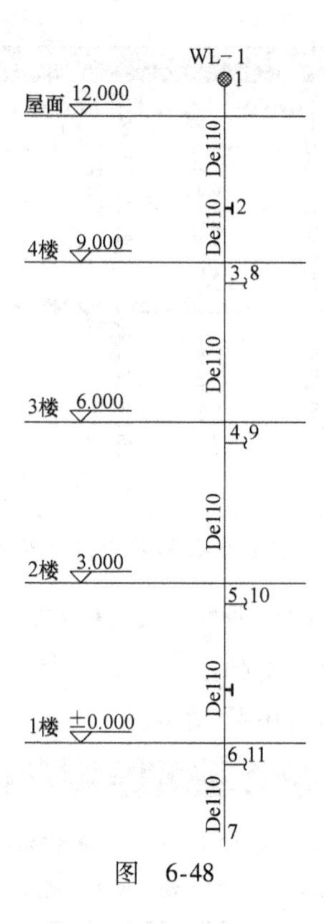

图 6-48

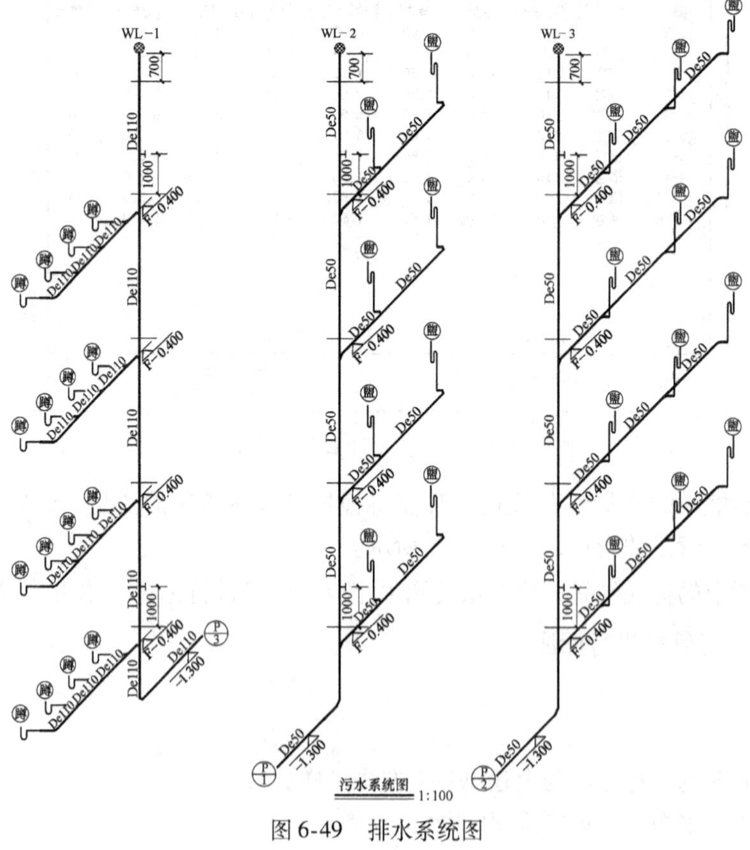

图6-49 排水系统图

6.5　平面消防

6.5.1　布置消火栓

单击 平面消防 菜单下面的 布消火栓 ，出现“平面消火栓”对话框，如图 6-50 所示，选择样式和尺寸，输入距墙距离，然后在平面图中合适的位置布置消火栓，再按照前述布置立管的方法布置消防立管，如图 6-51。

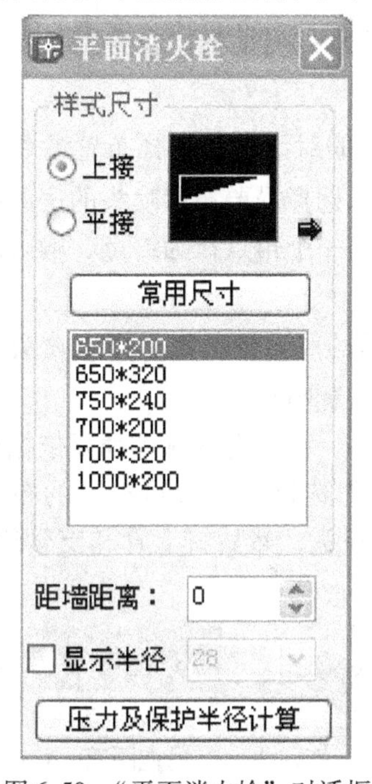

图 6-50　“平面消火栓”对话框

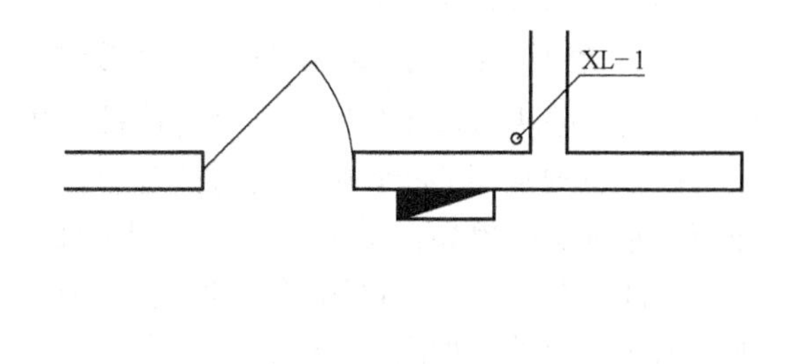

图 6-51　布置消火栓

6.5.2　连接消火栓

单击 平面消防 下面的 连消火栓，命令提示行提示“选择消防立管”，选中 XL-1，提示“请输入支管标高（1.1m）”，直接单击 <Enter> 键按照默认的 1.1m，提示“选取管线下一点”，在合适的位置单击鼠标左键，最后再点一点确定支管的位置，如图 6-52 所示。

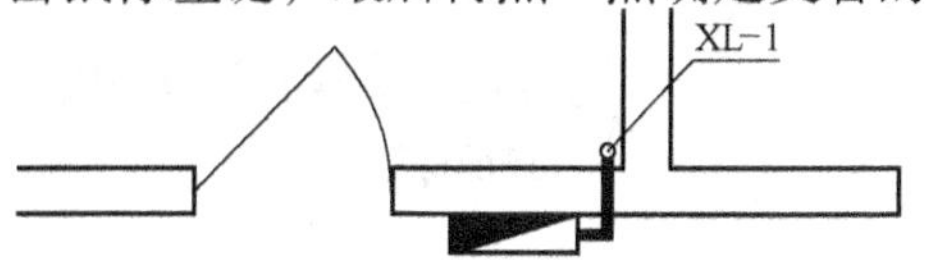

图 6-52　管连消火栓

6.5.3 布置喷头

天正给排水提供多种布置喷头的形式，单击 平面消防 菜单，可看到有 任意喷头 交点喷头 直线喷头 弧线喷头 矩形喷头 扇形喷头 等距喷头 几种布置喷头的方式，这里介绍三种常用的布置形式。

① 任意喷头：单击 任意喷头，出现如图 6-53 所示的对话框，在给定了布置方式及喷头形式以后，可在图中任意位置布置喷头。

② 矩形喷头：单击 矩形喷头，出现如图 6-54 所示的对话框，选择布置参数、接管方式及喷头形式后，命令提示行提示选择起始点，此时可以选择需要布置喷头的房间的一个角点，然后提示输入终点，可以选择房间跟起始点相对的另一个角点作为终点，输入之后则按照所选的参数进行布置。

③ 等距喷头：单击 等距喷头，出现如图 6-55 所示的对话框，此时指定喷头之间的间距以及起始喷头跟墙角的距离，则可以按照指定的距离布置喷头。

以上三种常用的布置喷头的方式都有自己的适用范围，具体选择哪一种要依据建筑的平面情况来确定。例如在学生宿舍平面图上布置喷头，可先选择“矩形喷头”的布置方式在每个房间内布置喷头，再用“任意喷头”在走廊内布置喷头，然后将立管和支管绘制出来，再加入阀门附件，如图 6-56 所示。

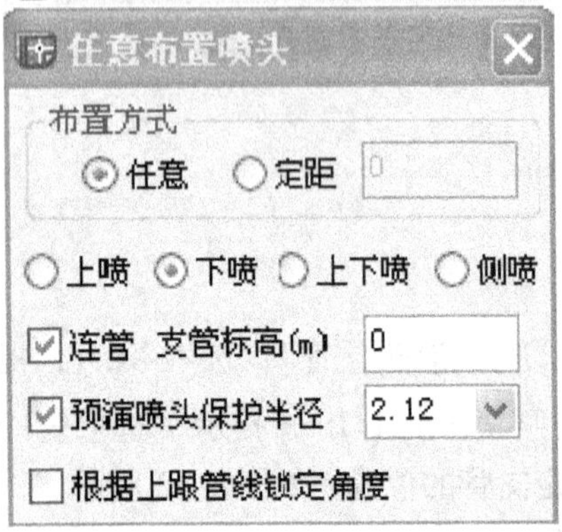

图 6-53 任意布置喷头

图 6-54 矩形布置喷头

图 6-55 等距布喷头

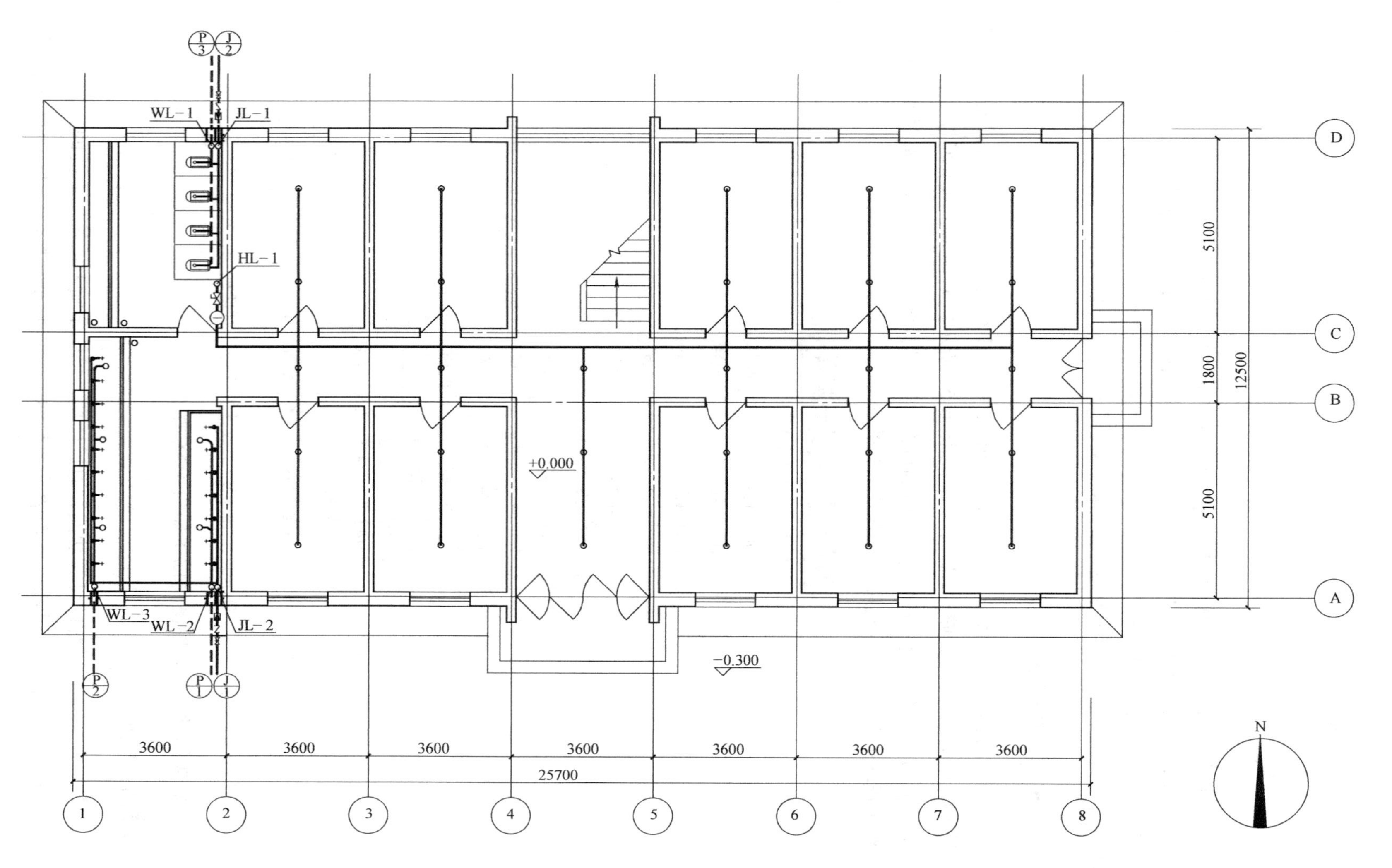

图 6-56　学生宿舍喷淋布置平面图

6.5.4 喷头尺寸

在布置完喷头之后，选择 平面消防 菜单下面的 喷头尺寸，命令提示行提示“请选取喷头（喷头要共线或共圆）”，此时可框选横向方向的一排喷头，之后，天正软件可自动将所选所有喷头之间的间距标于图中，依此方法可将纵向方向的喷头尺寸也标注出来。喷头与墙之间的间距要通过 尺寸标注 菜单下面的 逐点标注 来进行标注。

6.5.5 喷淋管径

在喷淋喷头及管线布置完之后，天正软件可自动进行喷淋管径的标注，单击 平面消防 菜单下面的 喷淋管径，出现如图6-57所示的对话框，选择危险等级之后单击【确定】按钮，命令提示行提示“请选择喷淋干管”，此时在喷淋干管起端单击鼠标左键，则天正软件会自动标注出喷淋支管及干管的管径。

根据喷头数计算管径

管径与喷头数对应关系

DN25 连接：1 个喷头
DN32 连接：2 个喷头
DN40 连接：3 个喷头
DN50 连接：8 个喷头
DN65 连接：12 个喷头
DN80 连接：32 个喷头
DN100连接：64 个喷头
DN125连接：80 个喷头
DN150连接：100 个喷头

○轻危险级 ⊙中危险级

恢复缺省设置

注：修改可记忆设置。
设置0个喷头，系统将跳过该管径。

☑考虑K

确定 取消

图6-57 “根据喷头数计算管径”对话框

标注完成的学生宿舍喷淋平面图如图6-58所示。

6.5.6 喷淋计算

天正软件提供喷淋系统的计算功能，通过计算，可确定喷淋系统所需要的压力，减少了手工计算的繁琐。单击 平面消防 下面的 喷淋计算，命令提示行提示“请选择喷淋主干管”，

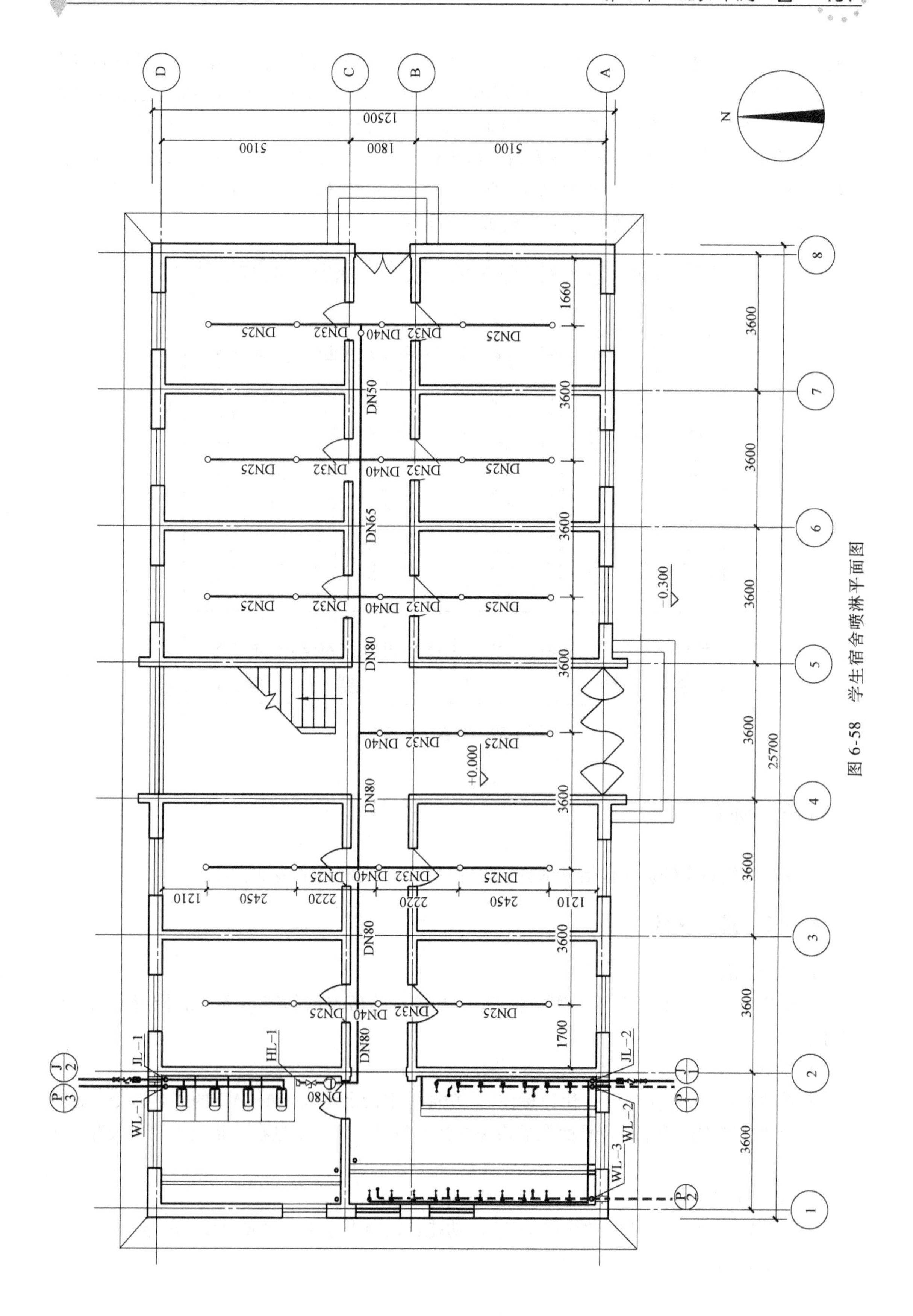

图 6-58　学生宿舍喷淋平面图

此时在主干管上单击鼠标左键，提示“输入起始编号（1）”，接下来平面图中的最不利点会变成一个红叉，以最不利点为起点框选作用面积，在移动鼠标拉框的过程中屏幕会提示面积的大小，当面积大小为作用面积（如 160m^2）的时候单击鼠标左键确定，此时天正软件会自动生成如图 6-59 所示的喷淋计算表格。从表格中可以看到喷淋的总流量以及入口压力，可以按照这些参数选择喷淋泵等设备。如需要 word 格式的喷淋计算书，可单击 计算书 按钮，则可自动生成 word 格式的计算书。

喷洒计算

默认特性系数K：80

计算模式

○入口压力（米水柱） 20　◉最不利喷头压力 5

☑当量长度仅考虑水流情况

管段名称	起点压力	流量L/s	管长(m)	当量	管径(mm)	特性K	水力坡降	流速m/s	损失mH2O	终点压
1-2	5.00	0.94	2.45	0.80	25	默认	0.38	1.77	1.25	6.25
2-3	6.25	1.99	2.22	2.10	32	默认	0.37	2.10	1.60	7.85
3-4	7.85	3.17	0.53	2.70	40	默认	0.45	2.52	1.44	9.30
12-13	6.07	1.04	2.45	0.80	25	默认	0.47	1.95	1.52	7.59
13-4	7.59	2.19	1.69	2.10	32	默认	0.45	2.31	1.71	9.30
4-5	9.30	5.36	3.60	3.60	50	默认	0.32	2.52	2.29	11.59
14-15	6.17	1.04	2.45	0.80	25	默认	0.48	1.97	1.54	7.72
15-16	7.72	2.21	2.22	2.10	32	默认	0.46	2.33	1.98	9.69
16-5	9.69	3.52	0.53	2.90	40	默认	0.55	2.80	1.89	11.58
17-18	7.49	1.15	2.45	0.80	25	默认	0.58	2.17	1.87	9.36
18-5	9.36	2.43	1.69	2.30	32	默认	0.56	2.57	2.22	11.58
5-6	11.59	11.31	3.60	4.30	65	默认	0.37	3.21	2.92	14.51
19-20	7.70	1.17	2.45	0.80	25	默认	0.59	2.19	1.93	9.62
20-21	9.62	2.47	2.22	2.10	32	默认	0.57	2.60	2.47	12.09
21-6	12.09	3.93	0.53	3.00	40	默认	0.69	3.13	2.42	14.51

计算结果

所选作用面积m2 160.54　总流量L/s 29.91　平均喷水强度 11.18　入口压力（米水柱）36.98

计算表　计算书　复算　退出

图 6-59　喷洒计算表格

6.6　标注

天正软件给排水的标注包括三部分：尺寸标注、符号标注和专业标注。

6.6.1　尺寸标注

1. 逐点标注

菜单位置：“尺寸标注”→“逐点标注”。功能：为所点取的若干个点沿指定方向标注尺寸。

2. 快速标注

菜单位置：“尺寸标注”→“快速标注”。功能：本命令类似 AutoCAD 的同名命令，适用于天正对象，特别适用于选取平面图后快速标注外包尺寸线，不过在非正交外墙角处存在少量误差。

3. 半径标注

菜单位置：“尺寸标注”→“半径标注”。功能：在图中标注弧线或圆弧墙的半径。

4. 取消尺寸

菜单位置："尺寸标注"→"取消尺寸"。功能：本命令删除天正软件标注对象中指定的尺寸线区间。

5. 尺寸打断

菜单位置："尺寸标注"→"尺寸打断"。功能：本命令把整体的天正软件自定义尺寸标注对象在指定的尺寸界限上打断，成为两段互相独立的尺寸标注对象。

6.6.2　符号标注

1. 箭头引注

菜单位置："专业标注"→"箭头引注"。功能：本命令绘制带有箭头的引出标注，文字可从线端标注也可以从线上标注，引线可以转折多次，用于楼梯方向线等。对话框如图6-60所示。

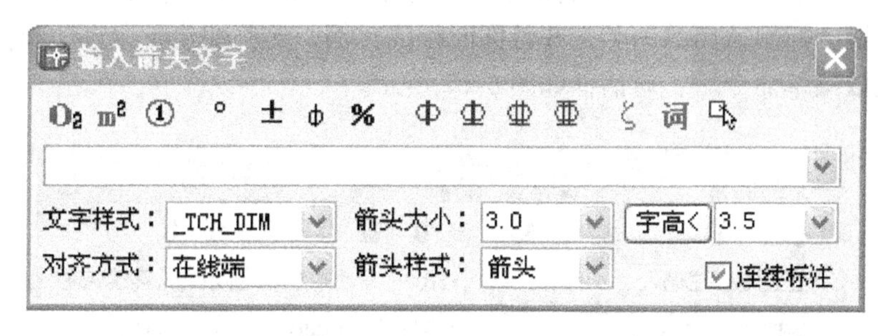

图 6-60　"输入箭头文字"对话框

2. 引出标注

菜单位置："专业标注"→"箭头引注"。功能：本命令可用于对多个标注点进行说明性的文字标注，自动按端点对齐文字，具有拖动自动跟随的特性。点取菜单命令后显示对话框，如图 6-61 所示，功能说明如下：

"上标注文字"：把文字内容标注在引出线上。

"下标注文字"：把文字内容标注在引出线下。

"箭头样式"：下拉列表中包括"箭头"、"点"、"十字"和"无"四项，用户可任选一项指定箭头的形式。

"字高 <"：以最终出图的尺寸（mm）设定字的高度，也可以从图上量取。

"文字样式"：设定用于引出标注的文字样式。

引出标注文字

上标注文字：

下标注文字：

文字样式：_TCH_DIM　字高<　3.5　固定角度　45

箭头样式：点　箭头大小：3.0　连续标注

图 6-61　"引出标注文字"对话框

3. 多线引出

菜单位置："专业标注"→"多线引出"。功能：本命令用于在施工图样上标注工程材料的做法。

4. 画指北针

菜单位置："专业标注"→"画指北针"。功能：本命令用于在图上绘制一个国标规定的指北针符号。

5. 加折断线

菜单位置："专业标注"→"加折断线"。功能：本命令以自定义对象在图中加入折断线，形式符合制图规范的要求，并可以依照当前比例，选择对象更新其大小。

6. 图名标注

菜单位置："专业标注"→"图名标注"。功能：一个图形中绘有多个图形或详图时，需要在每个图形下方标出该图的图名，并且同时标注比例，比例变化时会自动调整其中文字的合理大小。点取菜单命令后，对话框如图 6-62 所示。

图 6-62 "图名标注"对话框

6.6.3 专业标注

1. 标注立管

菜单位置："专业标注"→"标注立管"。功能：对立管进行编号标注，也可在删除原有立管标注后，重新添加上新的标注。

2. 入户管号

菜单位置："专业标注"→"入户管号"。功能：标注管线的入户管号。执行命令后，系统将弹出如图 6-63 所示的对话框。

3. 管线文字

菜单位置："专业标注"→"管线文字"。功能：在管线上逐个或多选标注管线类型的文字；也可整体更改替换已标注的文字；管线被文字遮挡。

4. 单注标高

菜单位置："专业标注"→"单注标高"。功能：一次只标注一个标高，通常用于平面标高的标注。点取菜单命令后，显示对话框，如图 6-64 所示。

5. 连注标高

菜单位置："专业标注"→"连注标高"。功能：本命令适用于平面图的楼面标高与地坪标高标注，可标注绝对标高和相对标高，也可用于立、剖面图标注及楼面标高。

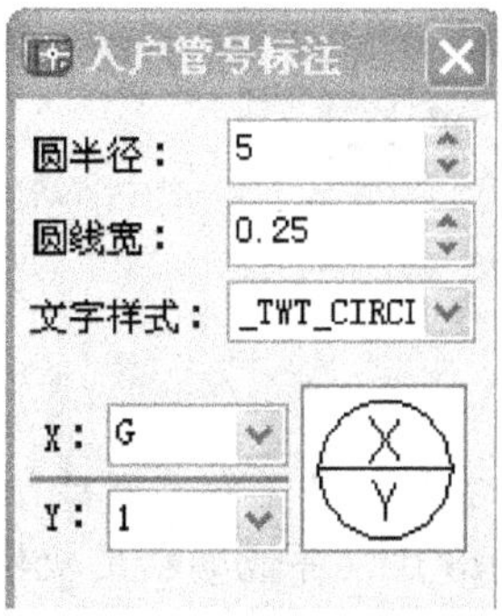

图 6-63　“入户管号标注”对话框

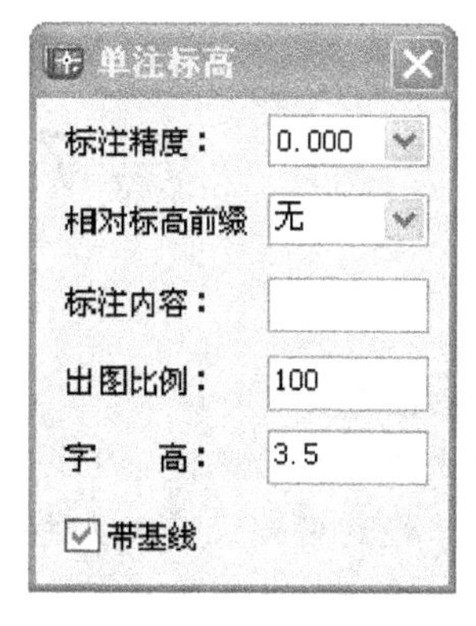

图 6-64　“单注标高”对话框

第 7 章　暖通施工图

【学习目标】

本章主要介绍天正暖通 THvac7.6 的基本功能。通过学习，要了解天正暖通软件的主要功能，掌握利用天正暖通软件绘制采暖及空调施工图的方法，并能够利用软件进行相关的计算。

7.1　概述

以 AutoCAD 2002 ~ 2008 为平台的天正暖通 THvac7.6 软件，是结合当前国内同类软件的特点，搜集大量设计单位对暖通软件的功能需求，向广大设计人员推出的全新智能化软件。在暖通专业设计领域中得到广泛的应用。软件绘图功能强大，操作简单，自动生成系统图，材料表统计，完成专业计算并导出计算书；采用智能化的自定义实体技术，管线和设备完全自动处理相互关系。

7.1.1　主要功能

1. 绘制建筑图

THvac 内嵌天正建筑软件 TArch，可绘制建筑平面图。

2. 绘制采暖图

绘制采暖平面图中有方便快捷的连接方式，如“立干连接”、“散立连接”、“散干连接”等均可实现自动连接。系统图既可通过平面的转换自动生成，亦可在没有平面图情况下利用各工具模块快速生成，系统图设计充分考虑目前的各种供暖系统形式，既可做轴测图，也可做原理图，生成标准立管。标注功能主要有标注管径、坡度、散热器、标高等。采暖管线中带有管径、标高等信息，双击鼠标可编辑修改。

3. 绘制空调管线

包括空调的风管设计、水系统设计、空调设备布置等功能。软件中提供了实用的精确定位，使管线设计一次到位，利用“设备连管”命令，可实现风管与风口、风机等设备的自动连接，提供专业的标注功能，标注管径、设备等工作，灵活方便。

4. 专业计算模块

根据最新设计规范的要求，能够从天正建筑图中自动提取建筑数据；对建筑冷、热负荷进行计算，结果输出详尽准确。此外，负荷中围护结构有材料库及构造库，空调焓湿图的计算功能合理。

5. 图库功能

包括图块入库、图库编辑、定义设备等功能，图库中收集了大量的专业图块信息。包括暖通阀门图块、暖通设备图块、空调风口图块、通风设备图块等。可以根据需要任意调用图库中的图块，同时可以对图块进行修改并存入用户图库中，以备以后使用。

6. 图库管理与图层控制

图库管理功能，可快速创建、修改、删除不同类别的图块，能实现批量入库；方便图库、图层操作，可对同一图元整体进行不同的操作。

7. 菜单与工具条

具有图标与文字菜单项的屏幕菜单，新式推拉式屏幕菜单支持鼠标滚轮滚动操作，层次清晰，最大级数不超过 3 级。智能化右键菜单，菜单编制格式向用户完全开放。特有的自定义工具条，用户可以随意生成个性化配置，并可定义各操作的简化命令，适合用户习惯。

8. 文字表格

用天正软件可方便地书写和修改中西文混合文字，可使组成天正文字样式的中西文字体有各自的宽高比例，方便地输入和变换文字的上下标，输入特殊字符。表格命令操作类似 Excel，并与其可实现导入、导出。

9. 在线帮助

"在线帮助"和"在线演示"功能可以令用户操作更容易。在操作中可随时查看帮助内容，并观看教学演示。同时提供常用的暖通工程设计规范，以 CHM 文件格式实现在线查询。

7.1.2　用户界面

天正暖通设计软件的工作界面如图 7-1 所示。

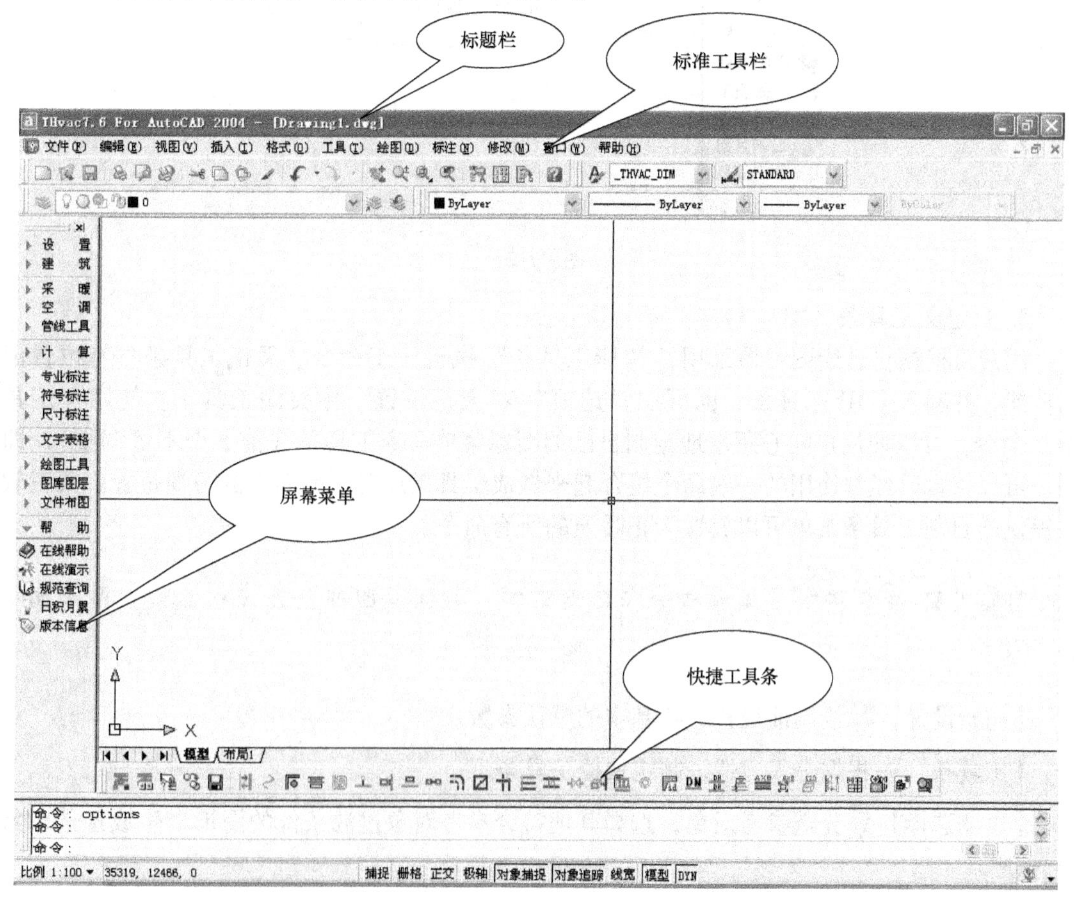

图 7-1　天正暖通设计软件的工作界面

1. 折叠式屏幕菜单（图 7-2）

屏幕的高度有限，在展开较长的菜单后，有些菜单项无法完全在屏幕可见，为此可用鼠标滚轮上下滚动菜单快速选取当前不可见的项目；天正软件屏幕菜单在 AutoCAD 2004～2007 下支持自动隐藏功能，在光标离开菜单后，菜单可自动隐藏为一个标题，光标进入标题后随即自动弹出菜单，节省了屏幕作图面积。

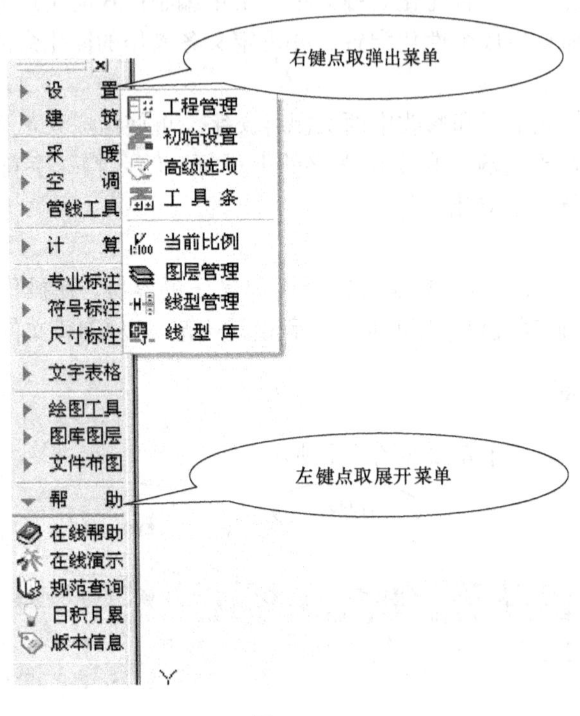

图 7-2

2. 自定义工具条（图 7-3）

用户可根据自己绘图习惯采用“快捷工具条”执行天正命令。天正工具条具有位置记忆功能，并融入 CAD 工具条。也可在“选项”→“天正设置”中关闭工具条。使用“工具条”命令，可以使用户随心所欲地定制自己的图标菜单命令工具条（前 5 个不可调整），即用户可以将自己经常使用的一些命令组合起来做成工具条放置于界面上的习惯位置。天正软件提供的自制工具条菜单可以放置天正暖通的所有命令。

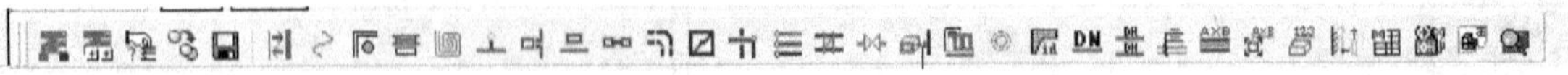

图 7-3

【初始设置】绘制前设置一些基本的默认参数。

【工具条】根据个人习惯，制定快捷工具条。

【过滤选择】先选参考对象，选择其他符合参考对象过滤条件的图形，生成预选对象选择集。

【天正拷贝】对 AutoCAD 对象与天正对象均起作用，能在复制对象之前对其进行旋

转、镜像、改插入点等编辑处理，而且默认为多重复制，十分方便。

【图形导出】将图档导出为天正软件各版本的 DWG 格式图或者各专业条件图，如果使用天正给排水、电气的同版本号时，不必进行版本转换，否则应选择导出低版本号，达到与低版本兼容的目的，本命令支持图纸空间布局的导出。下表给出了图纸提供方与接收方环境不同时，解决图纸交流的存盘方法（表 7-1）。

3. 热键

除了 AutoCAD 定义的热键外，天正补充了若干热键，以加速常用的操作，以下是常用热键定义与功能（表 7-2）：

表　7-1

接收环境	R15(2000～2002)	R16(2004～2006)	R17(2007 ～)
R14	另存 T3	另存 T3，再用 R2002 另存 R14	另存 T3
其他平台无插件	另存 T3	另存 T3	另存 T3
其他平台 T7 插件	直接保存	直接保存	直接保存

表　7-2

F1	AutoCAD 帮助文件的切换键
F2	屏幕的图形显示与文本显示的切换键
F3	对象捕捉开关
F6	状态行的绝对坐标与相对坐标的切换键
F7	屏幕的栅格点显示状态的切换键
F8	屏幕的光标正交状态的切换键
F9	屏幕的光标捕捉(光标模数)的开关键
F11	对象追踪的开关键
Ctrl +‘ +’	屏幕菜单的开关
Ctrl +‘ -’	文档标签的开关

7.2　上供下回单管跨越采暖施工图绘制

7.2.1　初始设置

操 作：

① 单击主菜单 设　置 中的 初始设置 ，屏幕上出现如图 7-4 所示的“选项”对话框。选择本对话框的“天正设置”图标，进入初始设置界面。利用此对话框可以对绘图时的一些默认值进行修改。

② 单击 管线系统设置 >> 按钮，弹出如图 7-5 所示的“管线样式设定”对话框。可以对管线颜色、线宽、线型（可自创新线型）、标注、管材、立管（双管）、图面绘制立管的半径大小进行初始设置，并可强制修改已画管线。

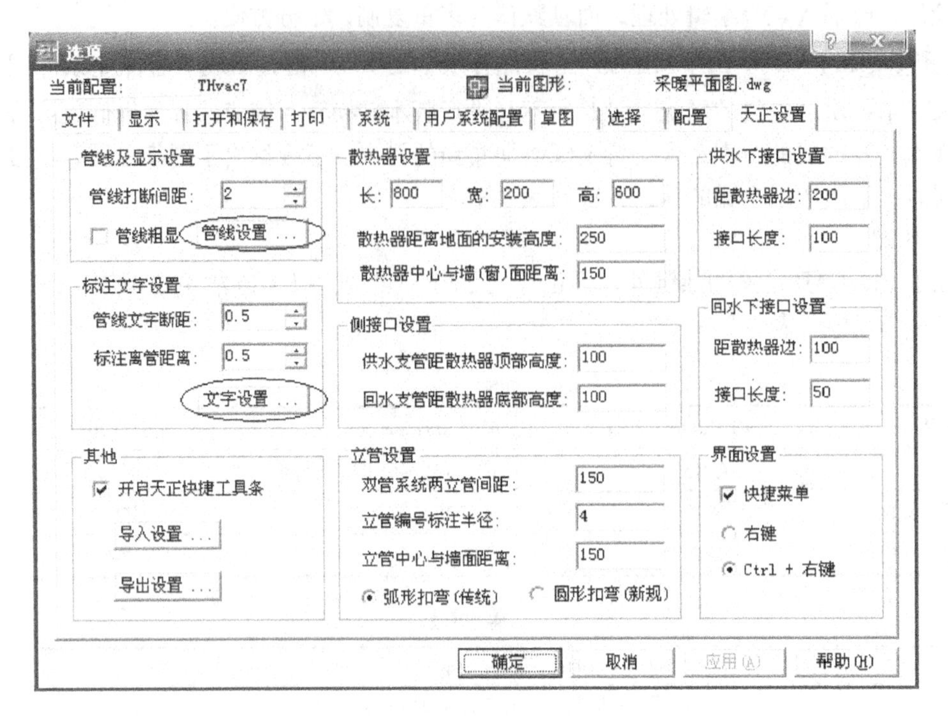

图 7-4 “选项”对话框

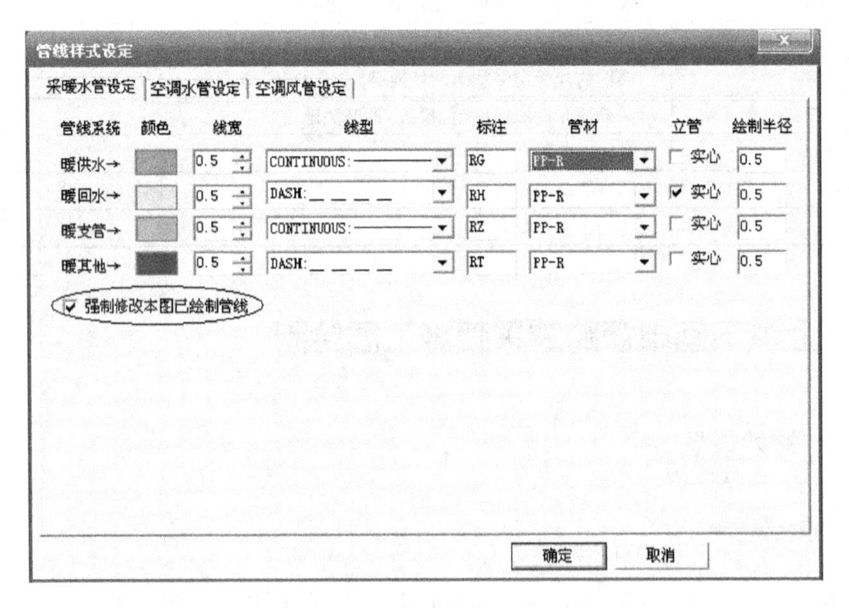

图 7-5 “管线样式设定”对话框

③ 单击 确定 ，关闭对话框。

④ 单击 标注文字设置 >> 弹出“标注文字设置”对话框，此对话框可以设置标注文字的样式、字高、宽高比。如图 7-6 所示。

⑤ 单击 确定 ，关闭对话框。

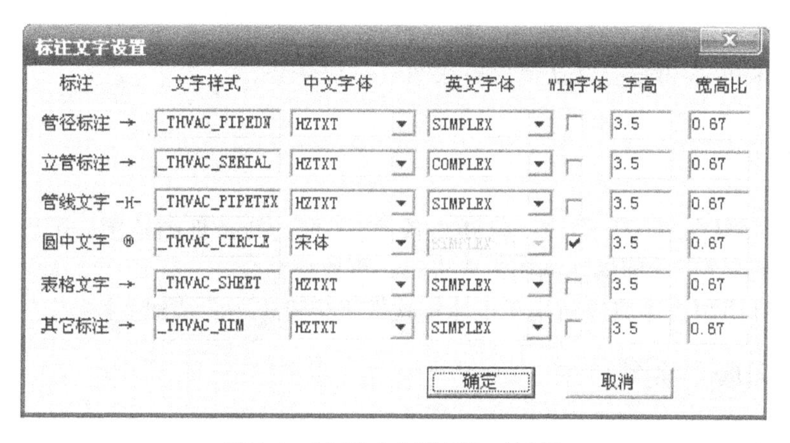

图 7-6　“标注文字设置”对话框

7.2.2　绘制建筑平面图

天正暖通提供了绘制基本建筑平面图的功能，单击 ▾ 建　筑 ，可看到绘制轴网、绘制墙体、绘制门窗、柱子等工具，可用来绘制基本的建筑条件图。对于设备专业的学生来说建筑平面图只是作为条件图由建筑专业的来提供，故此处不详细介绍此功能。

7.2.3　转条件图

① 单击主菜单“建筑”中的“转条件图”，弹出“转条件图”对话框。

② 勾选“转条件图”对话框中的选项，如图 7-7 所示。

③ 单击对话框中的 转条件图 。

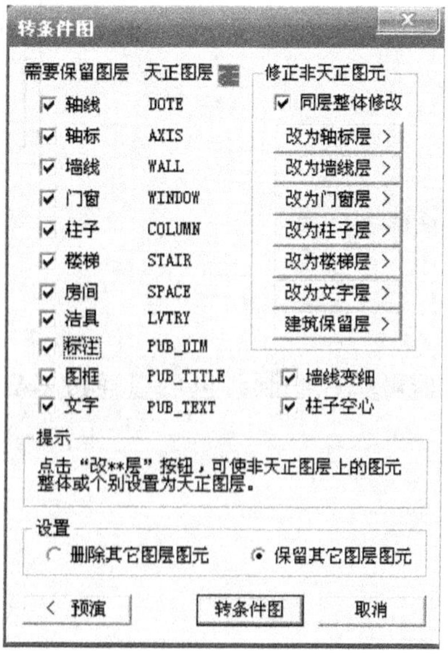

转条件图
需要保留图层　天正图层　修正非天正图元
☑ 轴线　DOTE　☑ 同层整体修改
☑ 轴标　AXIS　改为轴标层 >
☑ 墙线　WALL　改为墙线层 >
☑ 门窗　WINDOW　改为门窗层 >
☑ 柱子　COLUMN　改为柱子层 >
☑ 楼梯　STAIR　改为楼梯层 >
☑ 房间　SPACE　改为文字层 >
☑ 洁具　LVTRY　建筑保留层 >
☑ 标注　PUB_DIM
☑ 图框　PUB_TITLE　☑ 墙线变细
☑ 文字　PUB_TEXT　☑ 柱子空心
提示
点击“改**层”按钮，可使非天正图层上的图元整体或个别设置为天正图层。
设置
○ 删除其它图层图元　◉ 保留其它图层图元
< 预演　转条件图　取消

图 7-7　“转条件图”对话框

命令提示行提示：请选择建筑图范围〈整张图〉。

④ 单击 <Enter> 键接受默认值〈整张图〉结束命令。

说明：

① 不执行［转条件图］命令，打开［预演］，框选转条件图范围，可以清楚地看到转条件图后 DWG 格式图，能够达到用户要求时，再执行命令。

②［转条件图］命令只针对用天正建筑软件所绘建筑图的基础上执行。

7.2.4 采暖平面图

1. 布散热器

① 单击主菜单▾采　暖 中的 散热器 ，弹出“布置散热器”对话框，如图 7-8 所示。

② 命令行提示：请指定散热器的插入点〈退出〉→鼠标单击在要布置散热器的窗户下，

命令行提示：当前模式：［跨越式］，按〈S〉键更改为［顺流式］，或直接点取立管位置〈退出〉→鼠标单击在要布置立管的墙角附近→命令行提示：请点取标注点〈退出〉→用鼠标在空白处任意点取一点即可，如图 7-9 所示。

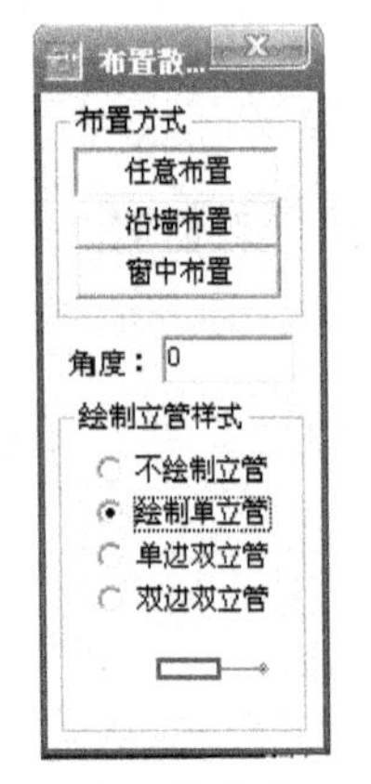

图 7-8 “布置散热器”对话框

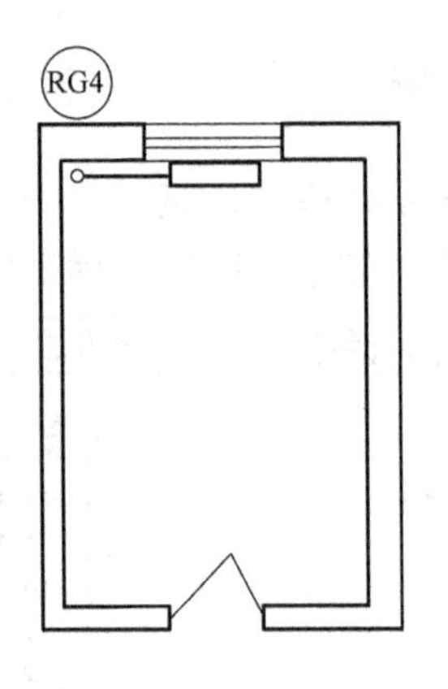

图 7-9 采暖平面图

标准层及顶层部分的散热器可单独绘制，也可以通过 CAD 复制命令来复制底层散热器至标准层、顶层来完成。

2. 采暖管线

(1) 采暖回水管

单击主菜单▾采　暖 中的 采暖管线 ，弹出“采暖管线”对话框。选择“回水干

管”如图 7-10 所示。

命令行提示：请点取起点［参考点（R)/距线（T)/两线（G)/墙角（C)］〈退出〉点取起始点后，命令行反复提示：请点取管线的终止点［参考点（R)/距线（T)/两线（G)/墙角（C)/轴锁度数［0 度(A)/30 度（S)/45 度（D)］/回退（U)］<结束>。

（2）采暖供水管

采暖供水管的绘制与采暖回水管的绘制方法一致，绘制管线前，先选取相应类别的管线、供水干管。

（3）采暖立管

单击主菜单 采　暖 中的 采暖立管，弹出“采暖立管”对话框，如图 7-11 所示。

命令行提示：请指定立管的插入点［参考点（R)/距线（T）两线（G)/调整供回管位置［逆（S)/顺（F)］〈退出〉→用鼠标在楼梯间选取一点即可，如图 7-12 所示。

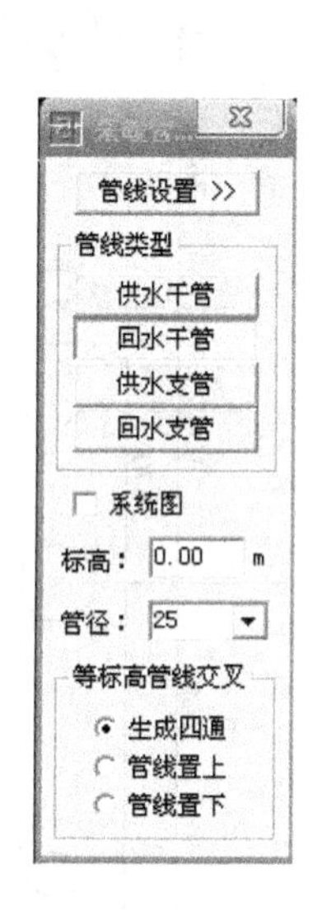

图 7-10　“采暖管线”对话框

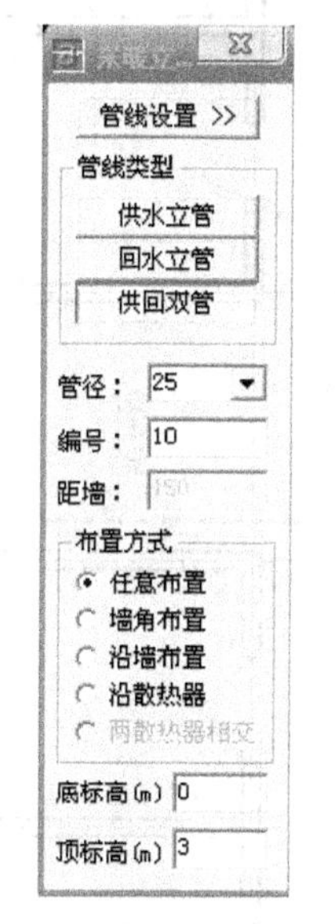

图 7-11　“采暖立管”对话框

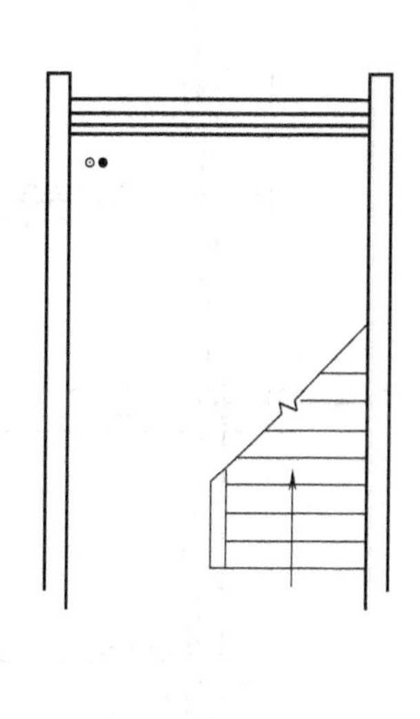

图 7-12　采暖平面图

（4）干立连接

完成立管与干管之间的连接。

单击主菜单 采　暖 中的 立干连接，点取命令后，命令行提示：请选择要连接的干管及附近的立管<退出>。

鼠标指针变为选择框，框选一层和顶层平面图，系统将干管与立管自动连接起来，如图 7-13 所示。

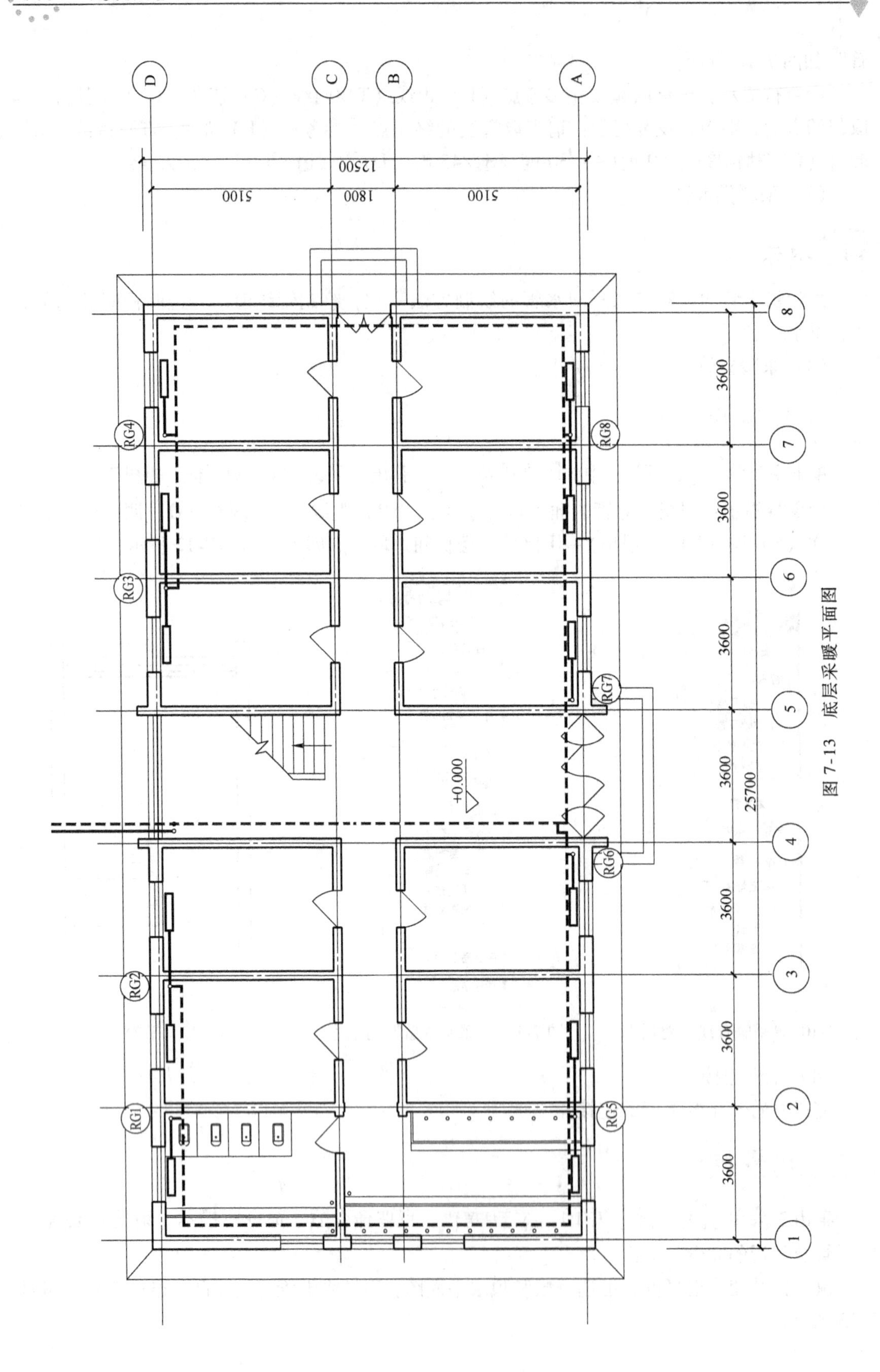

图 7-13 底层采暖平面图

3. 采暖阀件

在管线上插入平面或系统形式的阀门阀件。

操 作：

① 单击主菜单 采　暖 中的 采暖阀件，弹出如图 7-14 所示的对话框。

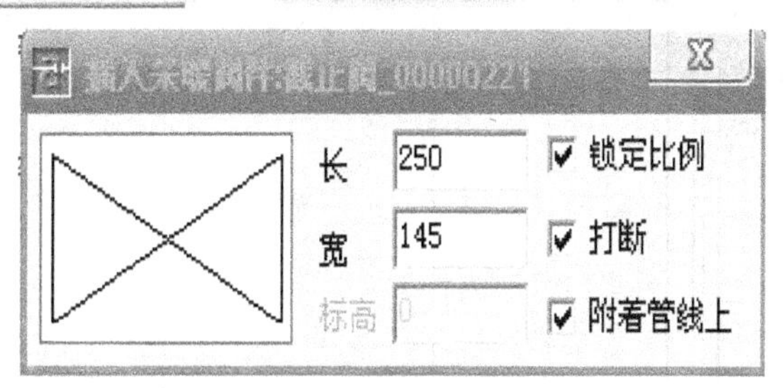

图 7-14　“采暖阀件”对话框

② 点采暖阀件的预览图，可调出水管平面阀门阀件的图库，如图 7-15 所示。

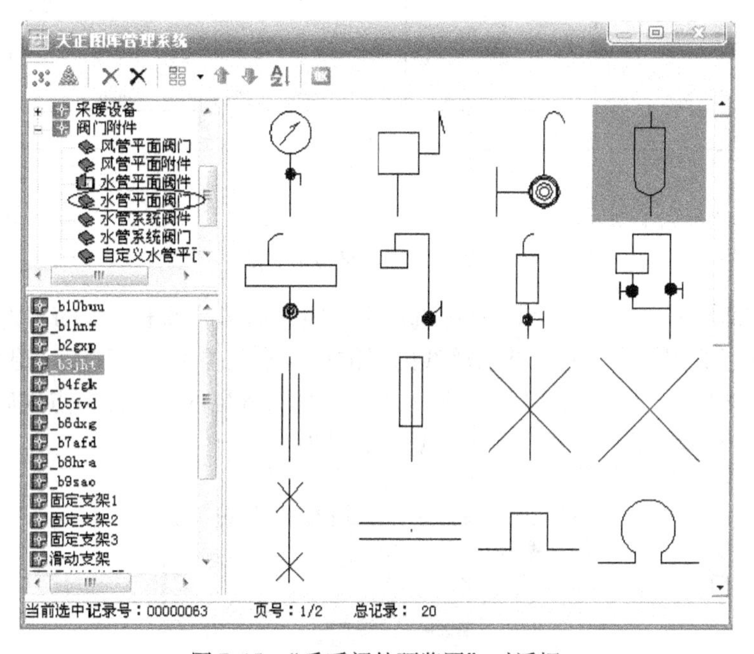

图 7-15　“采暖阀件预览图”对话框

③ 点取“水管平面阀门”，双击第一行第四列中的 ，命令行提示：请指定对象的插入点 {放大 [E]/缩小 [D]/左右翻转 [F]/上下翻转 [S]/换阀门 [C]} <退出>。

插入至供水干管末端，如图 7-16 所示。

7.2.5　采暖系统图

操 作：

① 单击主菜单 绘图工具 中的 生系统图，命令提示行提示：请选择自动生成系统

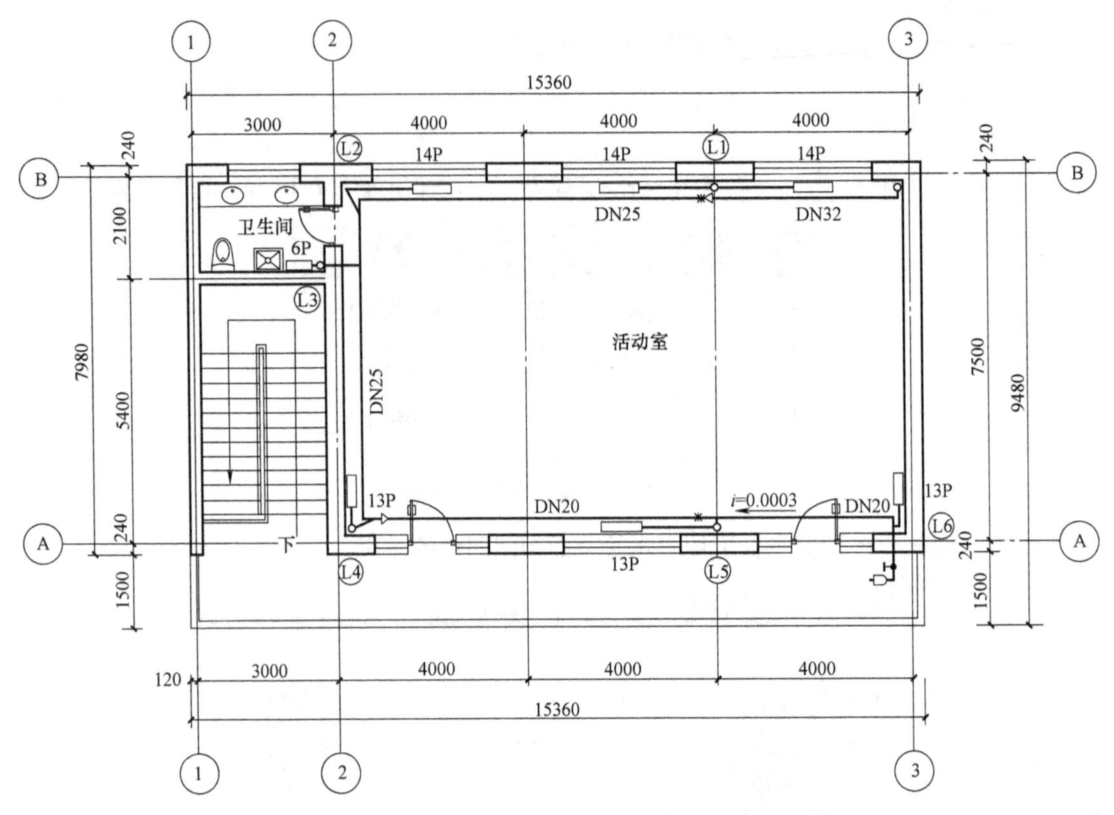

图 7-16 顶层采暖平面图

图的所有平面图管线〈退出〉→用鼠标框选所有采暖平面图后单击 <Enter> 键。

② 命令提示行提示：请点取各层管线的对准点｛输入参考点［R］｝〈退出〉：

可点取管线上任意一点或立管，或输入参考点作为各层的对齐点，点取后，系统会弹出“自动生成系统图”对话框，选取管线类型，如图 7-17 所示。

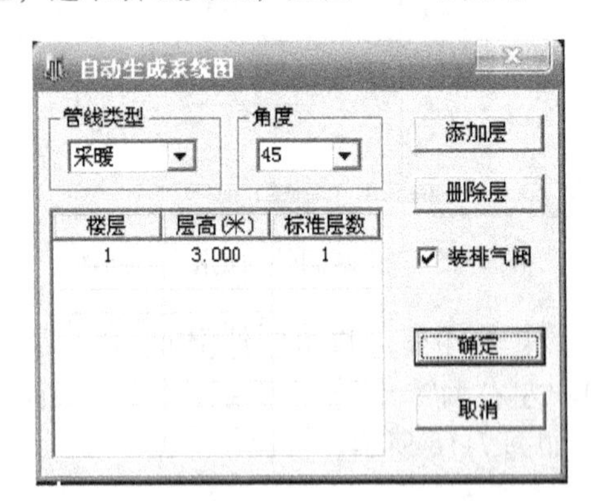

图 7-17 “自动生成系统图”对话框

③ 单击 确定 按钮。

命令提示行提示：请点取系统图位置〈退出〉→在空白处任意点取一点即可。

命令结束后，得到由平面图生成的采暖系统图，生成系统图后，用 CAD 命令稍加修改，如图 7-18 所示。

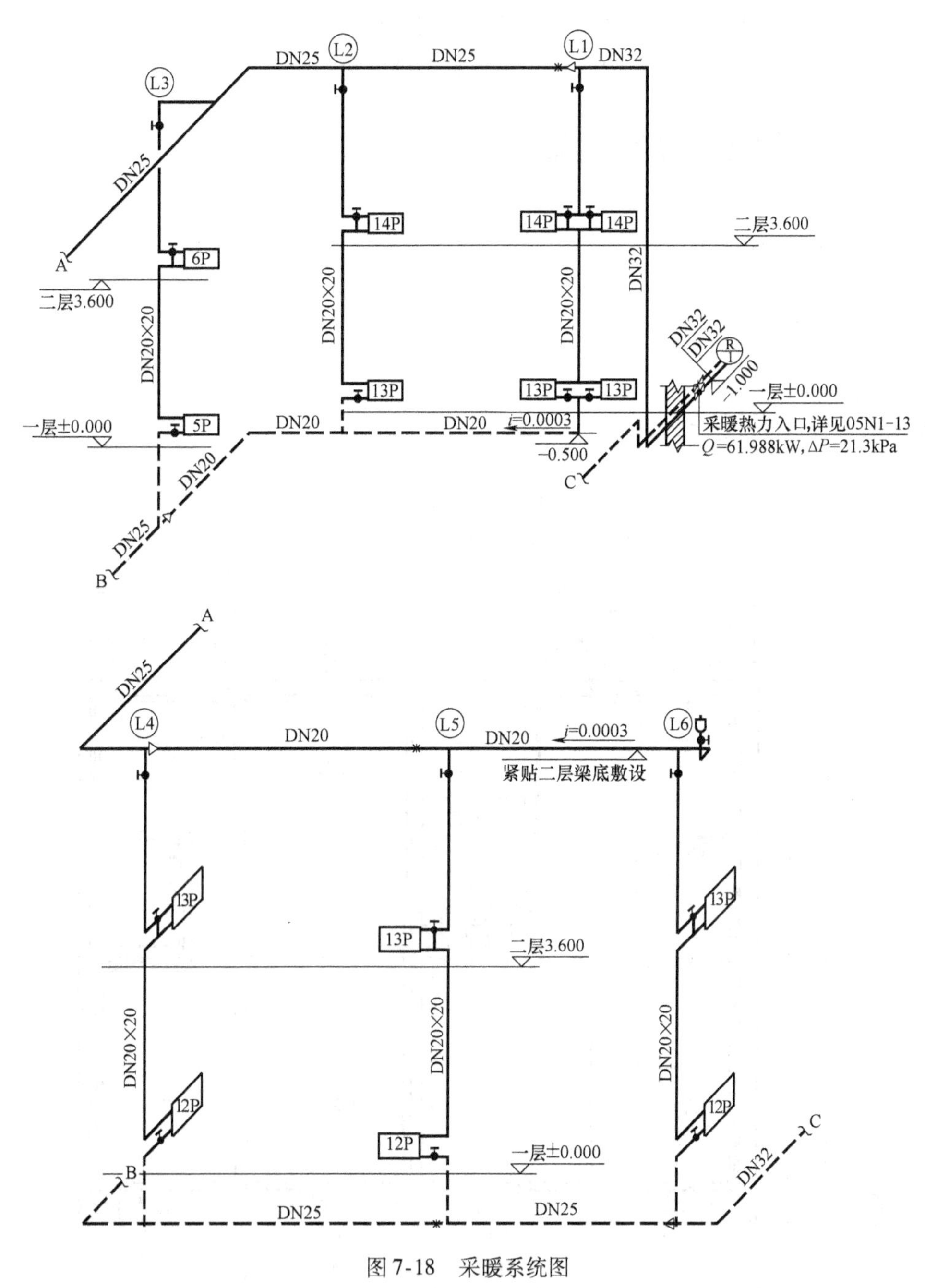

图 7-18　采暖系统图

说 明：

①“管线类型”用于选择所生成系统图的管线类型。此选项必须与被转换平面图内的管线类型相一致。达到用户要求时，再执行命令。

②“角度”可依据用户需要选择生成系统图的角度，有 30°和 45°，还可支持其他任意

角度。

③“添加层”、“删除层” 可添加或删除相同楼层的种类数量。

④“装排气阀” 采暖系统图中散热器是否装有排气阀。

7.3 分户采暖系统施工图绘制

7.3.1 采暖平面图

① 布散热器

散热器布置方法如图 7-19 所示。

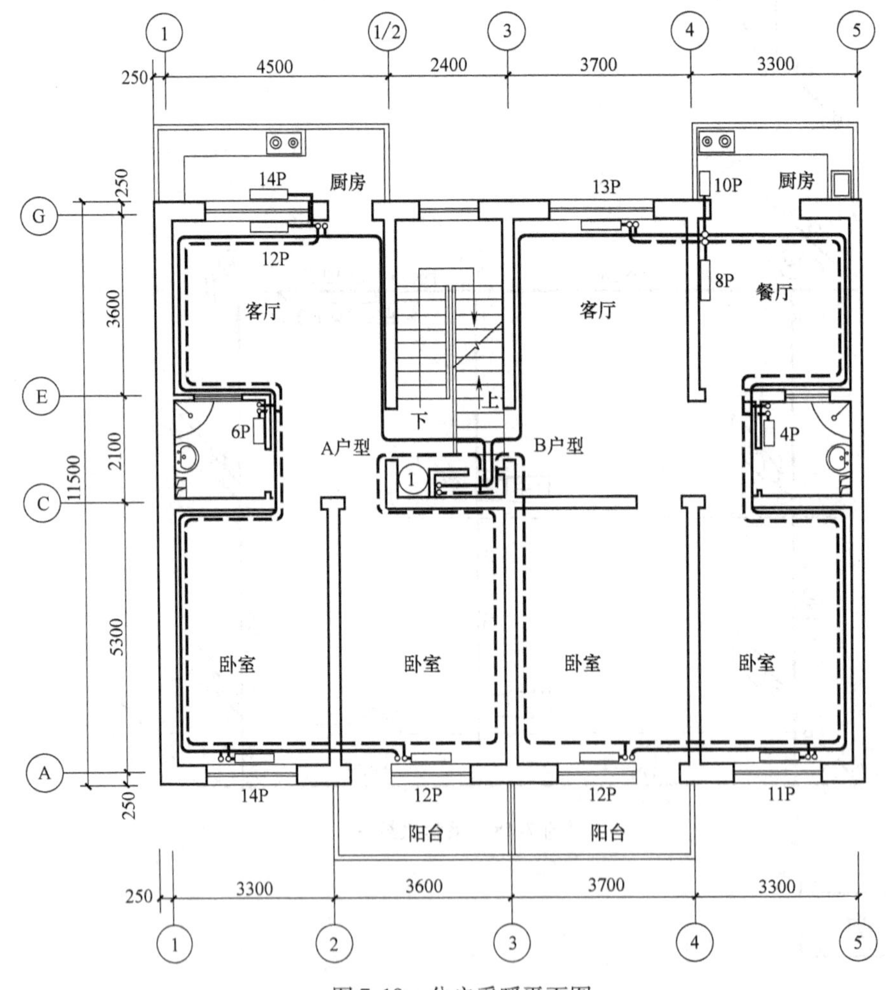

图 7-19 分户采暖平面图

② 采暖管线

采暖供回水管线绘制方法如图 7-19 所示。

提 示:

采暖供回水管 90°转弯处用“圆角”命令，画半径为 150mm 的圆角进行连接。

7.3.2　户型采暖系统图

① 单击主菜单 绘图工具 中的 生系统图，命令提示行提示：请选择自动生成系统图的所有平面图管线〈退出〉→用鼠标框选所有采暖平面图后单击 <Enter> 键。

② 命令提示行提示：请点取各层管线的对准点 {输入参考点［R］}〈退出〉：

可点取管线上任意一点或立管，或输入参考点作为各层的对齐点，点取后，系统会弹出“自动生成系统图”对话框，选取管线类型，如图 7-20 所示。

③ 单击 确定 按钮。

命令提示行提示：请点取系统图位置〈退出〉→在空白处任意点取一点即可。

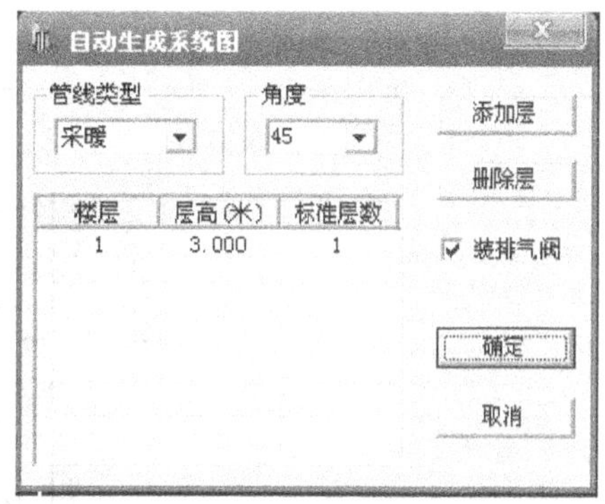

图 7-20　“自动生成系统图”对话框

命令结束后，得到由平面图生成的采暖系统图，生成系统图后，用 CAD 命令稍加修改。如图 7-21 所示。

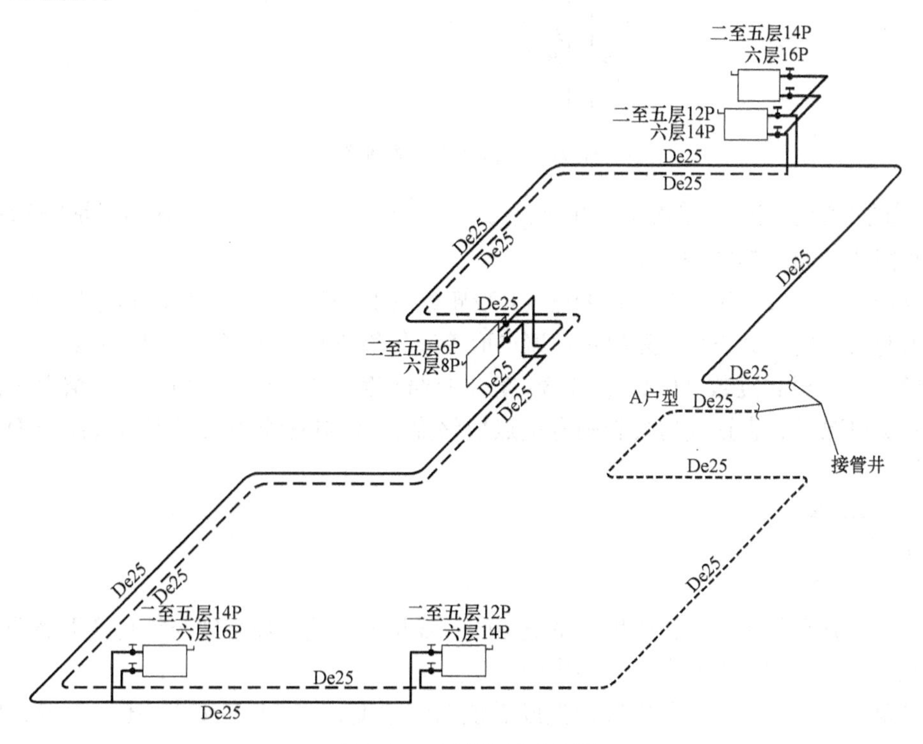

图 7-21　户型采暖系统图

7.3.3 采暖立管、干管系统图

方法一：选择用 绘图工具 中的 生系统图 自动生成系统图，再稍加修改。

方法二：选择用天正管线手动绘制。

① 采暖立管系统图：单击主菜单 采 暖 中的 采暖管线 进行绘制。绘制结果如图7-22所示。

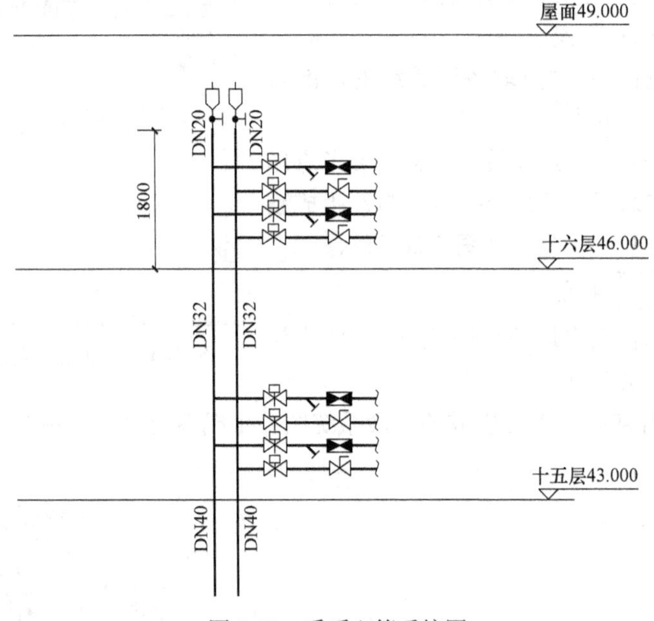

图7-22 采暖立管系统图

② 采暖干管系统图：单击主菜单 采 暖 中的 采暖管线，弹出对话框选择供水管线。绘制结果如图7-23所示。

命令行提示：请点取起点［参考点（R）/距线（T）/两线（G）/墙角（C）］〈退出〉：

点取起始点后，命令行反复提示：请点取管线的终止点［参考点（R）/距线（T）/两线（G）/墙角（C）/轴锁度数［0度（A）/30度（S）/45度（D）］/回退（U）］ <结束>：

在正交情况下，直管线的绘制则直接点取终点；45°斜管线的绘制则输入命令D，点取终点，结束。

①“管线类型”用于选择所生成系统图的管线类型。此选项必须与被转换平面图内的管线类型相一致。达到用户要求时，再执行命令。

②“角度”可依据用户需要选择生成系统图的角度，有30°和45°，还可支持其他任意角度。

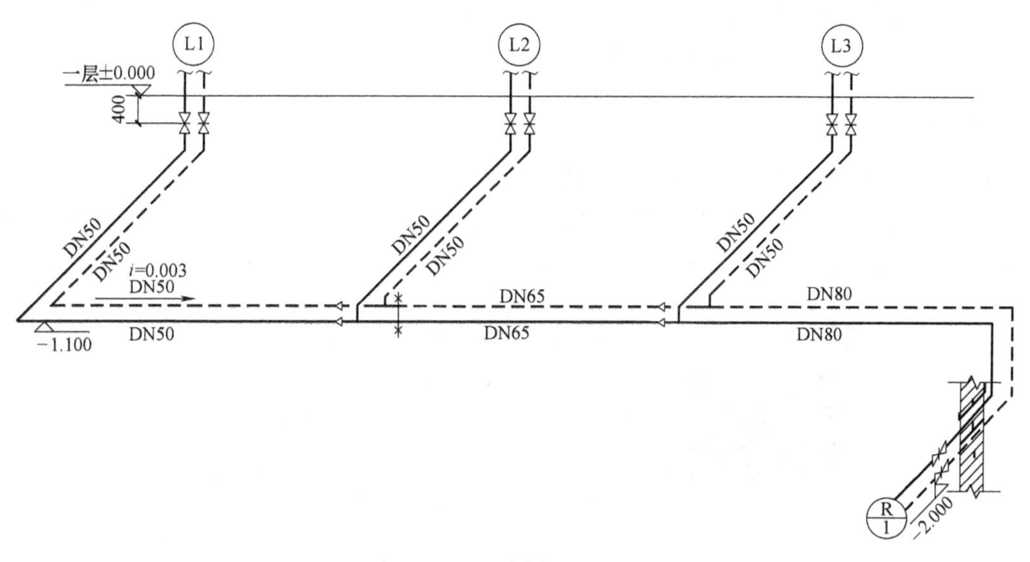

图 7-23　采暖干管系统图

③“添加层”、“删除层”可添加或删除相同楼层的种类数量。

7.3.4　采暖管井详图

① 单击主菜单 绘图工具 中的 图形切割，命令提示行提示：矩形的第一个角点或［多边形裁剪（P）/多段线定边界（L）/图块定边界（B）］<退出>→框取平面图中管井部分，稍做修整后扩大 5 倍。

② 在 1:100 的比例下画出管井大样图，并标注尺寸，如图 7-24 所示。

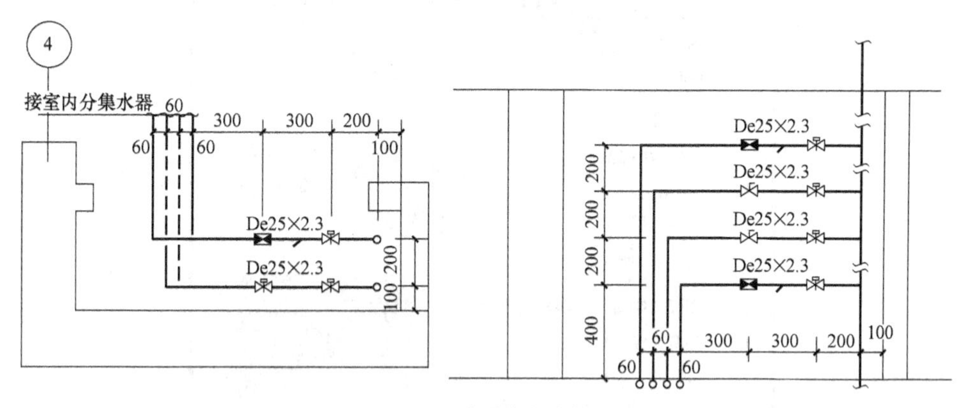

图 7-24　采暖管井大样图

7.4　中央空调（全空气系统）施工图绘制

7.4.1　空调设备

① 按照设计手册中所述方法进行空调冷热负荷计算，绘制焓湿图，确定各个状态点参

数即风量。完成各项计算工作后，选择合适的空调机组。

② 用 CAD 命令绘制空调设备、风机和静压箱。

7.4.2 布置风口

① 按照设计手册中所述方法进行气流组织计算。

② 单击主菜单 ▾ 空 调 中的 布置风口，屏幕上出现“新布置风口”对话框，如图 7-25 所示。单击黑色区域选择所需风口，并对风口尺寸及布置方式进行修改后，开始布置。

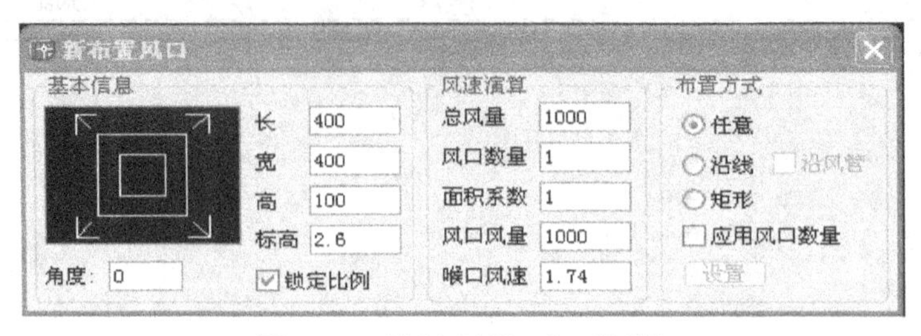

图 7-25 “新布置风口”对话框

7.4.3 风管绘制

① 单击主菜单 ▾ 空 调 中的 风管设置，屏幕上出现如图 7-26 所示的“风管连接初始设置”对话框。利用此对话框可以对绘图时的一些默认值进行修改。

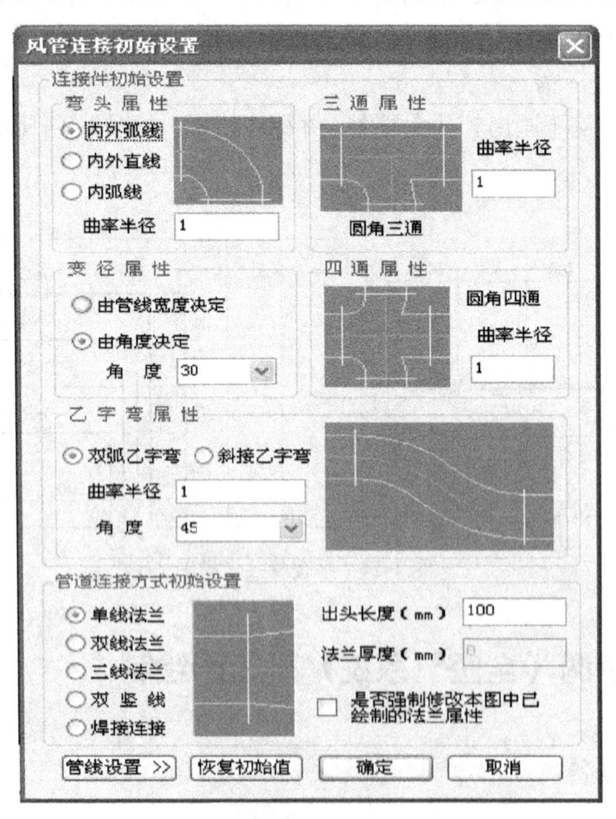

图 7-26 “风管连接初始设置”对话框

② 单击主菜单 ▼空　调 中的 风管管线，屏幕上出现“风管绘制”对话框，选择送风管，如图7-27所示。

图7-27　“风管绘制”对话框

命令行提示：请点取管线的起始点［参考点（R)/距线（T)/两线（G)/墙角（C)］〈退出〉，点取起始点后，命令行反复提示：请点取管线的终止点［参考点（R)/距线（T)/两线（G)/墙角（C)/轴锁（Z)/回退（U)］<结束>。

③ 单击主菜单 ▼空　调 中的 风管阀件，屏幕上出现“插入风管阀件”对话框，如图7-28所示。单击阀件预览区域选择所需阀件，并对阀件尺寸进行修改后，点击插入风管中，单击<Enter>键结束。

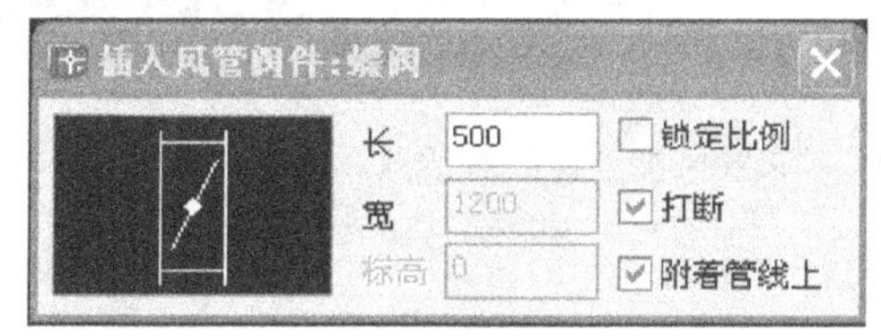

图7-28　“插入风管阀件”对话框

④ 完成以上各项工作后，对平面设备、风管进行标注、定位，即完成空调风管平面图，如图7-29所示。

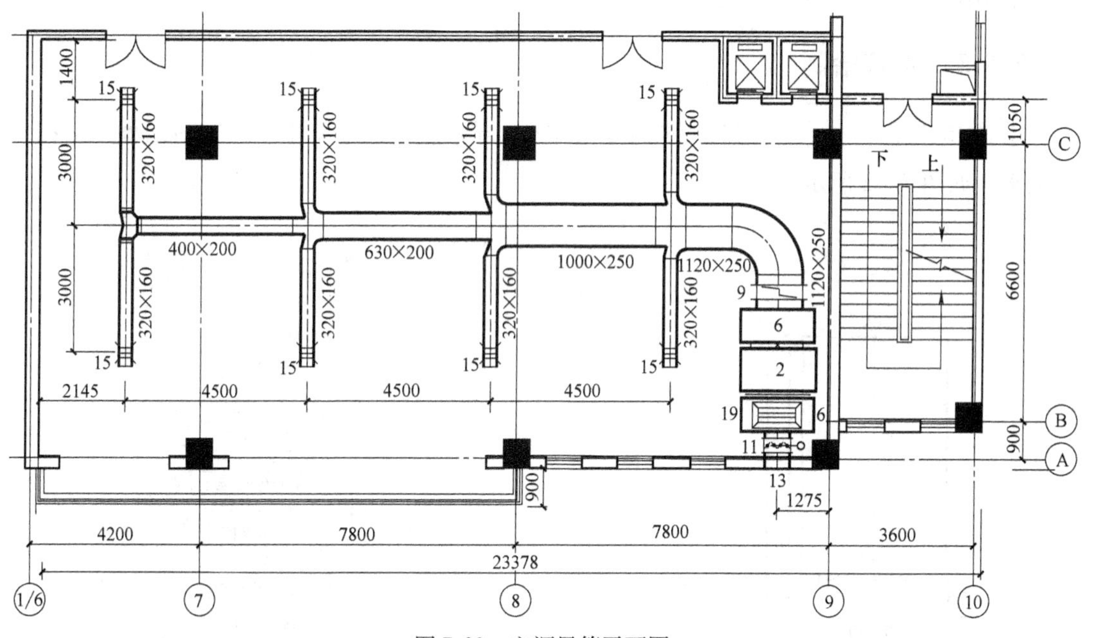

图7-29　空调风管平面图

7.5　中央空调（风机盘管加新风）施工图绘制

7.5.1　空调设备

① 单击主菜单 ▼空　调 中的 风机盘管，屏幕上出现如图7-30所示的“布置风机盘

管”对话框。单击预览区域选择所需风机盘管，并对其尺寸进行修改后，点击布置位置，单击 <Enter> 键结束。

② 标注风机盘管的型号，对风机盘管进行定位。

图 7-30 “布置风机盘管”对话框

7.5.2 风管绘制

① 按照上节中所述方法绘制风管。

② 标注风口尺寸规格，并对风管进行定位。完成空调设备及风管绘制两大项内容后即得到空调风管平面图。如图 7-31 所示。

7.5.3 水管绘制

① 单击主菜单 空 调 中的 水管管线，屏幕上出现“空水管线”对话框，选择冷水供水，如图 7-32 所示。

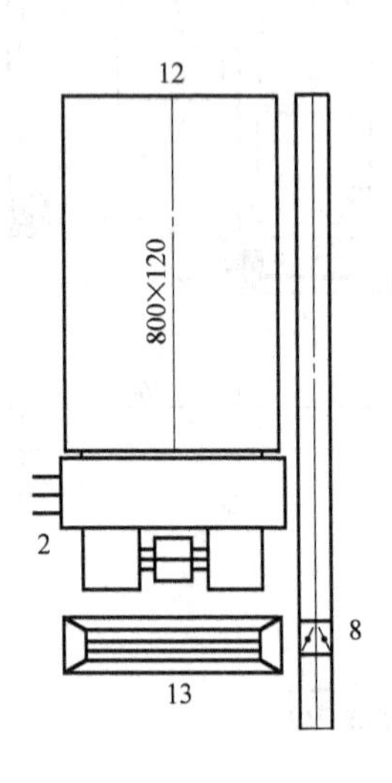

图 7-31 空调风管平面图

图 7-32 “空水管线”对话框

命令行提示：请点取管线的起始点［参考点（R）/距线（T）/两线（G）/墙角（C）］〈退出〉。点取起始点后，命令行反复提示：请点取管线的终止点［参考点（R）/距线（T）/两线（G）/墙角（C）/轴锁角度［0（A）/30（S）/45（D）］/回退（U）］<结束>。

② 单击主菜单▼空　调中的 ○ 水管立管，屏幕上出现“空水立管”对话框，选择冷水供水，如图 7-33 所示。

图 7-33　“空水立管”对话框

命令行提示：请制定立管插入点［参考点（R）/距线（T）/两线（G）/墙角（C）］〈退出〉。点取起始点后，命令行再次提示：请点取标注点〈退出〉：→用鼠标选取一点即可。

③ 单击主菜单▼空　调中的 水管阀件，屏幕上出现“插入水管阀件”对话框，如图 7-34 所示。单击阀件预览区域选择所需阀件，并对阀件尺寸进行修改后，用鼠标点击水管管线进行布置。

④ 以上各项工作完成后，对空调水管进行管井标注，整理即完成空调水管平面图，如图 7-35 所示。

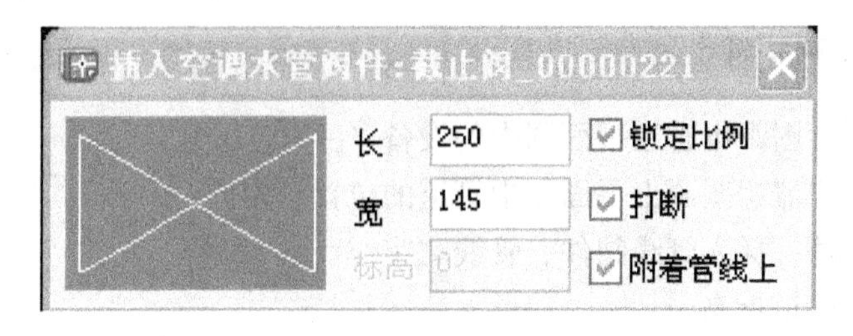

图 7-34　“插入空调水管阀件”对话框

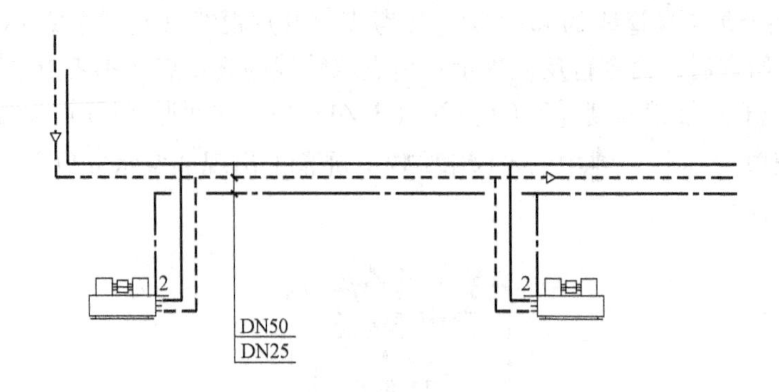

图7-35 空调水管平面图

7.6 中央空调制冷机房施工图绘制

7.6.1 制冷机房流程图

① 选取设备并用CAD命令绘制出所需的设备机组。

② 用▼空 调中水管管线工具绘制管线（方法上节已述）。

③ 用▼空 调中水管阀件工具在水管管线插入阀件（方法上节已述）。

④ 单击主菜单▼专业标注下管线文字。命令行提示：请输入文字内容<自动读取>：→输入所要插入的管线文字→单击<Enter>键（或直接单击<Enter>键则自动读取管线文字）；命令行再次提示：请点取要插入文字管线的位置［多段线（M）/多选指定层管线（N）/两点栏选（T）/修改文字（F）］<退出>：→直接点取所要插入文字的管线即可。

⑤ 标注管径并用箭头标明管内流体流向。

完成以上各步骤后，稍做整理即得到机房原理图，如图7-36所示。

7.6.2 基础平面图

① 用CAD中“多段线”（快捷键PL）命令，选择50线宽的多段线绘制设备基础。

② 在各基础上标明设备名称，并对设备基础进行定位。

完成以上各步骤后，稍做整理即得到机房基础平面图，如图7-37所示。

7.6.3 管道平面图

① 对应基础平面图画出管道平面图中的设备。

② 对应制冷机房流程图画出平面图中管道的位置、走向。

③ 同流程图画法，插入管线阀件、管线文字。

④ 标注管径、管道标高。

完成以上各步骤后，稍做整理即得到机房管道平面图，如图7-38所示。

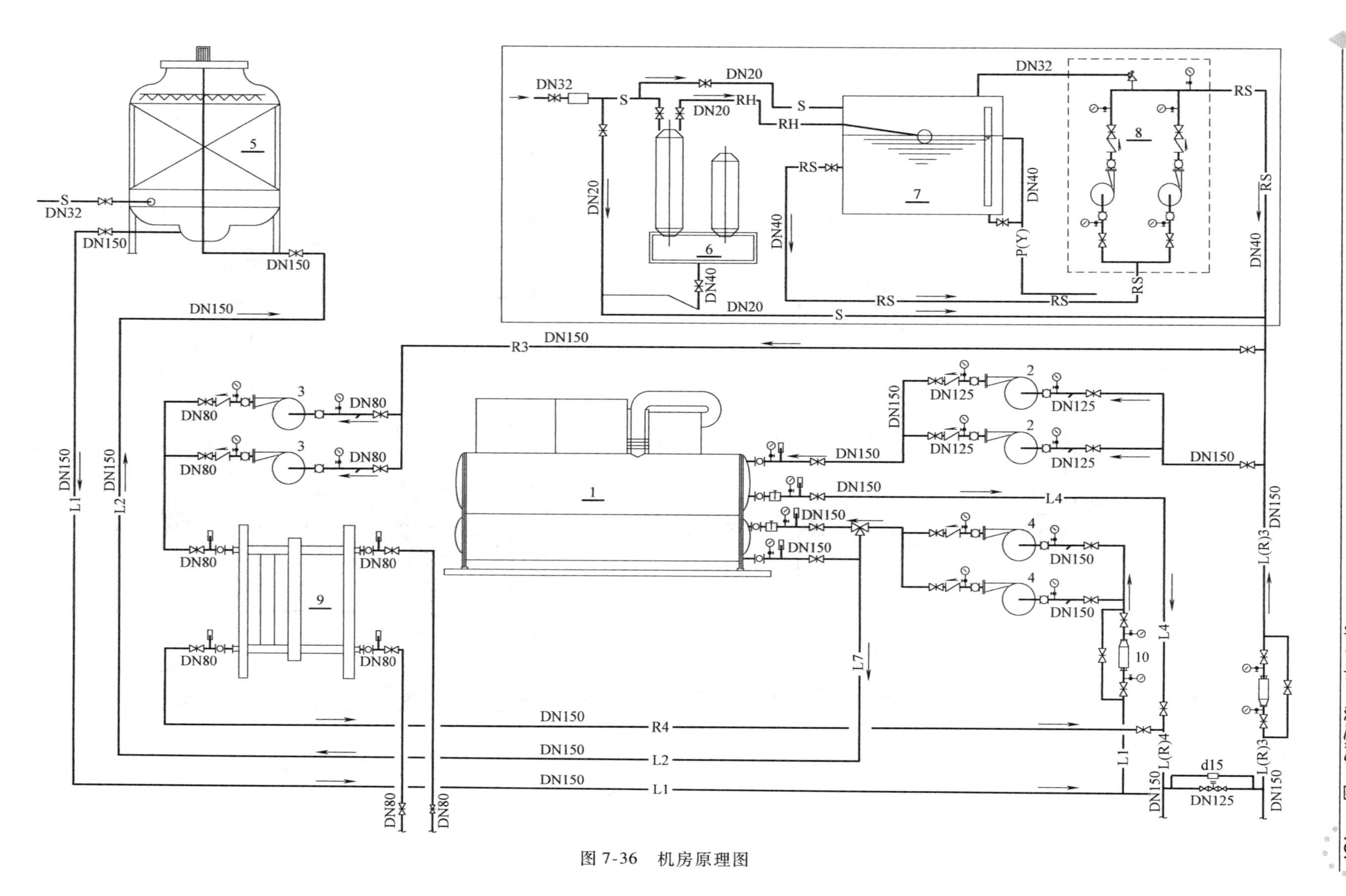
5
S
DN32
DN150
DN150
DN150
DN32
DN20
S
RH
DN20
RH
S
RH
6
DN40
DN20
RS
DN40
7
DN40
P(Y)
DN32
8
RS
RS
DN40
RS
RS
RS
S
DN150
R3
3
DN80
DN80
3
DN80
DN80
1
2
DN125
DN125
2
DN125
DN125
DN150
DN150
DN150
DN150
L4
DN150
4
DN150
DN150
4
DN150
DN150
10
L4
L7
L(R)3
DN150
9
DN80
DN80
DN80
DN80
DN150
R4
DN150
L2
DN150
L1
L1
L2
DN150
DN150
L1
L(R)4
d15
DN125
L(R)3
DN150
DN150
DN80
DN80

图 7-36　机房原理图

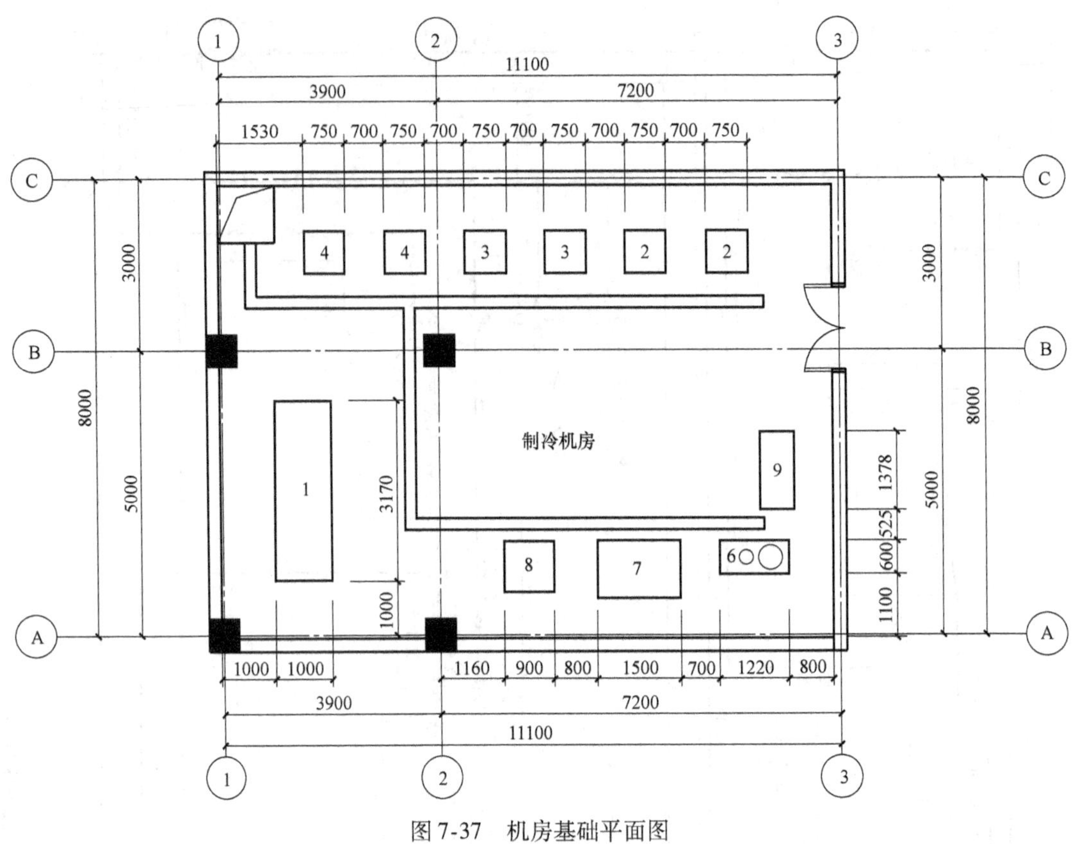

图 7-37 机房基础平面图

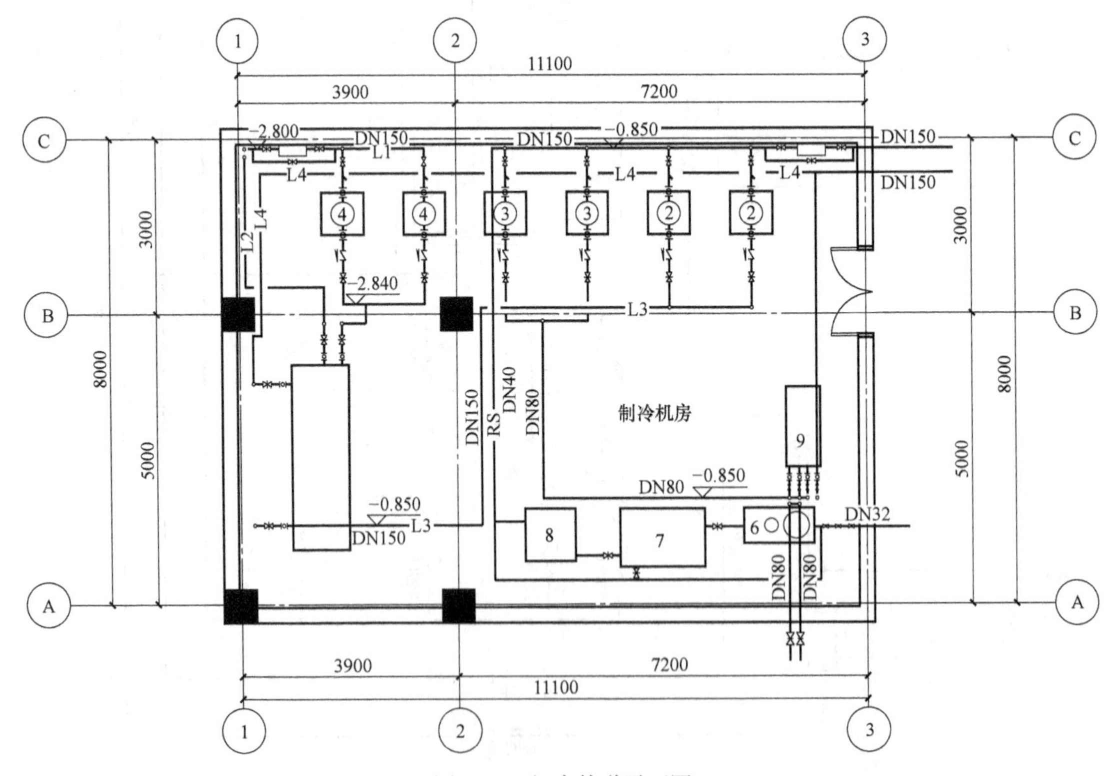

图 7-38 机房管道平面图

7.7　暖通专业计算

7.7.1　热负荷计算

操作：

① 单击主菜单 计　算 中的 热负荷，弹出“热负荷计算”对话框，如图 7-39 所示。

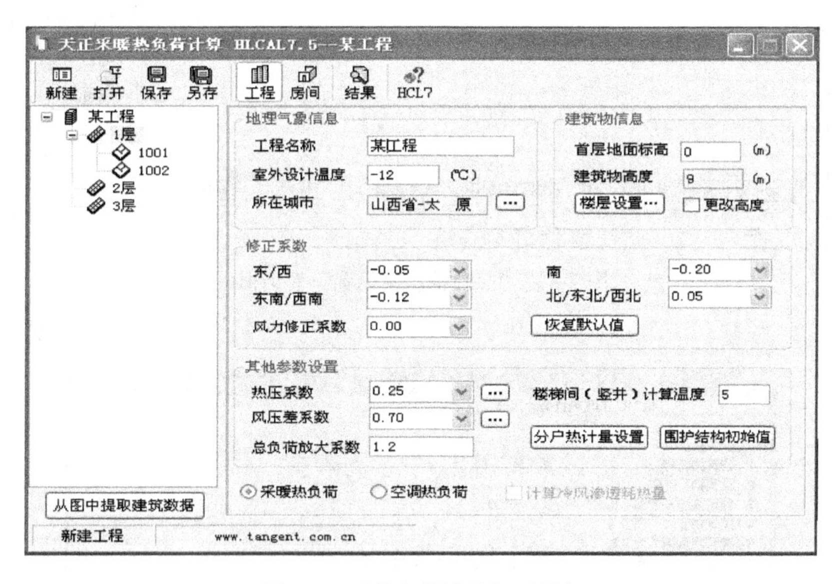

图 7-39　“热负荷计算”对话框

② 修改对话框中的地理气象、建筑物信息，及其他各项参数；鼠标右键单击对话框左面“某工程”添加楼层、房间。

③ 单击 房间，弹出“热负荷房间设置”对话框，如图 7-40 所示。对户间传热系数、房间参数进行设置。单击对话框左面 1001 房间，添加房间围护结构。

④ 单击 结果，弹出“采暖热负荷结果”对话框，如图 7-41 所示。对此结果可进行打印保存及 word 格式输出。

⑤ 冷负荷计算方法同热负荷计算。

7.7.2　计算暖气片数

操作：

① 单击主菜单 计　算 中的 算暖气片，弹出“散热器片数计算”对话框，如图 7-42 所示。

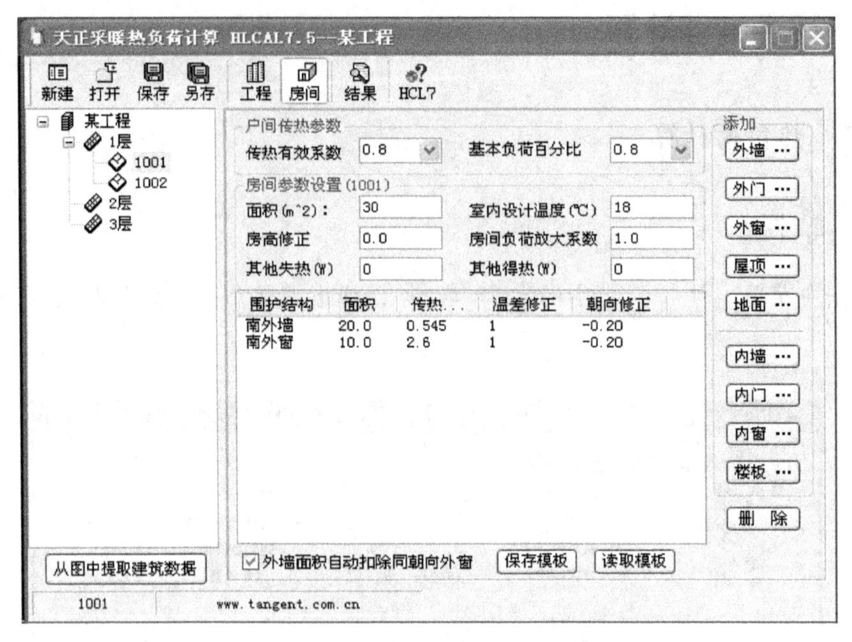

图 7-40 “热负荷房间设置”对话框

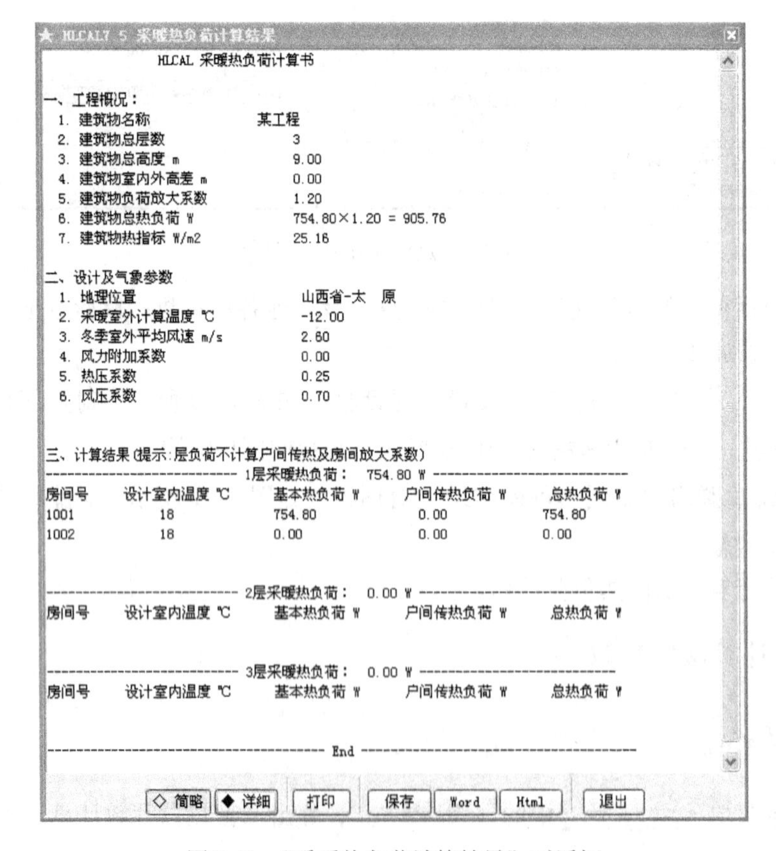

HLCAL 采暖热负荷计算书

一、工程概况:

1.	建筑物名称	某工程
2.	建筑物总层数	3
3.	建筑物总高度 m	9.00
4.	建筑物室内外高差 m	0.00
5.	建筑物负荷放大系数	1.20
6.	建筑物总热负荷 W	754.80×1.20 = 905.76
7.	建筑物热指标 W/m2	25.16

二、设计及气象参数

1.	地理位置	山西省-太 原
2.	采暖室外计算温度 ℃	-12.00
3.	冬季室外平均风速 m/s	2.60
4.	风力附加系数	0.00
5.	热压系数	0.25
6.	风压系数	0.70

三、计算结果(提示:层负荷不计算户间传热及房间放大系数)

---------------------------- 1层采暖热负荷: 754.80 W ----------------------------

房间号	设计室内温度 ℃	基本热负荷 W	户间传热负荷 W	总热负荷 W
1001	18	754.80	0.00	754.80
1002	18	0.00	0.00	0.00

---------------------------- 2层采暖热负荷: 0.00 W ----------------------------

房间号	设计室内温度 ℃	基本热负荷 W	户间传热负荷 W	总热负荷 W

---------------------------- 3层采暖热负荷: 0.00 W ----------------------------

房间号	设计室内温度 ℃	基本热负荷 W	户间传热负荷 W	总热负荷 W

-- End --

图 7-41 “采暖热负荷计算结果”对话框

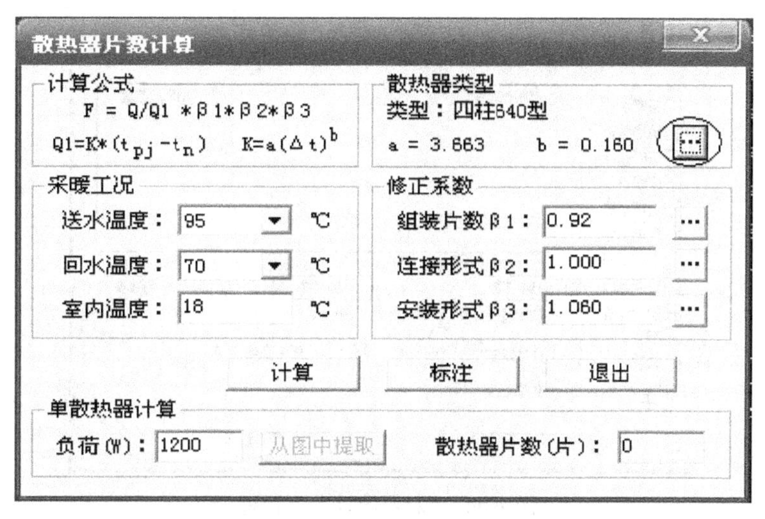

图 7-42　“散热器片数计算”对话框

② 单击“散热器类型”中的[…]按钮，系统会弹出“散热器系数”对话框，如图 7-43 所示。

散热器系数

散热器类型	散热面积(m^2/片)	实验系数a	实验系数b
钢制扁管双板对流624x1000	11.100	0.960	0.281
钢制柱式散热器600x1000	2.750	2.500	0.239
卉艺二柱750型	0.290	2.543	0.252
卉艺二柱780型	0.301	2.450	0.252
双管对流700型	0.288	2.240	0.262
双管对流800型	0.380	0.707	1.270
四柱640型	0.200	3.663	0.160
四柱660型	0.200	0.562	1.276
四柱760型	0.235	2.503	0.298
四柱813型(带腿)	0.280	2.237	0.302
椭三柱450型	0.135	0.439	1.241

确定　取消

图 7-43　“散热器系数”对话框

③ 单击[确定]按钮，关闭对话框。

④各个参数选择确定后，单击“计算”按钮可计算出对应的散热器片数，并可在图上进行片数标注。

7.7.3　材料统计

① 单击主菜单 ▶ 采　暖 中的 材料统计，弹出“散热器系数”对话框，如图7-44所示。

② 点取命令后，命令行提示：请选择要统计的内容后按确定<整张图>：

如果想统计图样上的一部分内容，则点对话框中的［当前框选］按钮，然后框选要统计的图面，最后点［确定］按钮；如果是想统计整张图的内容，则直接在图面上点鼠标右

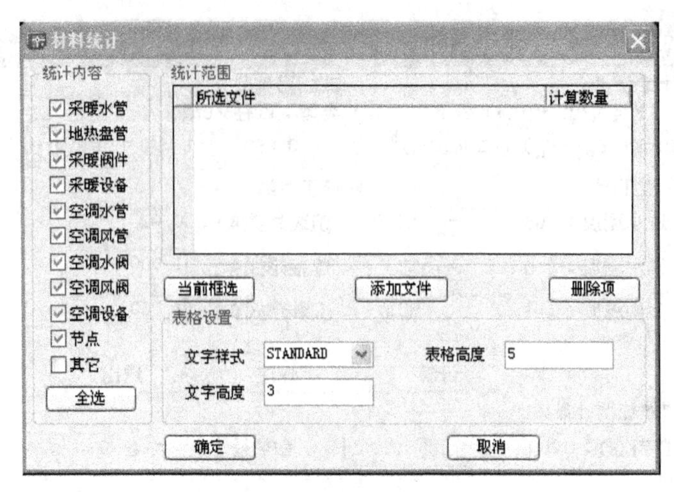

图 7-44 “材料统计”对话框

键，然后点［确定］按钮。

③ 之后，命令行提示：请点取表格左上角的位置［输入参考点（R）］<退出>：点取表格的放置位置，即完成操作。

第 8 章　电气施工图

【学习目标】

本章主要介绍天正电气 TElec7 的基本功能。通过学习，要了解天正电气软件的主要功能，并掌握利用天正电气软件绘制建筑电气施工图的方法。

8.1　照明及插座平面图

8.1.1　初始设置

绘图中要对图块尺寸、导线粗细、文字字形、字高和宽高比等初始信息进行设置。

① 单击主菜单 设　置 中的 初始设置，屏幕上出现如图 8-1 所示的“选项”对话框。选择本对话框的【电气设定】图标，进入初始设置界面。利用此对话框可以对绘图时的一些默认值进行修改。

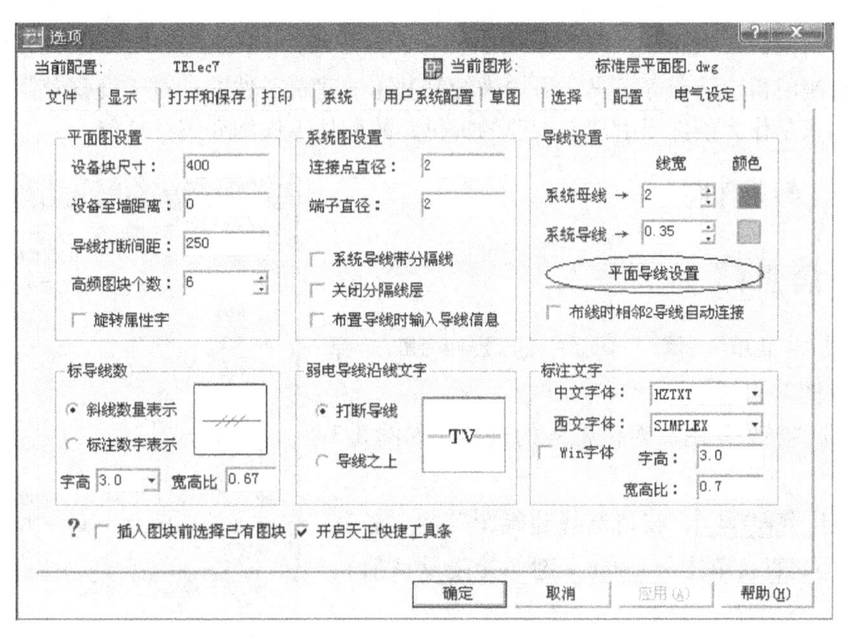

图 8-1　“选项”对话框

② 单击 平面导线设置 按钮，弹出如图 8-2 所示的“平面导线设置”对话框。可以对管线颜色、线宽、线型（可自创新线型）、标注、回路编号进行初始设置。

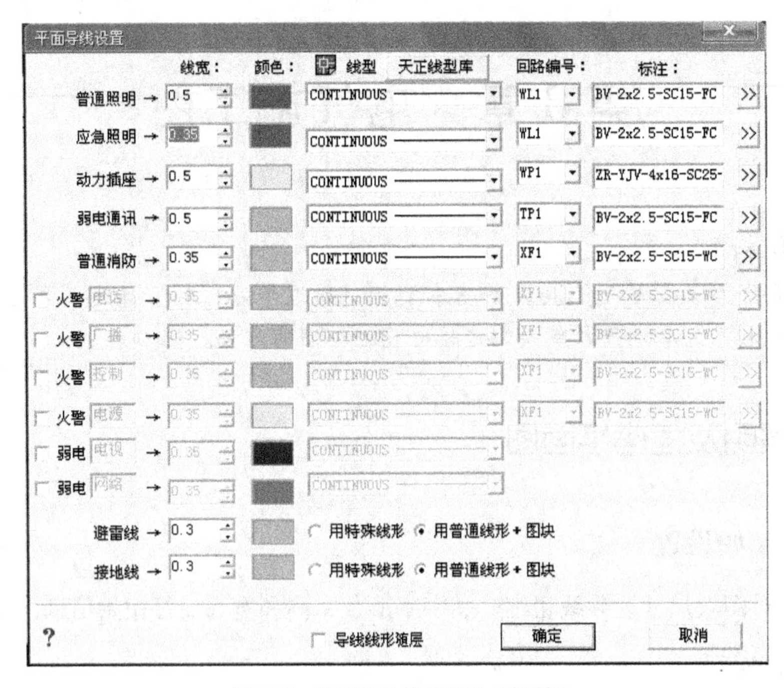

图 8-2 “平面导线设置”对话框

③ 单击 确定 ，关闭对话框。

8.1.2 绘制建筑平面图

天正电气提供了绘制基本建筑平面图的功能，单击 建 筑 ，可看到绘制轴网、绘制墙体、绘制门窗、柱子等工具，可用来绘制基本的建筑条件图。对于设备专业的学生来说建筑平面图只是作为条件图由建筑专业的提供，故此处不详细介绍此功能。

8.1.3 转条件图

① 单击主菜单 建 筑 中的 转条件图 ，弹出“转条件图”对话框。

② 勾选“转条件图”对话框中的选项，如图 8-3 所示。

③ 单击 转条件图 ，在请选择建筑图范围〈整张图〉：提示下，直接单击 <Enter> 键（接受默认值），结束命令。

① 不执行［转条件图］命令，打开［预演］，框

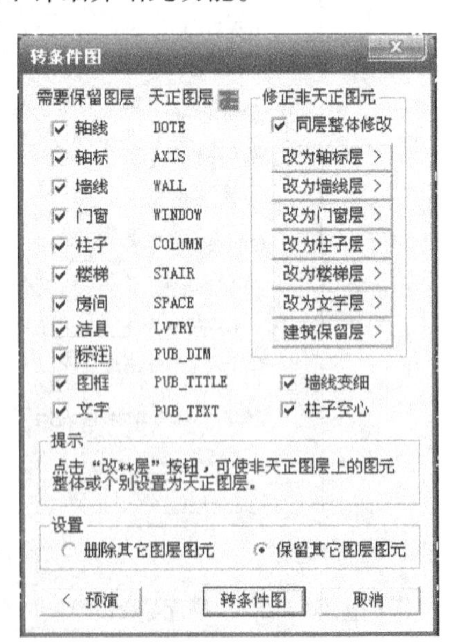

图 8-3 “转条件图”对话框

选转图范围，可以清楚地看到转条件图后 DWG 格式图，能够达到用户要求时，再执行命令。

②［转条件图］命令只针对用天正建筑软件所绘建筑图的基础上执行。

8.1.4　平面图绘制

设备块绘制命令按其绘制时角度确定方式可分为两类。一类为自由绘制，绘制的角度由用户根据实际情况定义；另一类为沿墙绘制，绘制角度可自动随墙线的方向变化。“任意布置”、“矩形布置”、“两点均布”、“弧线均布” 和 “沿线均布” 为第一类，其余为第二类。

1. 箱体布置

① 单击主菜单 ▸ 平面设备 中的 ⊗ 任意布置 ，弹出 “任意布置” 和 “天正电气图块” 对话框，如图 8-4 所示。

② 在 “天正电气块” 对话框中选择 箱柜 ，将鼠标移动至图块，单击左键选中，命令行提示：请指定设备的插入点 {转 90 [A]/放大 [E]/缩小 [D]/左右翻转 [F]/X 轴偏移 [X]/Y 轴偏移 [Y]} <退出>。输入 A 选择插入点，箱体布置完成，如图 8-5 所示。

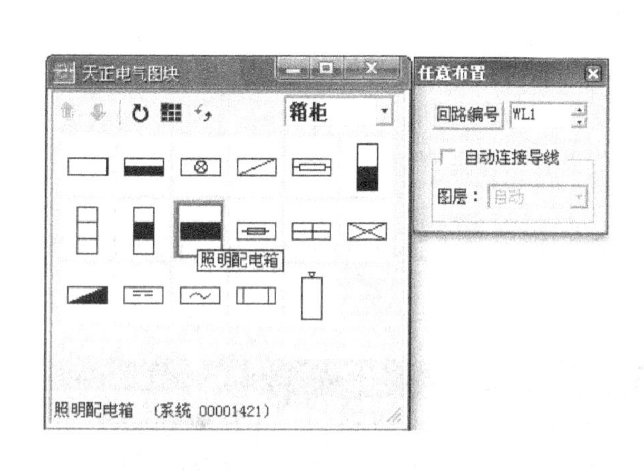

图 8-4　“天正电气图块” 和 “任意布置” 对话框

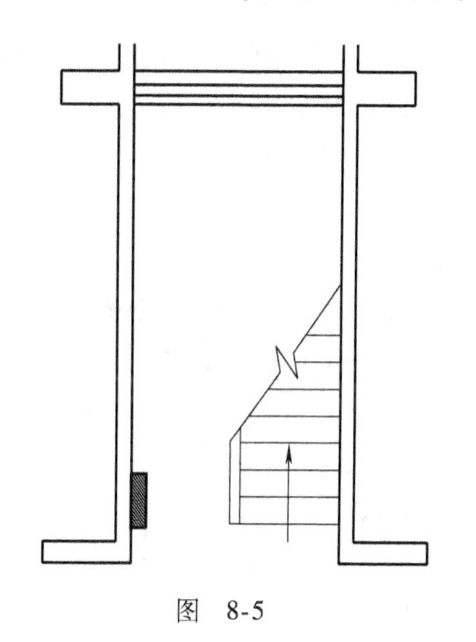

图　8-5

“回路编号” 编辑框中可以输入设备和导线所在回路的编号，也可以通过旋转按钮控制回路编号，该编号为以后系统生成提供查询数据。当点击 “回路编号” 按钮时会弹出如图 8-6 所示的 “回路编号” 对话框。

2. 灯具布置

① 单击主菜单 ▸ 平面设备 中的 矩形布置 ，弹出 “矩形布置” 和 “天正电气块” 对话

框，如图 8-7 所示。

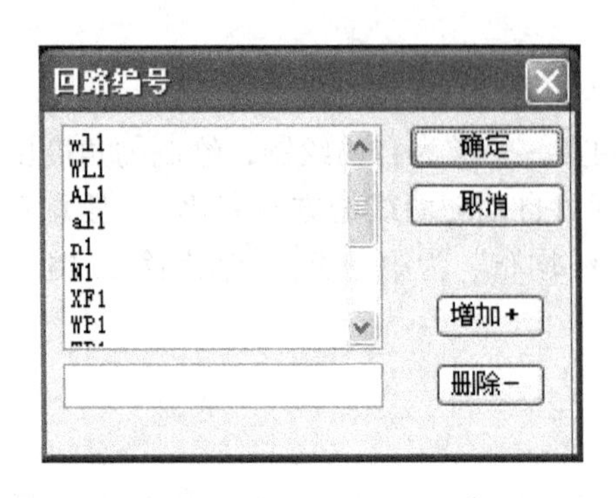

图 8-6 “回路编号”对话框

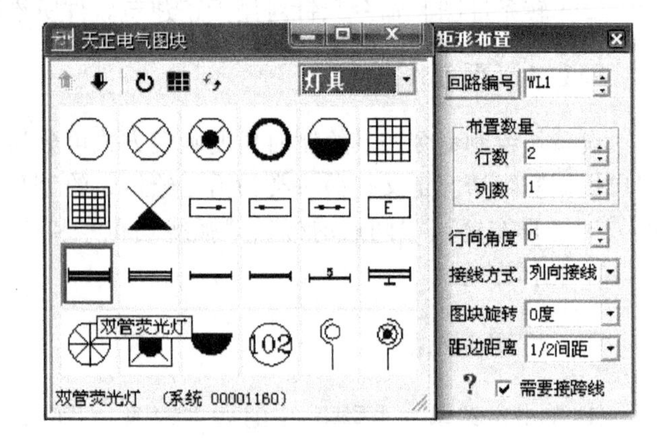

图 8-7 “天正电气图块”和“矩形布置”对话框

② 在“天正电气块”对话框中下拉菜单选择 灯具 ，将鼠标移动至图块，单击左键选中，命令栏提示：请输入起始点｛选取行向线［S］｝＜退出＞。

③ 选择起始点，命令栏提示：请输入终点。

④ 再选择终点，设备布置完成。

绘图结果如图 8-8 所示。

3. 开关布置

操作：

① 单击主菜单 ▸ 平面设备 中的 门侧布置 ，弹出“天正电气图块”和“门侧布置”对话框，如图 8-9 所示。

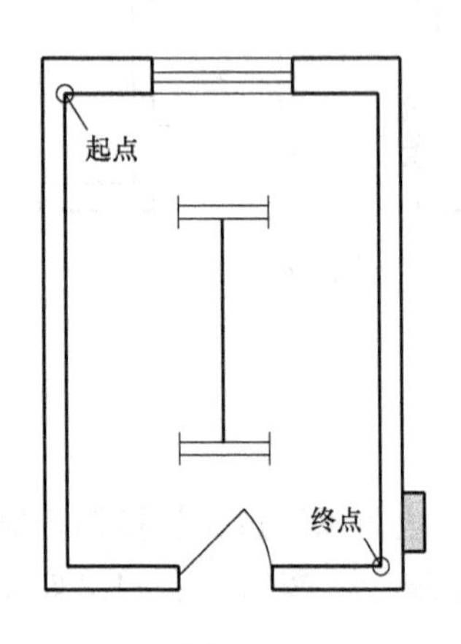

图 8-8

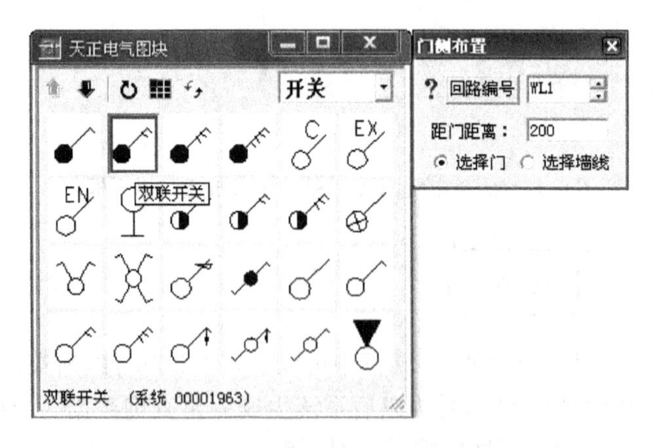

图 8-9 “天正电气图块”和“门侧布置”对话框

② 在“天正电气块”对话框中下拉菜单选择 开关 ，将鼠标移动至图块，单击左键选中，命令栏提示：请拾取靠近门侧的墙线＜退出＞。

③ 拾取靠近门侧的墙线，开关布置完成，如图 8-10 所示。

说明：

① 开关布置亦可用任意布置完成。

② 其他房间和公共用房设备布置同上述，可任意组合布置。

③ 在平面布置栏中的设备替换、设备缩放等项可对已布置设备进行修改。

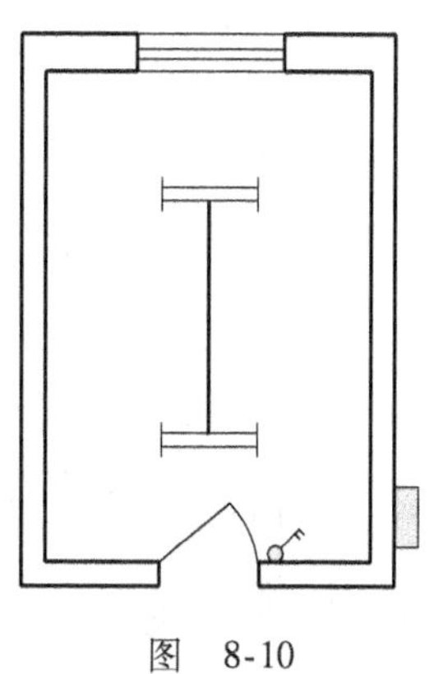

图　8-10

4. 设备连线

① 单击主菜单▸ 导　线 中的 任意导线 ，弹出“设置当前导线信息”对话框，如图 8-11 所示。

图 8-11　“设置当前导线信息”对话框

② 命令栏提示：点取导线的起始点：（当前导线层—> WIRE-照明；宽度—> 0.50；颜色—> 红）或［点取图中曲线（P）/点取参考点（R）］ <退出>。点取起始设备，如开关。

③ 命令栏提示：直段下一点［弧段（A）/回退（U）］ <结束>：如灯具。

④ 单击 <Enter> 键结束。

绘图结果如图 8-12 所示。

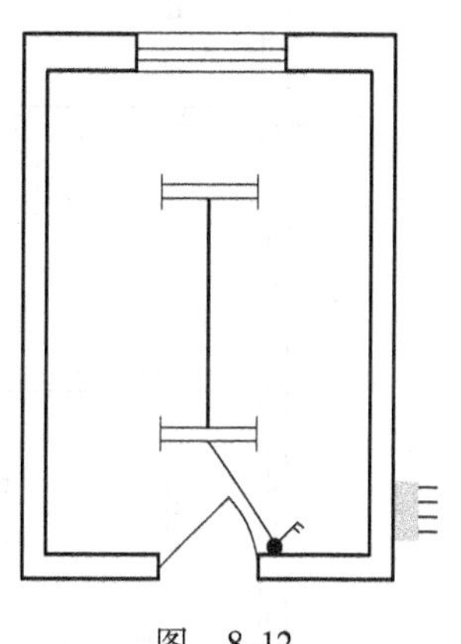

图　8-12

说明：

用以上同样方法绘制所有房间及公共照明，如图 8-13 所示。

5. 配电引出

配电引出用于从配电箱引来数根导线。

① 单击主菜单▸ 导　线 中的 配电引出，命令栏提示：请选取配电箱 <退出>。

② 单击配电箱，弹出“箱盘出线”对话框，设置如图 8-14 所示。

③ 随鼠标移动，直到引出线合适，按左键确认，如图 8-15 所示。

用 任意导线 将灯具与配电箱或灯具进行连接，如图 8-16 所示。

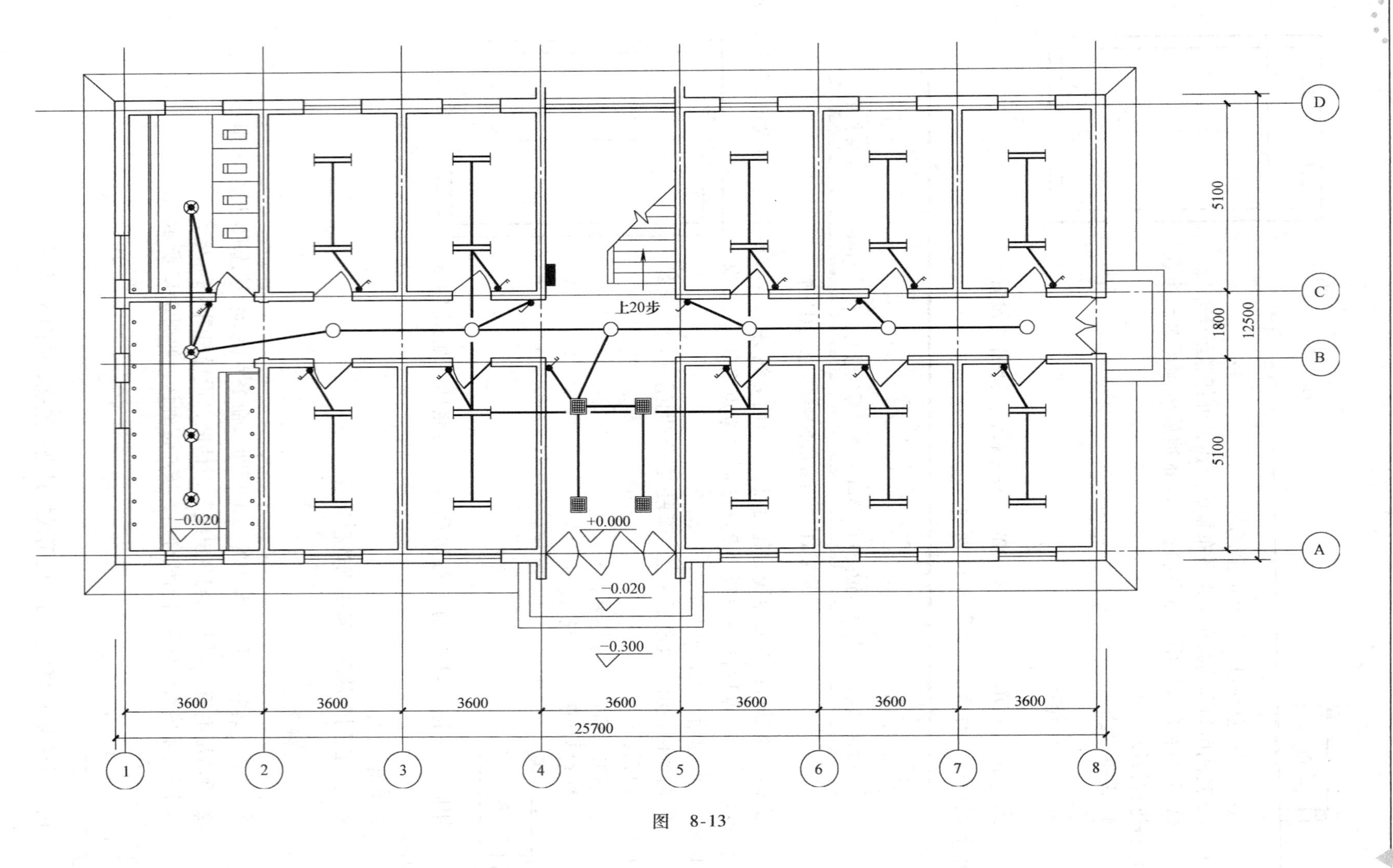
D
C
B
A
5100
1800
5100
12500
上20步
-0.020
+0.000
-0.020
-0.300
3600
3600
3600
3600
3600
3600
3600
25700
1
2
3
4
5
6
7
8

图 8-13

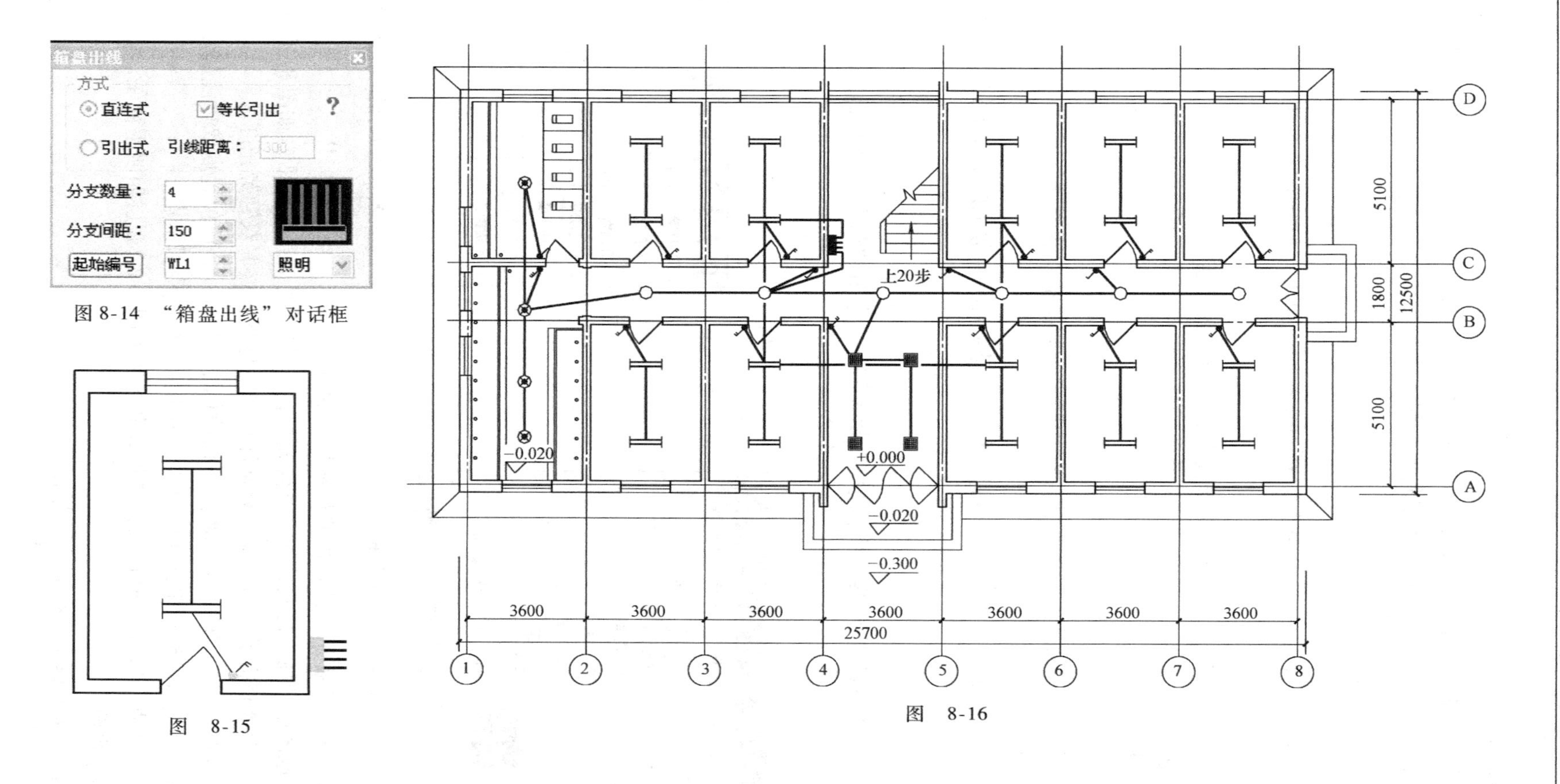

图 8-14　“箱盘出线” 对话框

图　8-15

图　8-16

6. 设备定义

对平面图中各种设备进行统计，显示在对话框上。同时可以对同种类型的设备进行信息参数的输入和修改，同时将标注数据附加在被标注的设备上。

① 在▸ 标注统计 下拉菜单中点取 设备定义 ，弹出“定义设备”对话框，如图8-17所示。

② 点击 图面赋值 ，定义的同类设备将赋回整张平面。

说 明：

对设备定义后图面看上去无变化，在后期设备标注中才能显现。

7. 标注灯具

按国标规定格式对平面图中灯具进行标注，同时将标注数据附加在被标注的灯具上。

① 在▸ 标注统计 下拉菜单中点取 标注灯具，弹出“灯具标注信息”对话框，如图8-18所示。

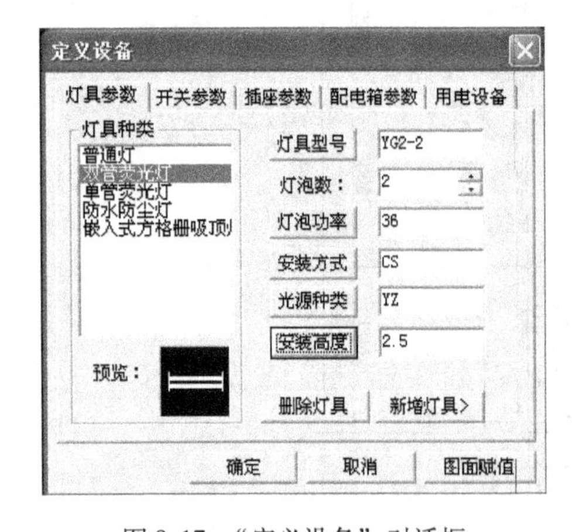

图8-17 “定义设备”对话框

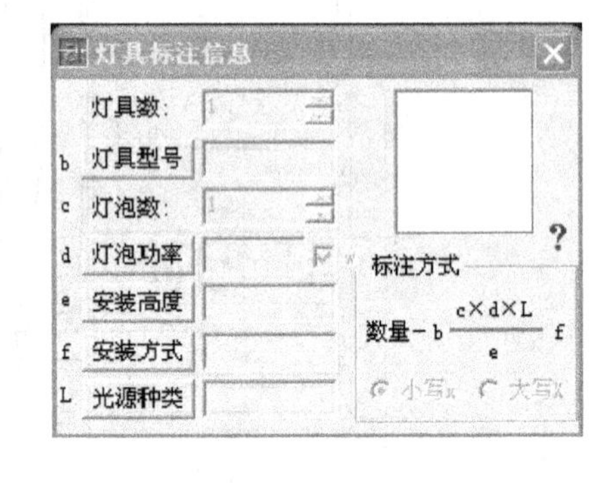

图8-18 “灯具标注信息”对话框

② 同时命令栏提示：选择需要标注信息的灯具。

③ 拾取图中的任一灯具，如双管荧光灯，“灯具标注信息”对话框如图8-19所示。

④ 同时命令栏提示：请选择需要标注信息的灯具：点取双管荧光灯。

⑤ 命令栏提示：请输入标注起点｛修改标注［S］｝：合适位置点取标注起点。

⑥ 命令栏提示：请给出标注引出点<不引出>：点取引出点。

⑦ 标注完成，如图8-20所示，其他设备标注见图8-27底层照明平面图。

8. 标导线数

按国标规定在导线上标出导线根数。

操作：

① 在▸ 标注统计 下拉菜单中点取 标导线数，弹出如图 8-21 所示的“标注”对话框，同时屏幕命令行提示：

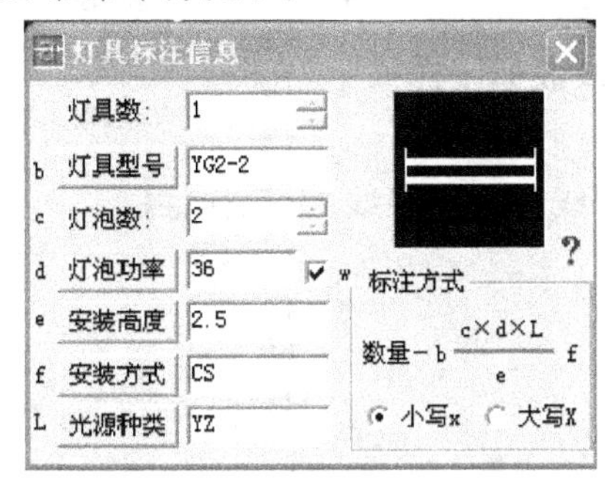

图 8-19　“灯具标注信息”对话框

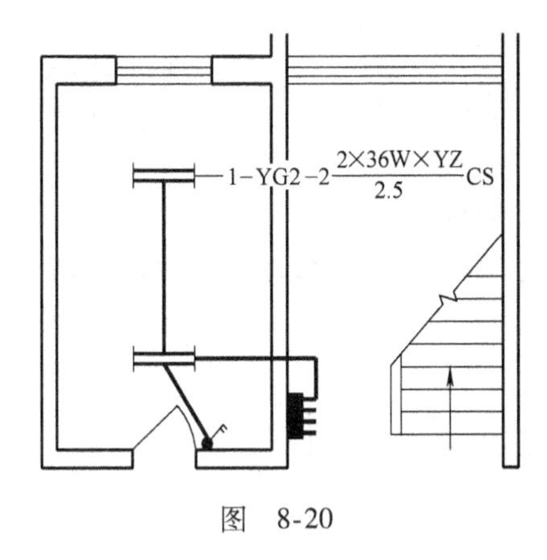

图　8-20

图 8-21　“标注”对话框

请选取要标注的导线［2 根［2］/3 根［3］/4 根［4］/5 根［5］/6 根［6］/自定义［A］<退出>：3。

②选择导线即完成标注，如图 8-22 所示，其他标注见图 8-27 底层照明平面图。

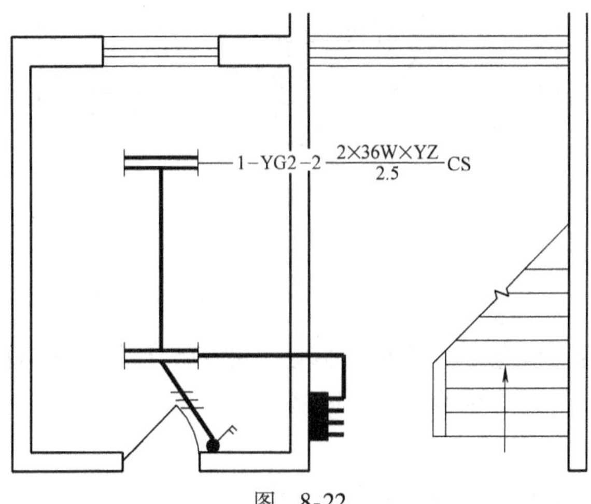

图　8-22

说明：

3 根及 3 根以下的导线根数时标注的形式有两种。

① 更换标注形式的方法是在“初始设置”中（即“选项”中的“电气设定”），通过选择“选项”对话框中“导线数标注样式”一栏中的一组互锁按钮更换两种不同的标注形式。

② 弹出的“标注”对话框中单选框互换可对导线，进行多线标注。

9. 回路编号

为线路和设备标注回路号。

操作：

① 在▸ **标注统计** 下拉菜单中点取 **回路编号**，弹出如图 8-23 所示的“回路编号”对话框，同时屏幕命令行提示：请选取要标注的导线 <退出>。

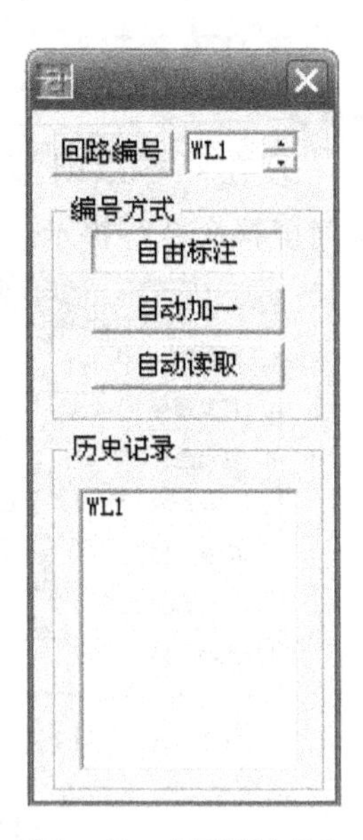

图 8-23 “回路编号”对话框

② 拾取导线，命令栏提示：请给出标注引出点 <沿线>。

③ 线引出，标注完成，或直接单击 <Enter> 键，将平行导线标注，如图8-24所示，其他回路编号见图 8-27 底层照明平面图。

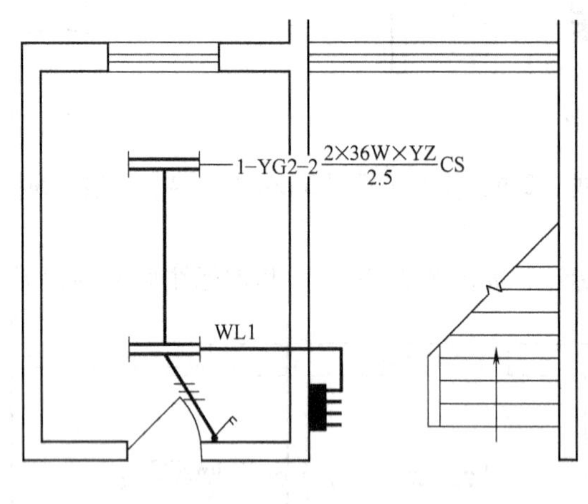

图 8-24

提示：

天正标注与导线实际信息是关联的，修改了信息，标注会自动改变，因此也可利用“复制信息”“导线标注”等命令修改导线回路编号。

10. 插入引线

插入表示导线向上、向下引入或引出的图块。

① 在“导线”下拉菜单中点取 插入引线，弹出如图 8-25 所示的“插入引线”对话框，同时屏幕命令行提示：请点取要插入引线的位置点 <退出>。

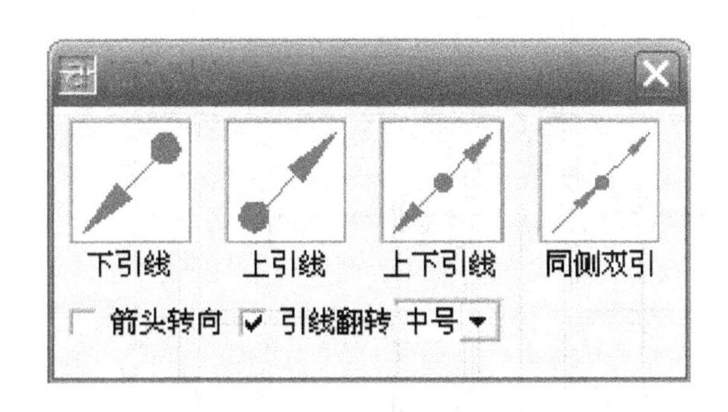

图 8-25 “插入引线”对话框

② 鼠标左键单击“上引线”，将其插入图中，如图 8-26 所示。

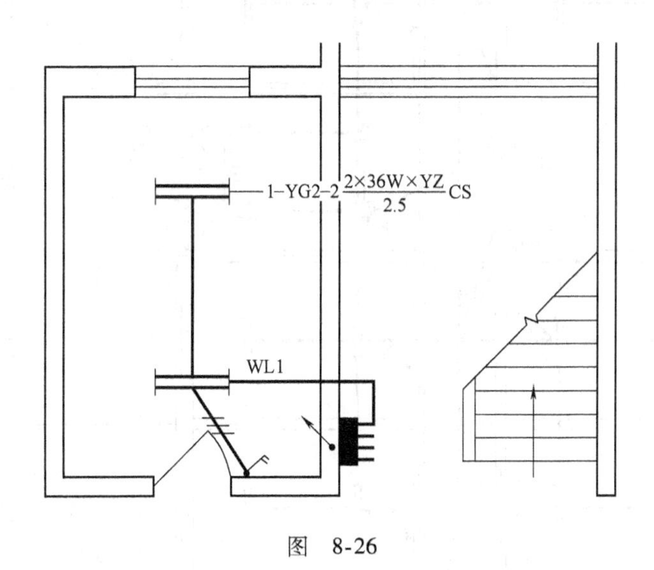

图 8-26

表示引线的图块共有三种（如图所示）。利用本命令菜单上面的“引上”开关菜单项可控制要插入的引线图块类型。插入后的引线箭头位置形式如果不合适，可用“引线翻转”和“箭头转向”命令修改。

依以上同样方法绘制“底层插座平面图”、“标准照明平面图”、“标准层插座平面图”，如图 8-28 ~ 图 8-30 所示。

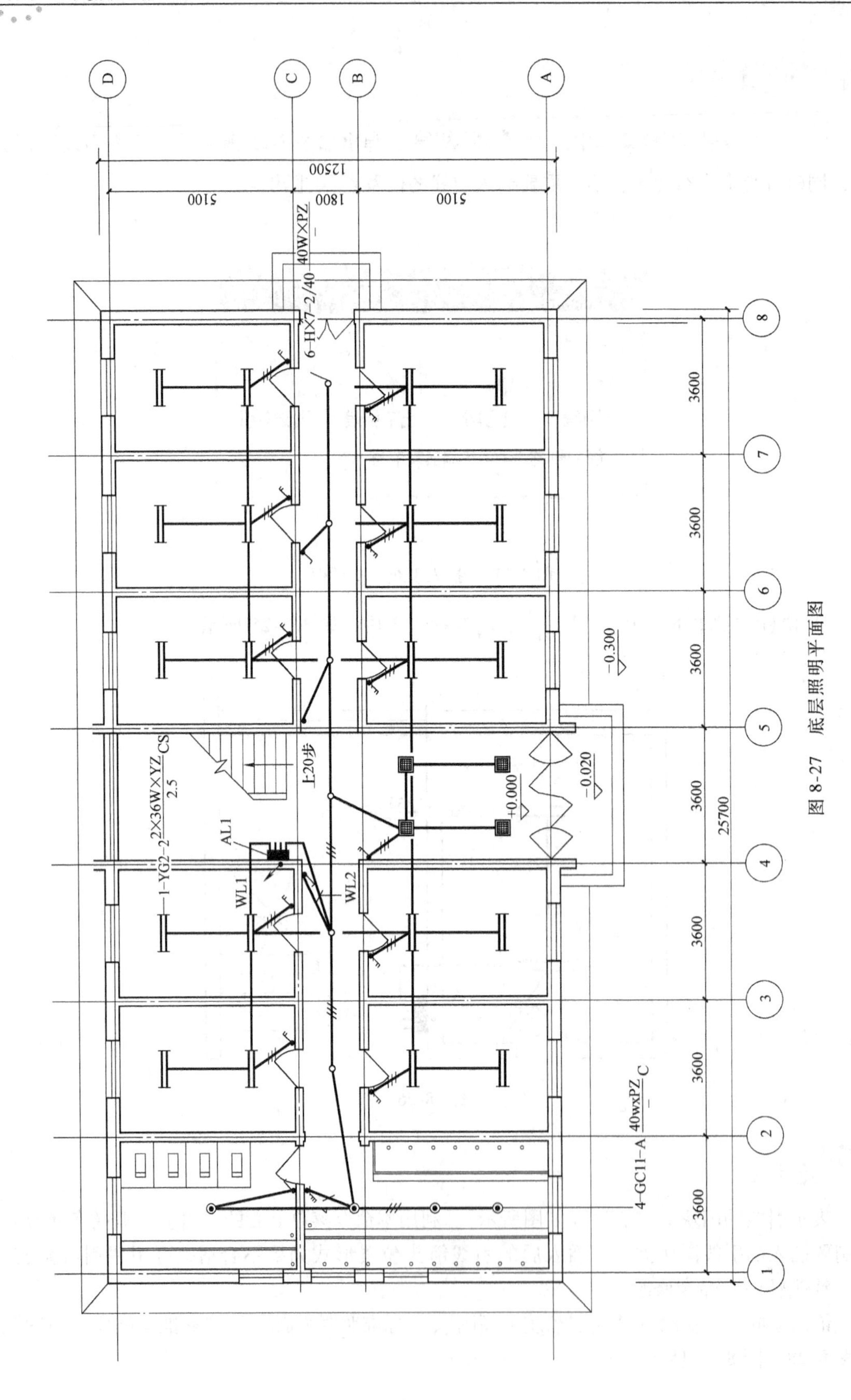

图 8-27 底层照明平面图

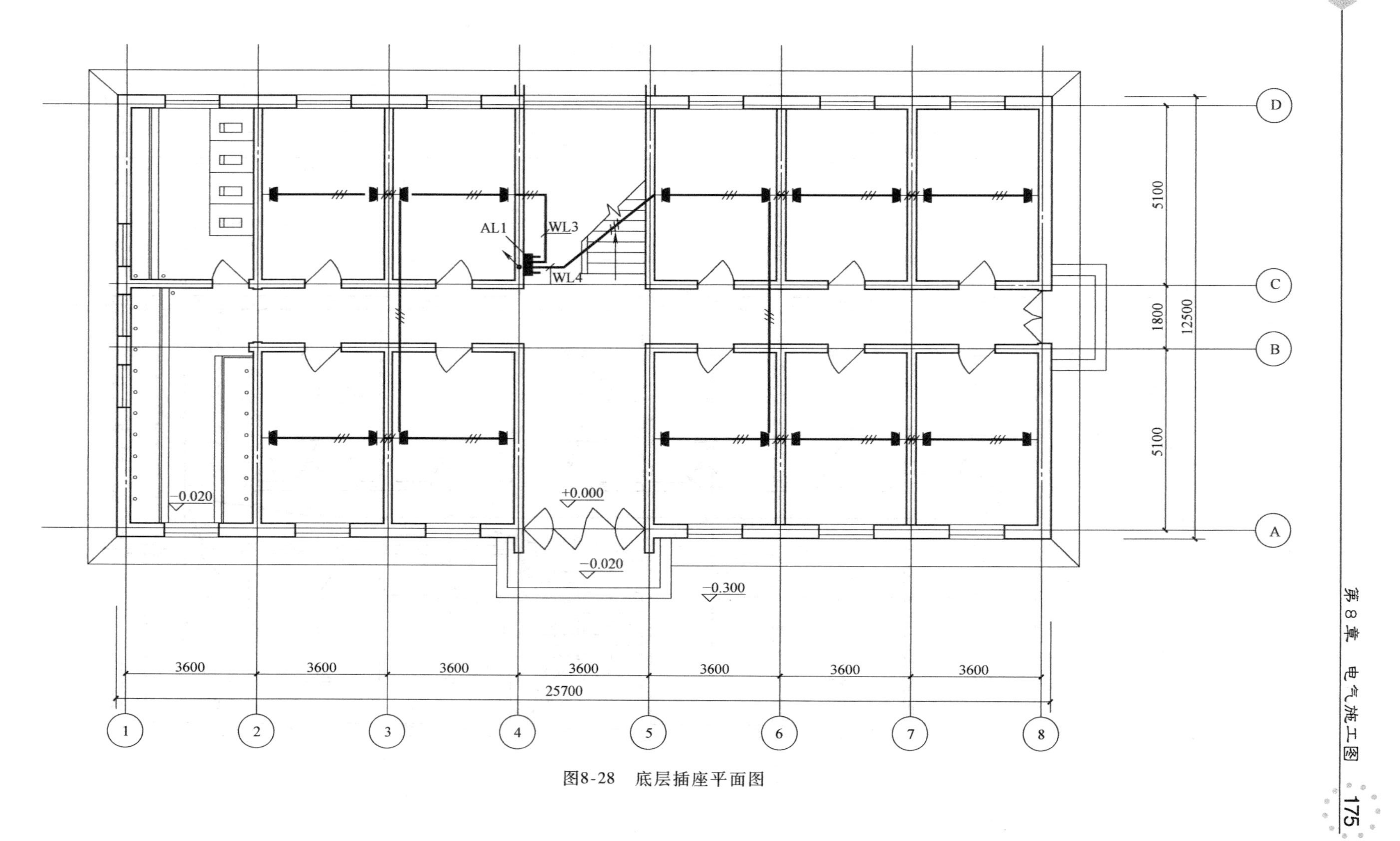

图8-28　底层插座平面图

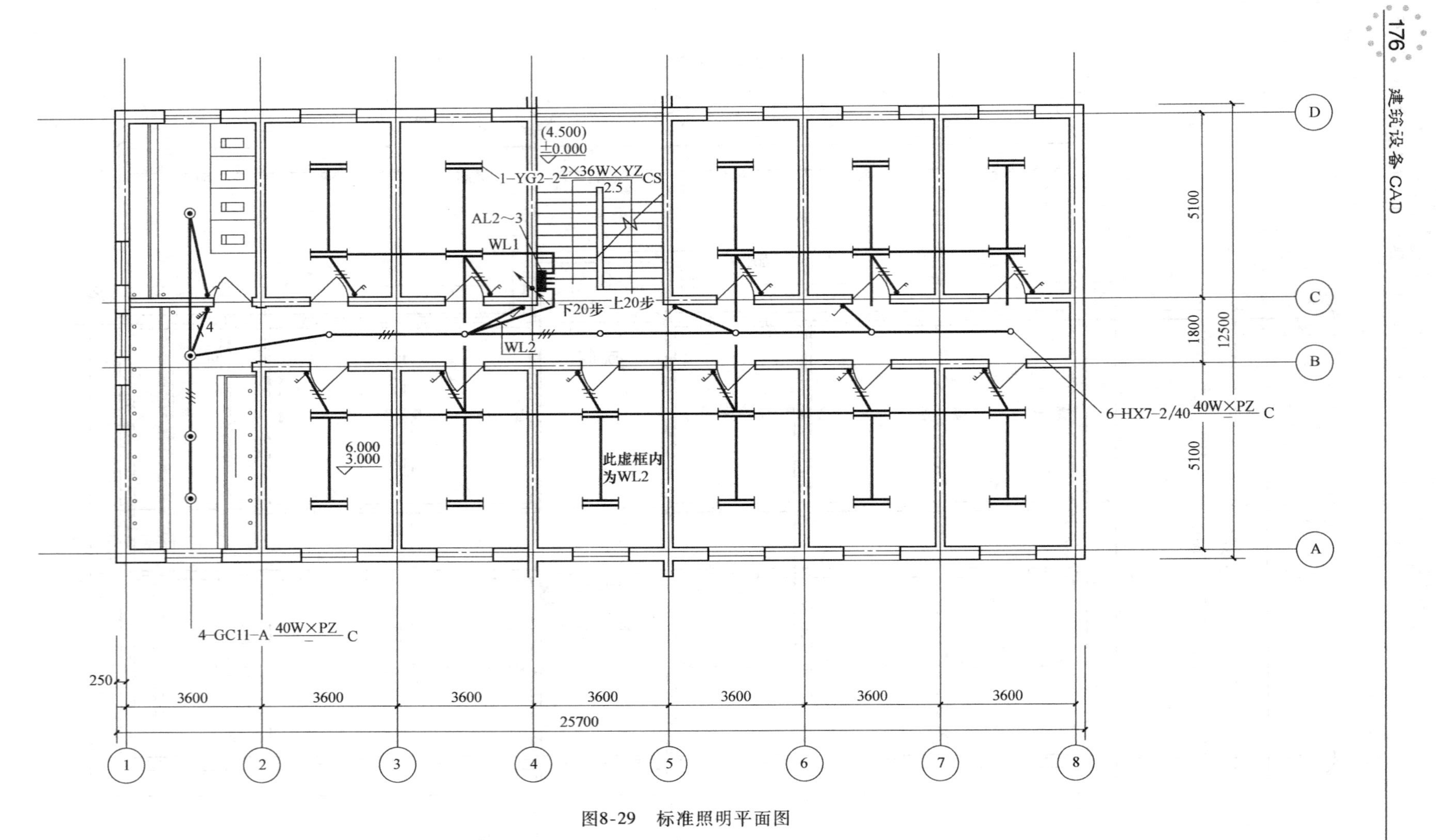

图8-29　标准照明平面图

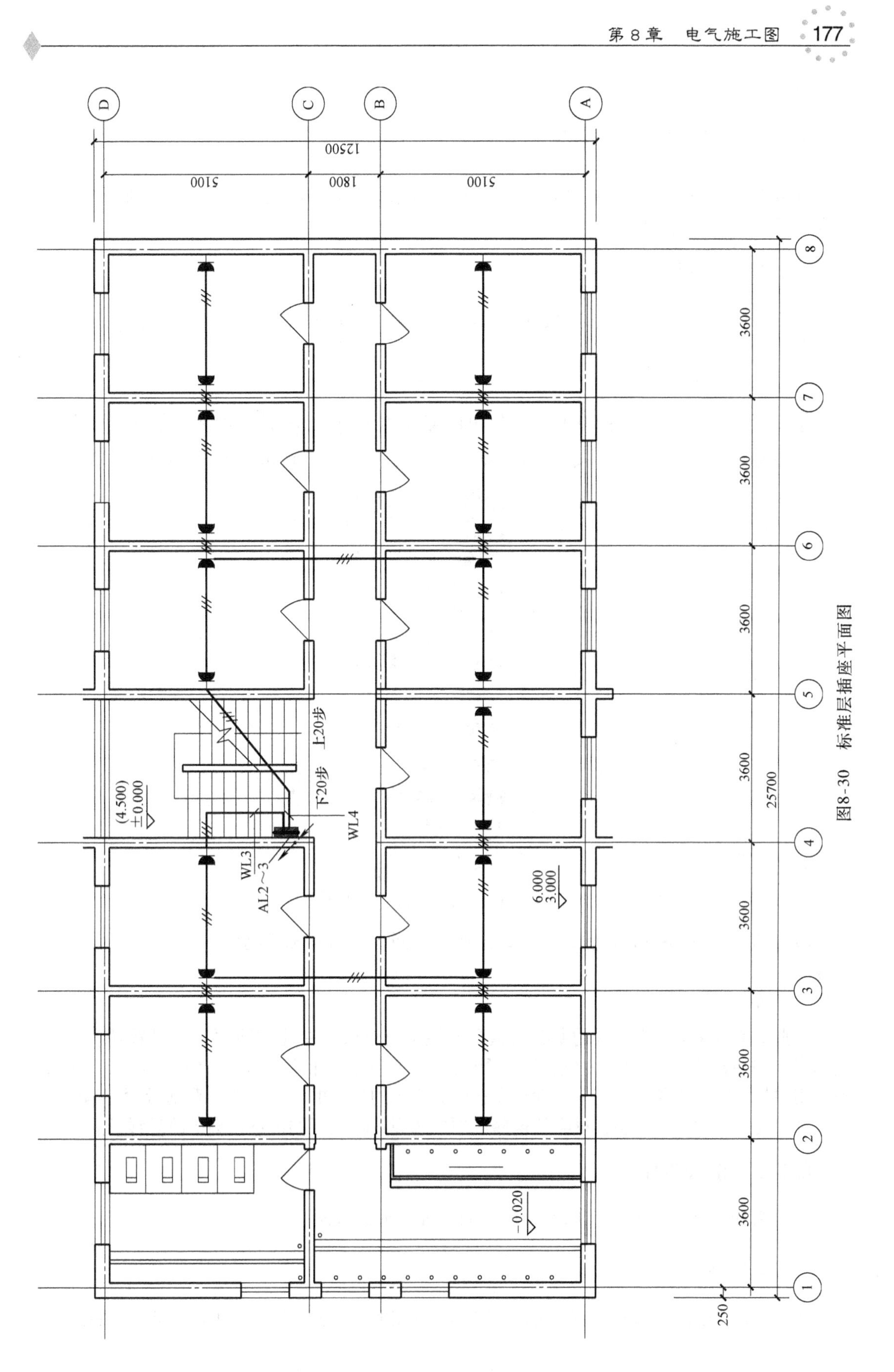

图8-30　标准层插座平面图

8.2 配电系统图绘制

强电系统提供了自动绘制照明系统、动力系统及任意定制的配电箱系统图的命令以及绘制高、低压开关柜的系统图。

8.2.1 编辑导线

改变导线层、线型、颜色、线宽、回路编号和导线标注信息。

① 在▶ 导 线 下拉菜单中点取 编辑导线，命令行提示：请选取要编辑导线 <退出>。

② 选取要编辑的导线后，按鼠标右键确认，弹出如图 8-31 所示的“编辑导线”对话框。

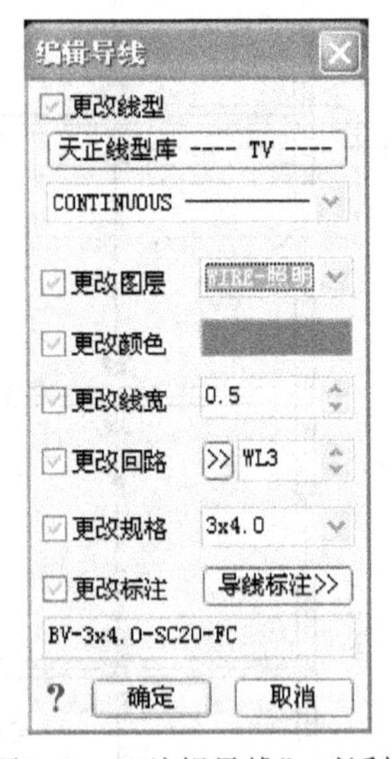

图 8-31 “编辑导线”对话框

③ 对选择的回路进行设置，点击确定按钮返回，如图 8-32 所示。

在此对话框中对所选导线的所有信息和属性进行修改。在此对话框中可以看到包括“更改图层”、“更改线型”、“更改颜色”、“更改线宽”、“更改回路”和“更改标注”几个选择框，用户如果要更改导线的某个属性只需选中要修改的选择框，这时就会看见后面的编辑框或下拉菜单变成可编辑的状态，只需从这些选项中选择或输入新的信息就会更改导线的属性。

8.2.2 系统生成

自定义配置任意系统图（以标准层平面为准生成系统图）。

① 以 编辑导线 功能给平面图的各回路进行回路编号，如图 8-33、图 8-34 所示的虚线框内。

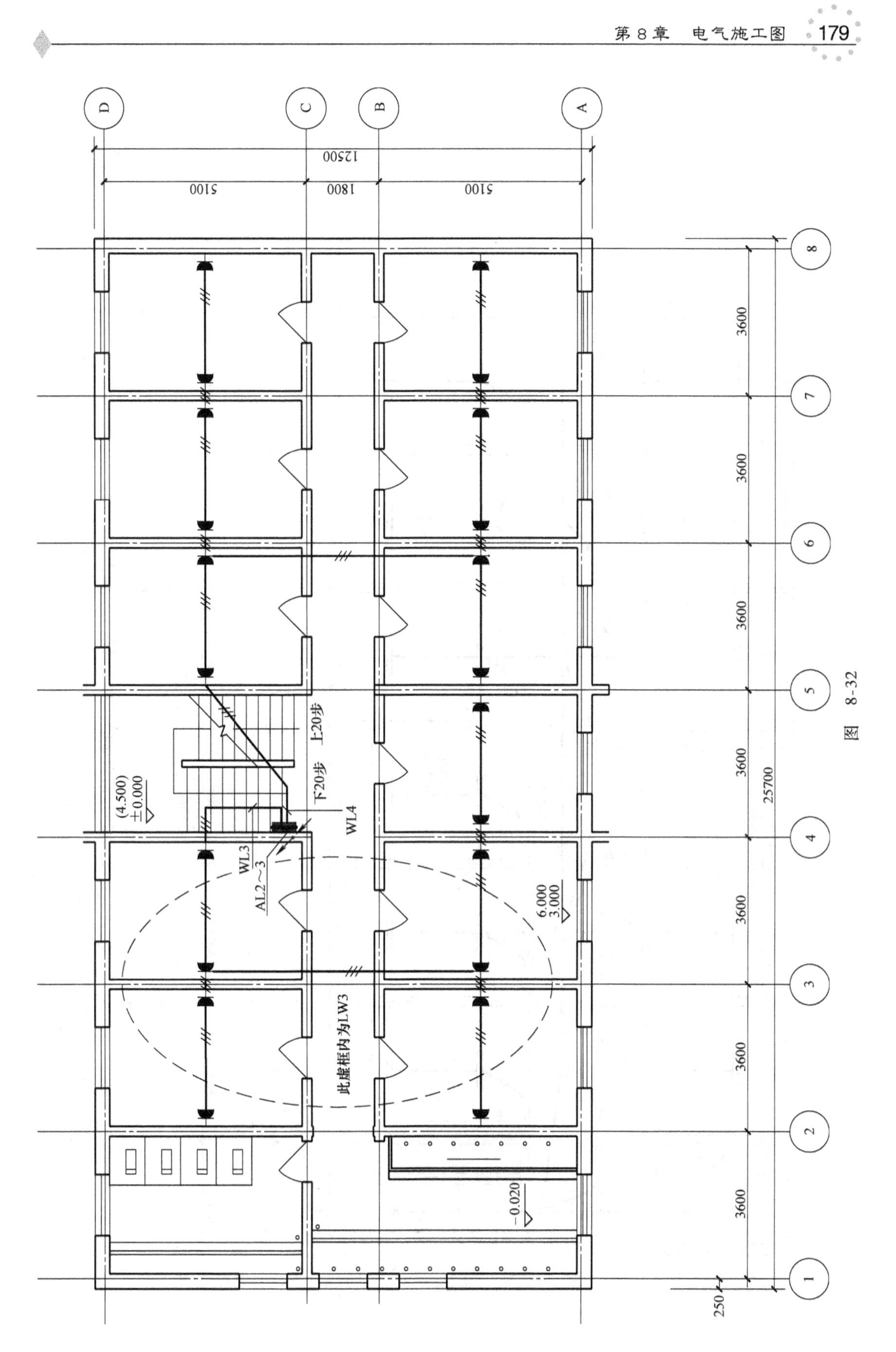
D
C
B
A
12500
5100
1800
5100
3600
3600
3600
3600
3600
3600
3600
25700
250
1
2
3
4
5
6
7
8
上20步
下20步
WL4
WL3
AL2～3
(4.500)
±0.000
6.000
3.000
-0.020
此虚框内为LW3

图 8-32

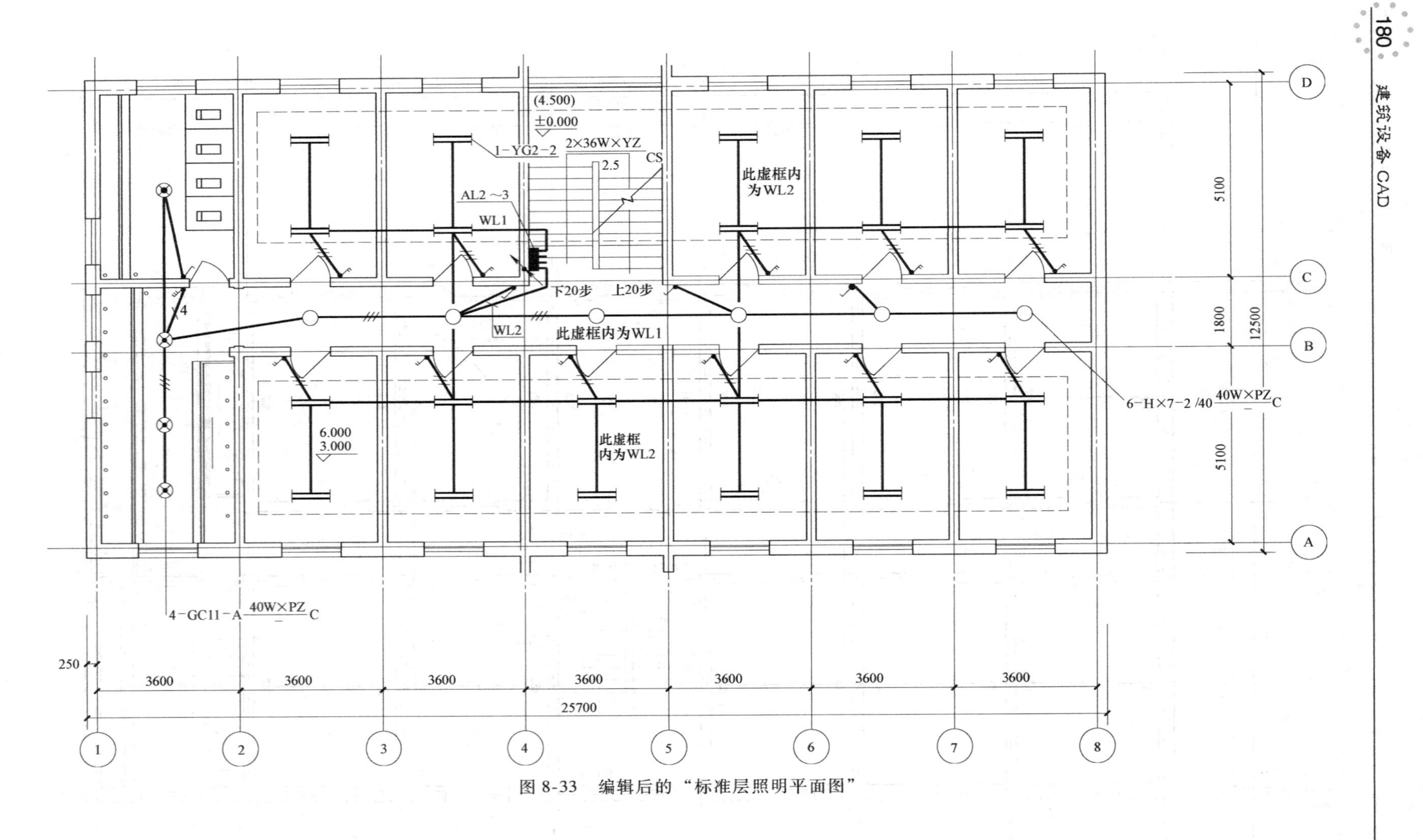

图 8-33 编辑后的"标准层照明平面图"

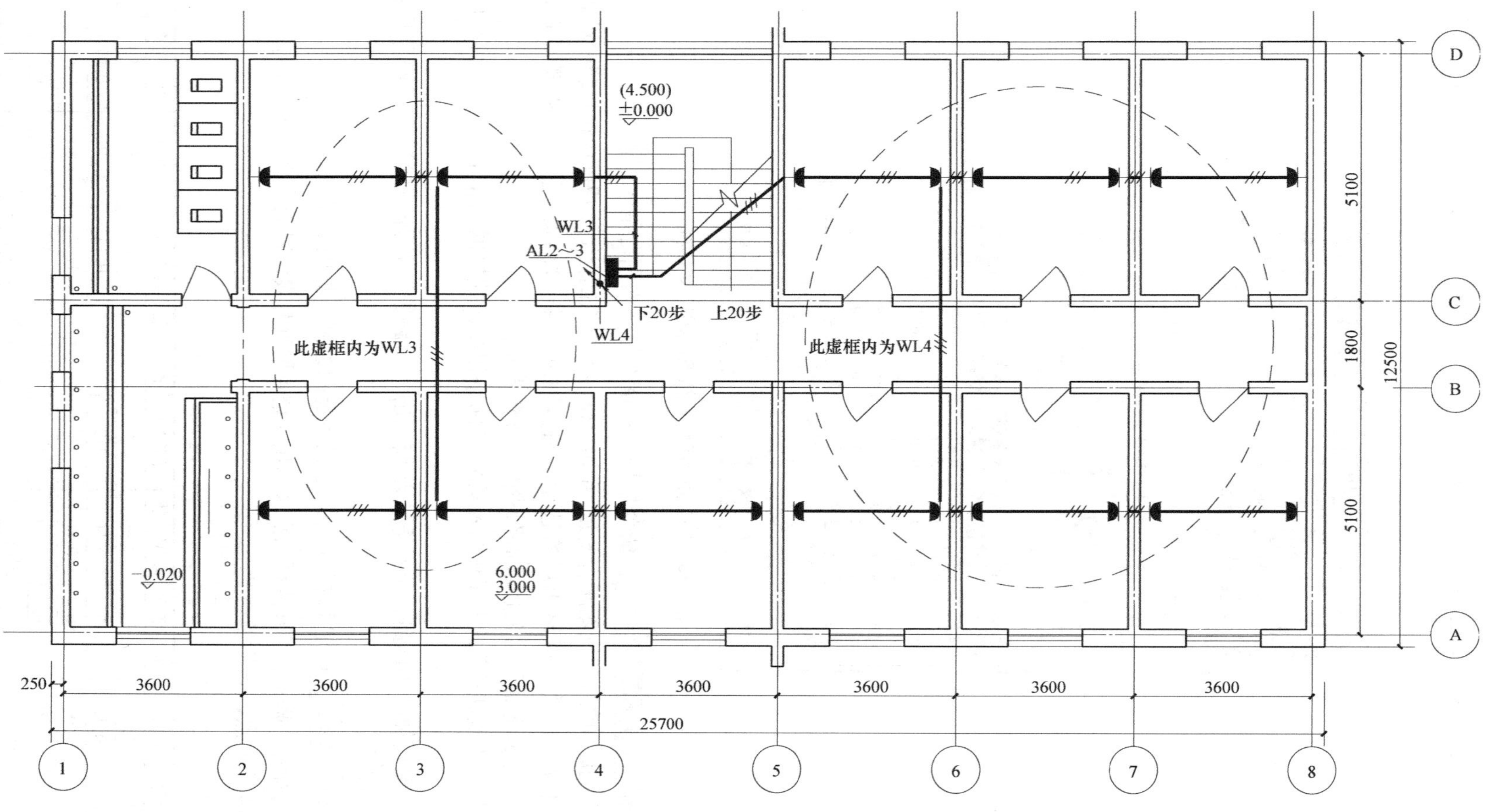

图 8-34 编辑后的"标准层插座平面图"

② 点取菜单中的 强电系统 中 系统生成，屏幕弹出“自动生成配电箱系统图”对话框，如图 8-35 所示。

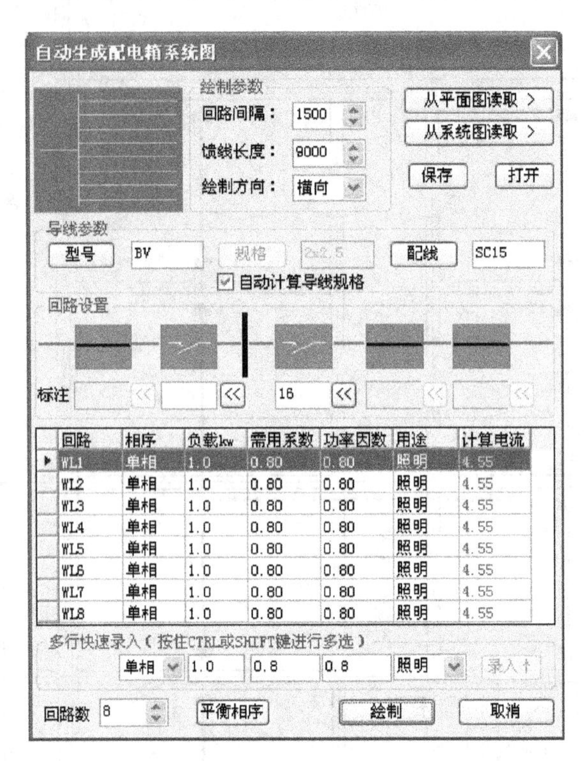

图 8-35 “自动生成配电箱系统图”对话框

③ 单击 从平面图读取 > ，命令栏提示：请选择平面图范围 <退出>。

④ 选择插座和照明平面图所有图元，单击 <Enter> 键返回自动生成配电箱系统图对话框。

⑤ 将复选框自动计算导线规格选中，调整插座回路，将馈线上“断路器”自动改为“带漏电保护的断路器”，将进线断路调整为隔离开关。

⑥ 点击“平衡相序”，程序可自动确定各回路相序，并根据三相平衡进行负荷计算，如图 8-36 所示。

⑦ 如需要增加备用回路，可在第 4 步前点击“回路数”增加，然后在“回路用途”选择“备用”即可。

⑧ 点击 绘制 ，选取插入点，完成系统图绘制，如图 8-37 所示。

⑨ 同时命令栏提示：请输入插入点 <退出> 请点取计算表位置或［参考点（R）］ <退出>。

⑩ 点取插入点，表格见表 8-1。

表 8-1

序号	回路编号	总功率	需用系数	功率因数	额定电压	设备相数	视在功率	有功功率	无功功率	计算电流
1	WL1	1.66	0.80	0.80	220	A 相	1.66	1.33	1.00	7.55
2	WL2	0.12	0.80	0.80	220	C 相	0.12	0.10	0.07	0.55
3	WL3	1.00	0.80	0.80	220	C 相	1.00	0.80	0.60	4.55
4	WL4	1.20	0.80	0.80	220	B 相	1.20	0.96	0.72	5.45
总负荷 P_e = 3.98kW			总功率因数：$\cos\phi$ = 0.80			计算功率：P_{js} = 3.98kW			计算电流：I_{js} = 7.57A	

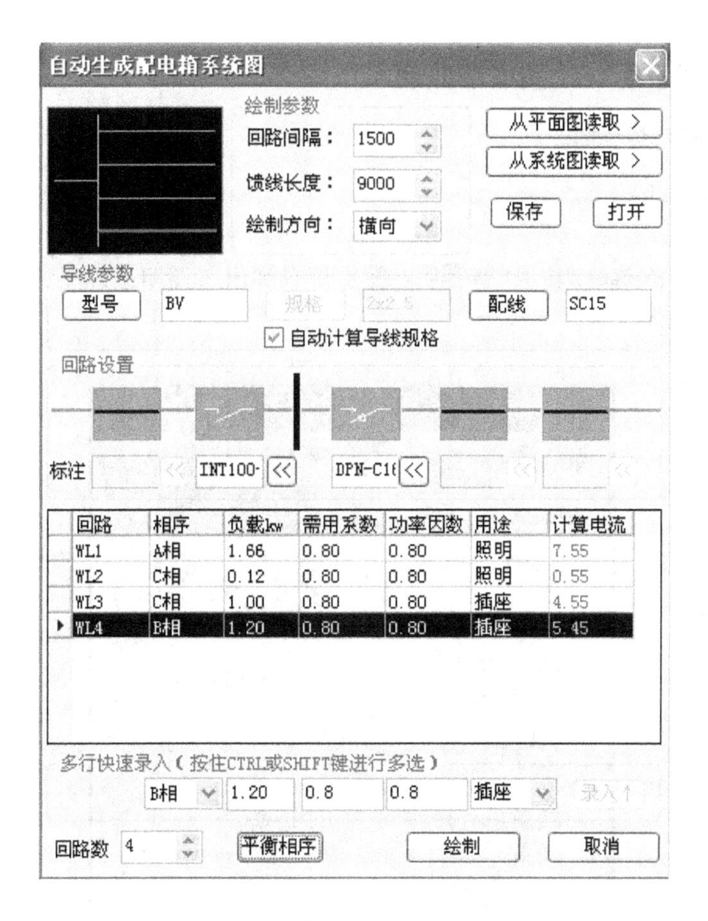

图　8-36

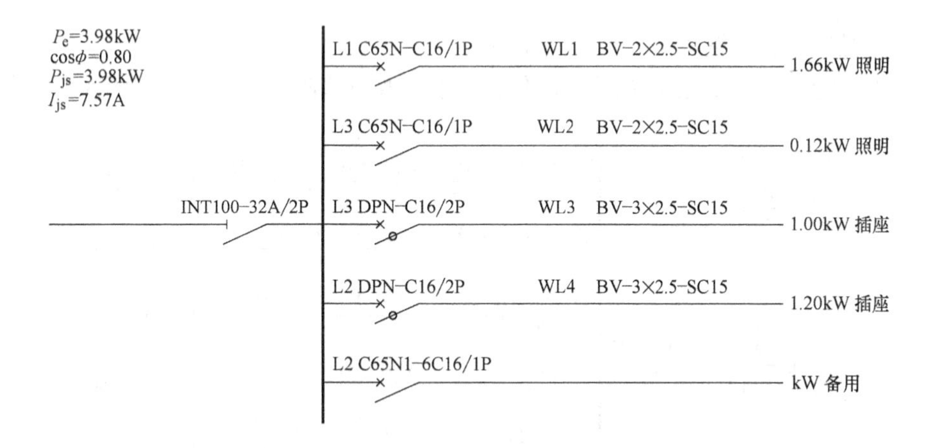

图 8-37　完成系统图

说 明：

“保存”“打开”：用户可将本次设置的配电箱系统图方案存成文件以供今后调用。

8.2.3 照明系统（绘制底层照明系统图）

绘制简单的照明系统图。

① 点取主菜单▶ 强电系统 中 照明系统，屏幕弹出“照明系统图”对话框，设置后如图 8-38 所示。

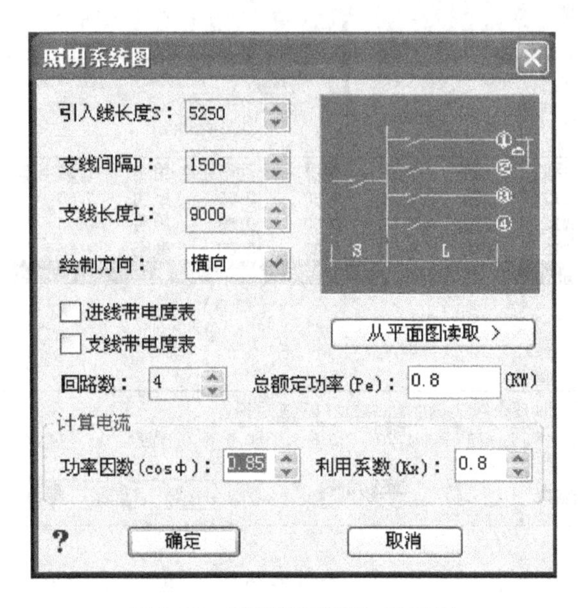

图 8-38 “照明系统图”对话框

② 命令栏提示：请输入插入点 <退出>。

③ 点击确定，绘制配电系统图。对配电系统图做局部调整，完成后如图 8-39 所示。

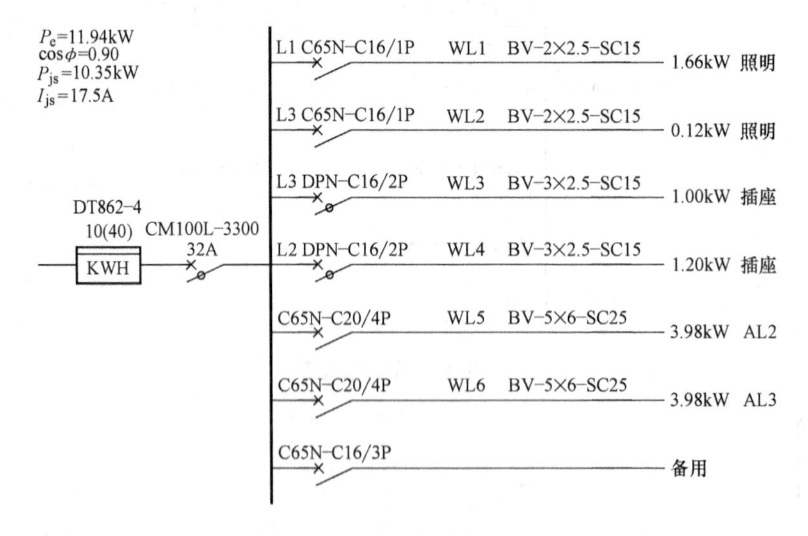

图 8-39 “配电系统图”

8.2.4　元件插入

在系统图中将元件图块插入到导线中。

① 点取主菜单 ▸ 系统元件 中 元件插入，屏幕弹出“天正电气图块”对话框，如图 8-40所示。

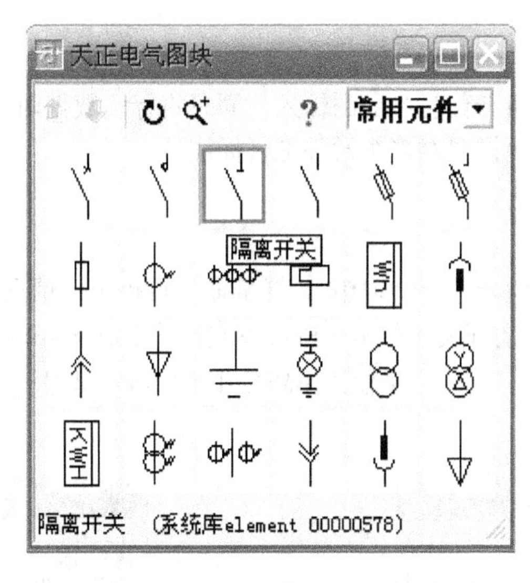

图 8-40　“天正电气图块”对话框

② 在“天正电气图块”对话框中下拉菜单选择 常用元件，将鼠标移动至图块，单击左键选中，命令栏提示：请指定元件的插入点 <退出>。

③ 在系统图中点取插入点，绘制完成，如图 8-41 所示。

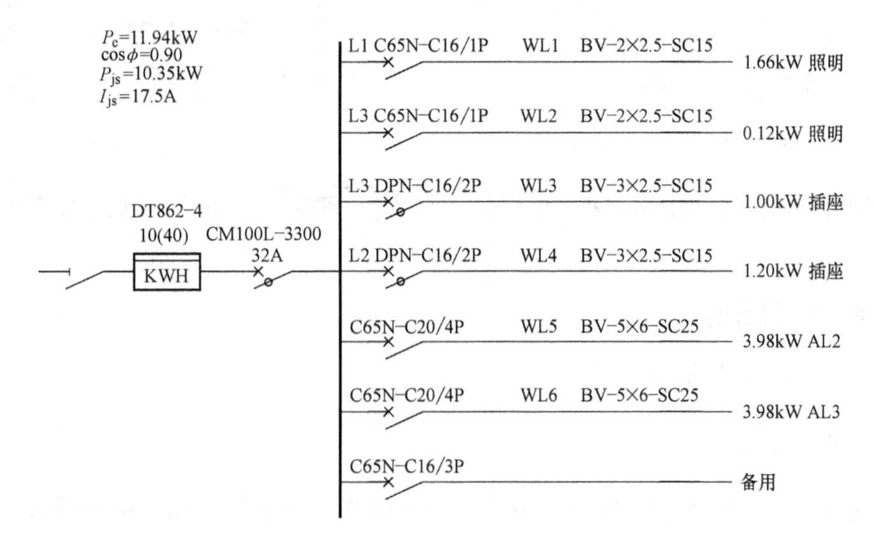

图　8-41

说明：

【向上翻页】 当元件图块数超过显示范围时可以通过单击此按钮进行向上翻页。

【向下翻页】 当元件图块数超过显示范围时可以通过单击此按钮进行向下翻页。

【旋转】 当此按钮处于按下状态时，用户使用一些命令可按一定角度插入元件。

【放大】 当单击此按钮时会弹出被选定的元件放大图，使用户能清晰地预览该元件。

8.2.5 元件标注

对系统图中所选元件进行信息参数的输入，同时将标注数据附加在被标注的元件上，并对元件进行标注。此命令可同时对多个元件进行标注。

① 点取主菜单 系统元件 中 元件标注，屏幕命令行提示：请选择元件范围<退出>。

② 选择系统图中的隔离开关，单击<Enter>键弹出如图 8-42 所示的元件标注对话框。

③ 在 中输入 BMG1-125A/4P，点击 增加+，将列入上方表栏中，如图 8-43 所示。

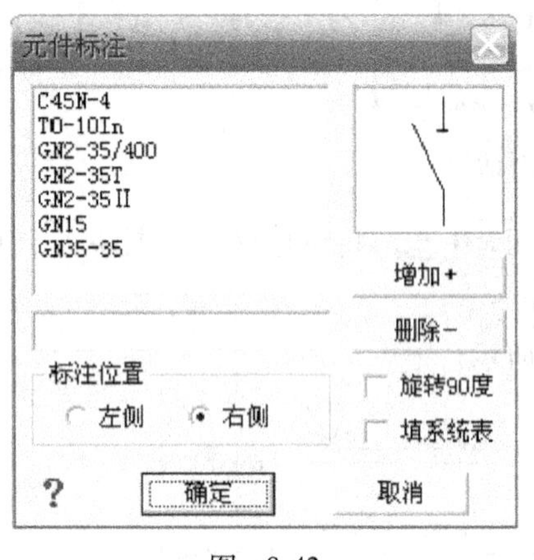

图 8-42

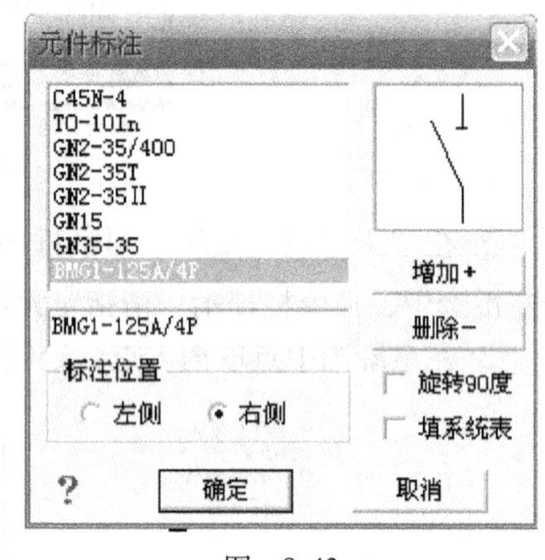

图 8-43

④ 单击鼠标左键选中 BMG1-125A/4P，点击 确定，标注完成。结果如图 8-44 所示。

8.2.6 负荷计算

计算供电系统的线路负荷。

① 点取 计 算 中 负荷计算，弹出“负荷计算”对话框，如图 8-45 所示。

② 点击 系统图导入，命令行提示：请拾取一根母线：<退出>

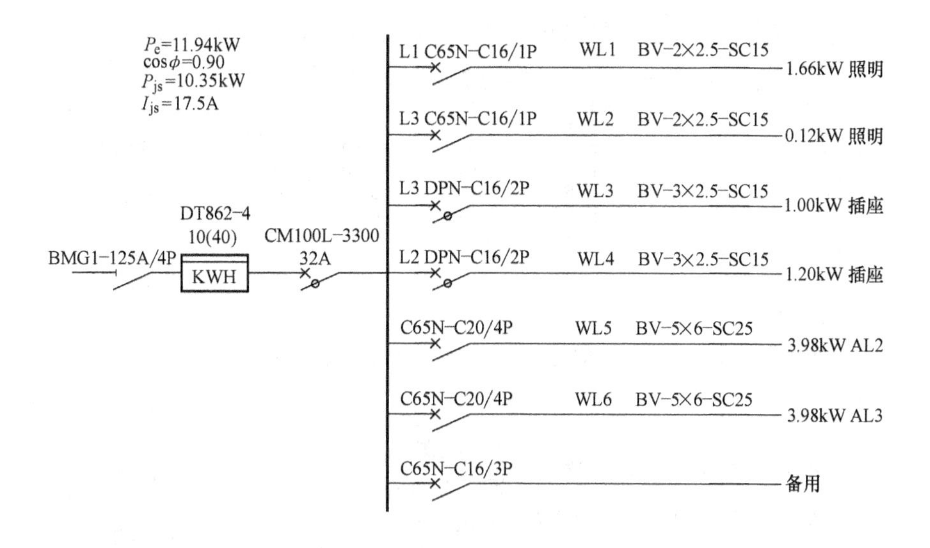

图 8-44

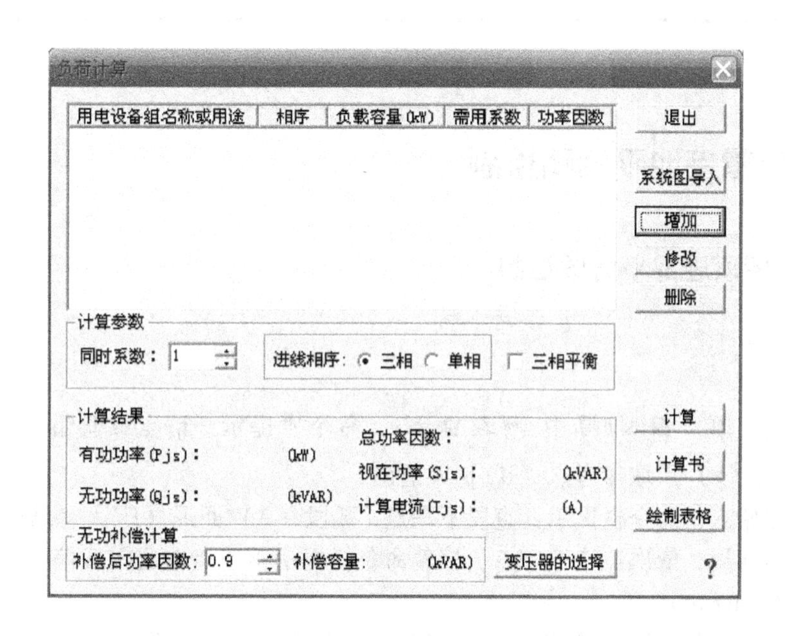

图 8-45 “负荷计算”对话框

单击配电系统图母线。

③ 配电系统图信息导入“负荷计算”对话框，如图 8-46 所示。

④ 点击 计算 ，计算完成。

提 示：

点击 计算书 将出现 Word 格式的计算格式书；点击 绘制表格 ，可绘制表格形式。

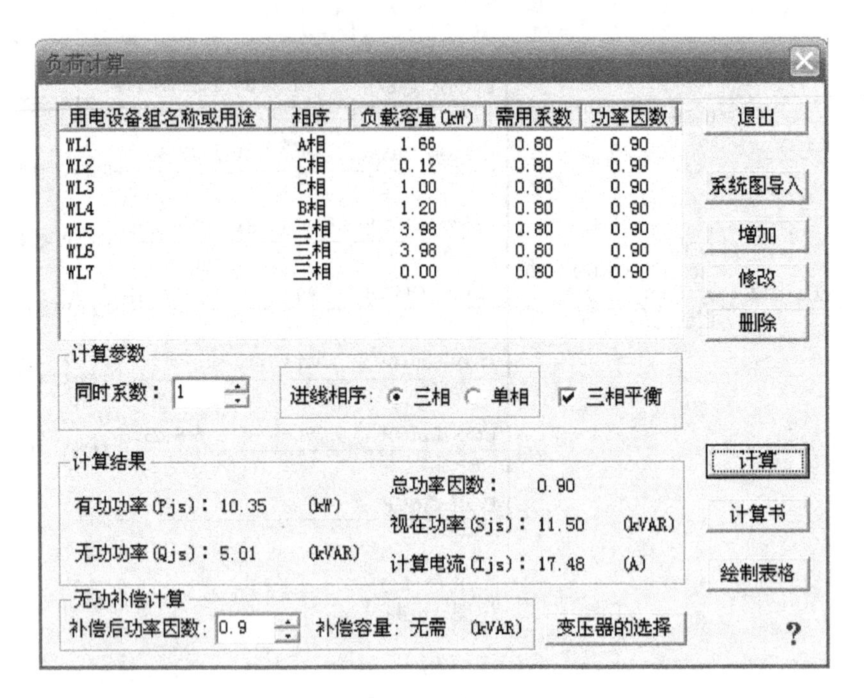

图 8-46

8.3 防雷接地平面图绘制

8.3.1 屋顶避雷平面图绘制

① 点取主菜单 接地防雷 中 避 雷 线 ，命令栏提示：请点取避雷线的起始点：或［点取图中曲线（P)/点取参考点（R)］ <退出>。

② 点取起始点，命令栏提示：直段下一点［弧段（A)/回退（U)］ <结束>。

③ 沿屋顶四周，依次点取下一点。接着命令栏提示：请点取避雷线偏移的方向 <不偏移>：单击 <Enter> 键。

请输入支持卡的间距（ESC 退出）<1000>：单击 <Enter> 键。

④ 屋顶避雷网绘制完成如图 8-47 所示。

⑤ 用 插入引线 绘制避雷引下线。

⑥ 点击主菜单 符 号 中 引出标注 ，弹出“引出标注文字”对话框，如图 8-48 所示。命令栏提示：请给出标注第一点 <退出>。

⑦ 在 上标注文字： 中输入“沿屋顶四周设 ϕ10 的镀锌圆钢”，在 下标注文字： 中输入“镀锌圆钢垂直小针 h = 0.1m，@1m，转角必设”，其他类似标注同此。如图 8-49 所示。

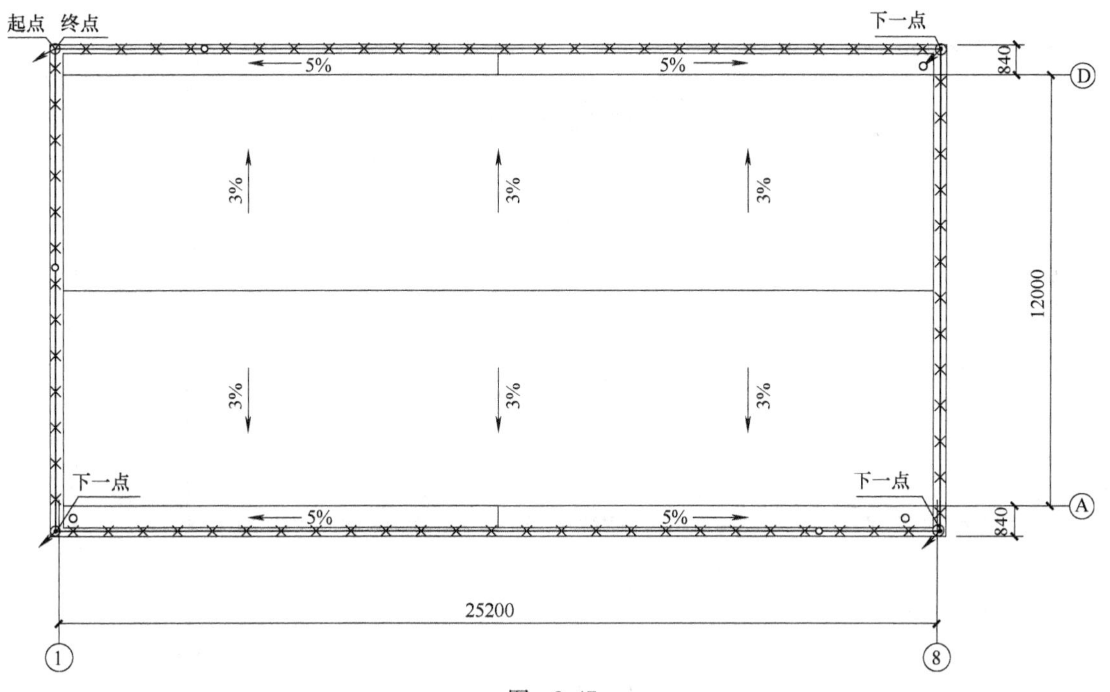

图　8-47

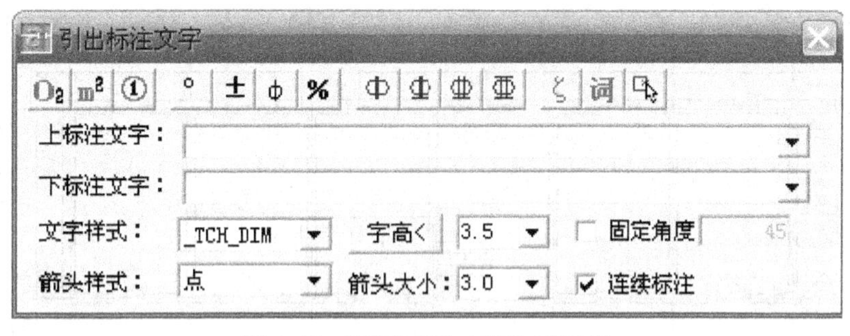

图 8-48　“引出标注文字”对话框

8.3.2　接地平面图绘制

操作：

① 点取“接地防雷”中 接地线 ，命令栏提示：请点取接地线的起始点或［点取图中曲线（P）/点取参考点（R）］ <退出>。

② 绕建筑外墙 3m 处布置起点，命令栏提示：直段下一点［弧段（A）/回退（U）］ <结束>。依次点取下一点，至终点结束。命令栏提示：请输入接地极的间距（ESC 退出）<5000>：单击 <Enter> 键结束，如图 8-50 所示。

③ 同理将建筑四角与室外接地线连接。

④“箱体命令”布置等电位端子板，同时与接地体连接。

⑤ 用 引出标注 对设备进行标注。

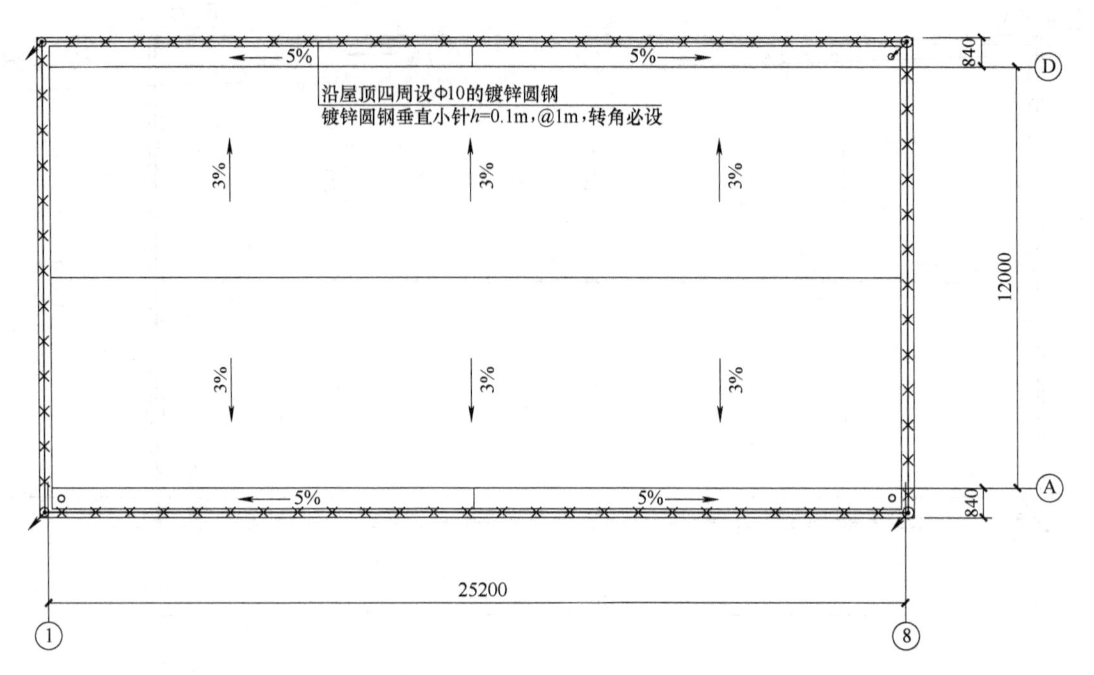

图 8-49 “屋顶避雷平面图”

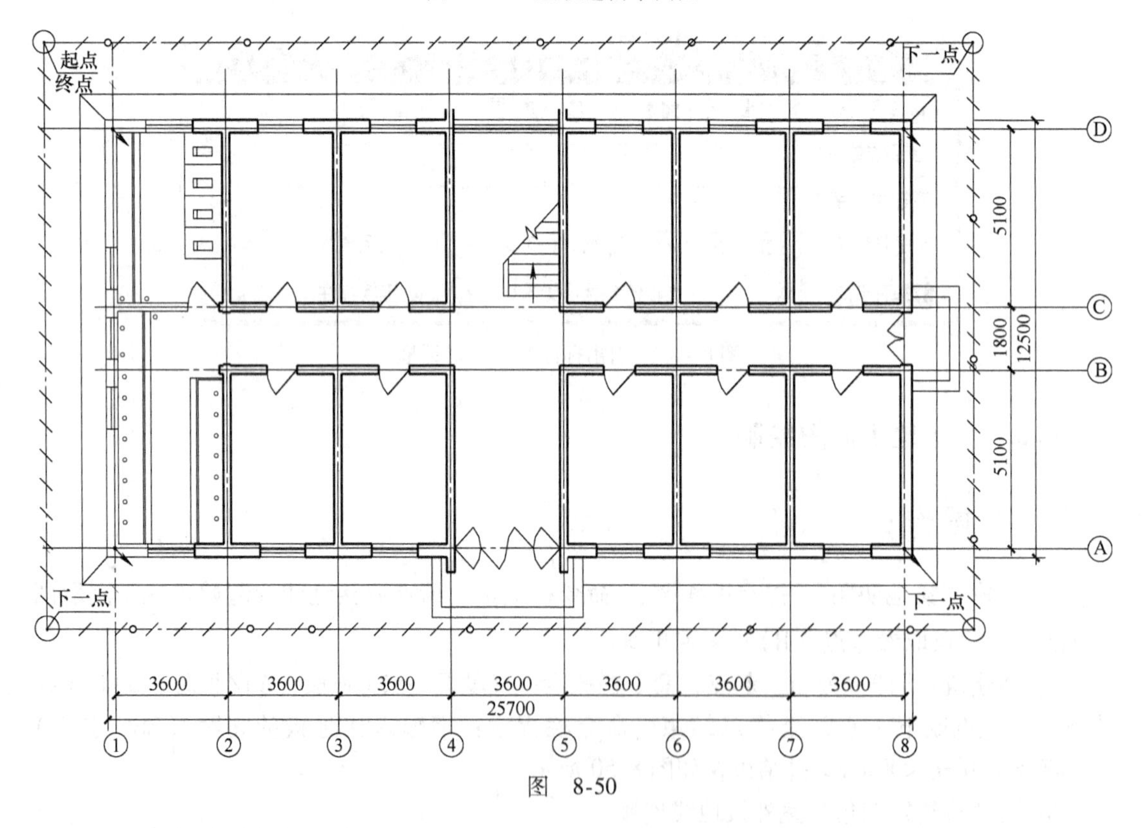

图 8-50

⑥ 用 **插入引线** 绘制避雷引下线。

绘图结果如图 8-51 所示。

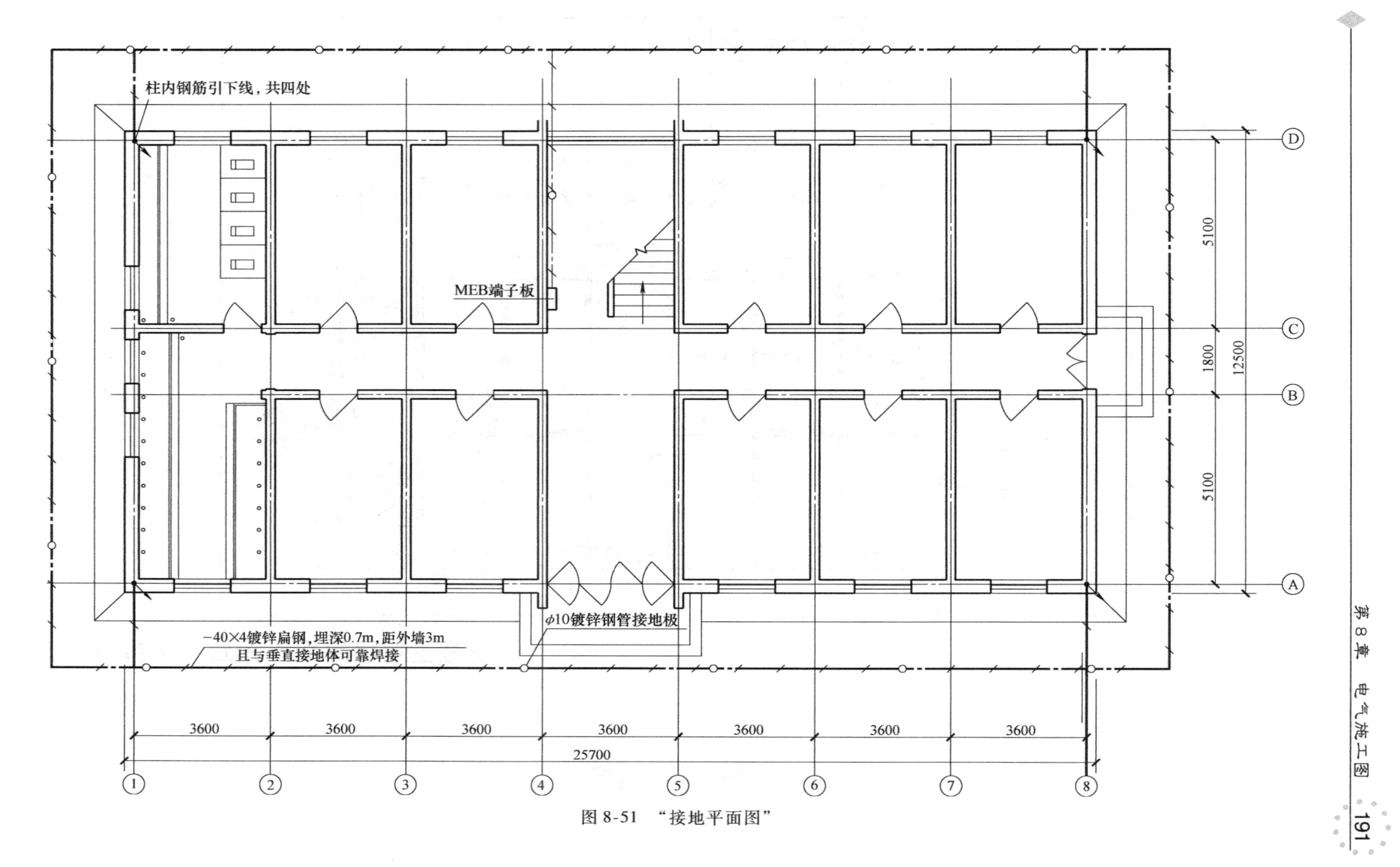

柱内钢筋引下线，共四处
MEB端子板
φ10镀锌钢管接地极
-40×4镀锌扁钢，埋深0.7m，距外墙3m
且与垂直接地体可靠焊接
D
C
B
A
5100
1800
5100
12500
3600
3600
3600
3600
3600
3600
3600
25700
1
2
3
4
5
6
7
8

图 8-51　“接地平面图”

附　　录

附录A　某学生宿舍建筑平面图

底层平面图 1:100

建筑职业技术学院			比例	
			图号	
制图	姓名	日期	底层平面图	
审核				

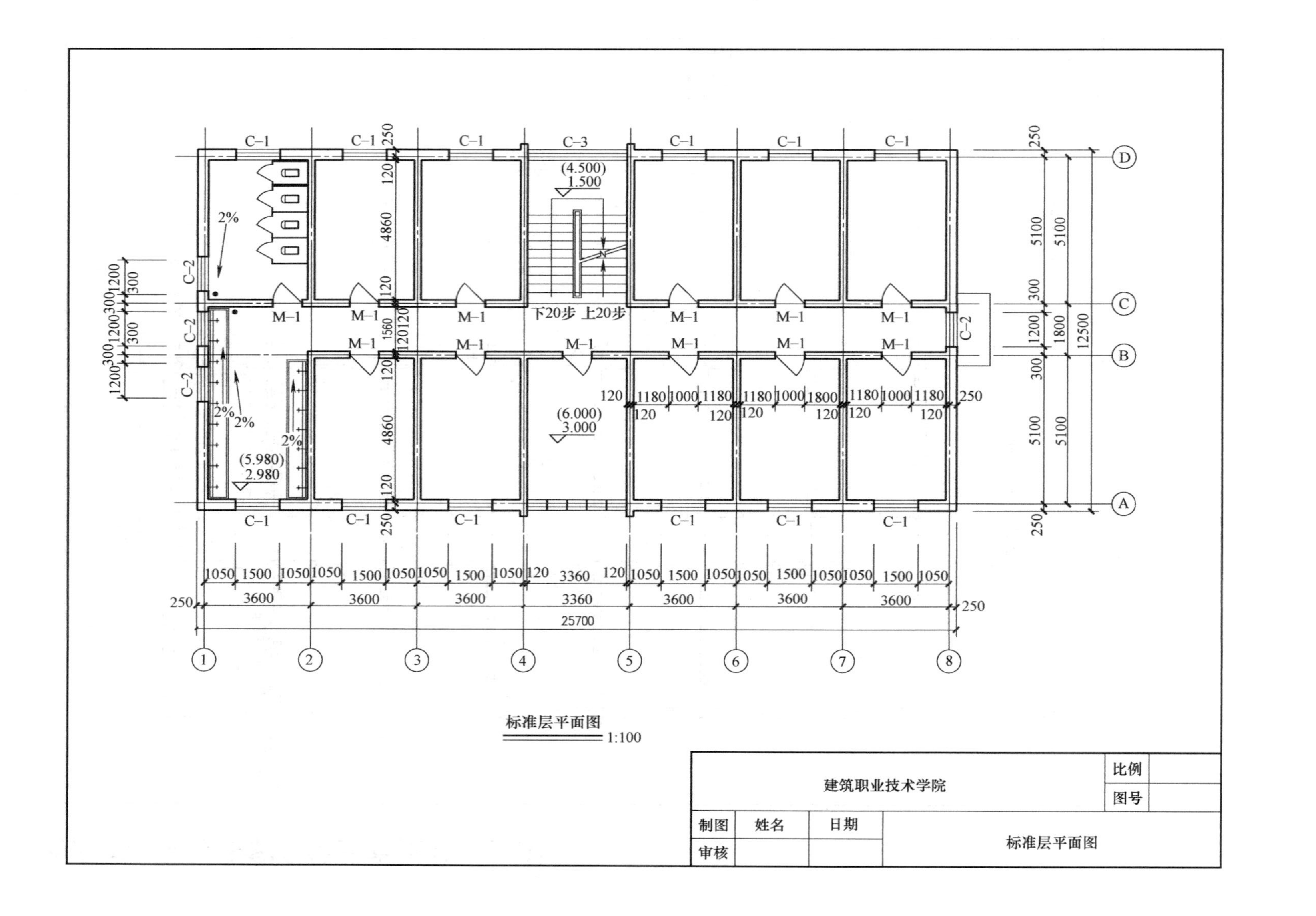

C–1
C–2
C–3
M–1
(4.500)
1.500
下20步 上20步
(6.000)
3.000
(5.980)
2.980
2%
25700
12500
标准层平面图
1:100
建筑职业技术学院
比例
图号
制图
姓名
日期
审核
标准层平面图

附录 B 某学生宿舍给排水系统设计图

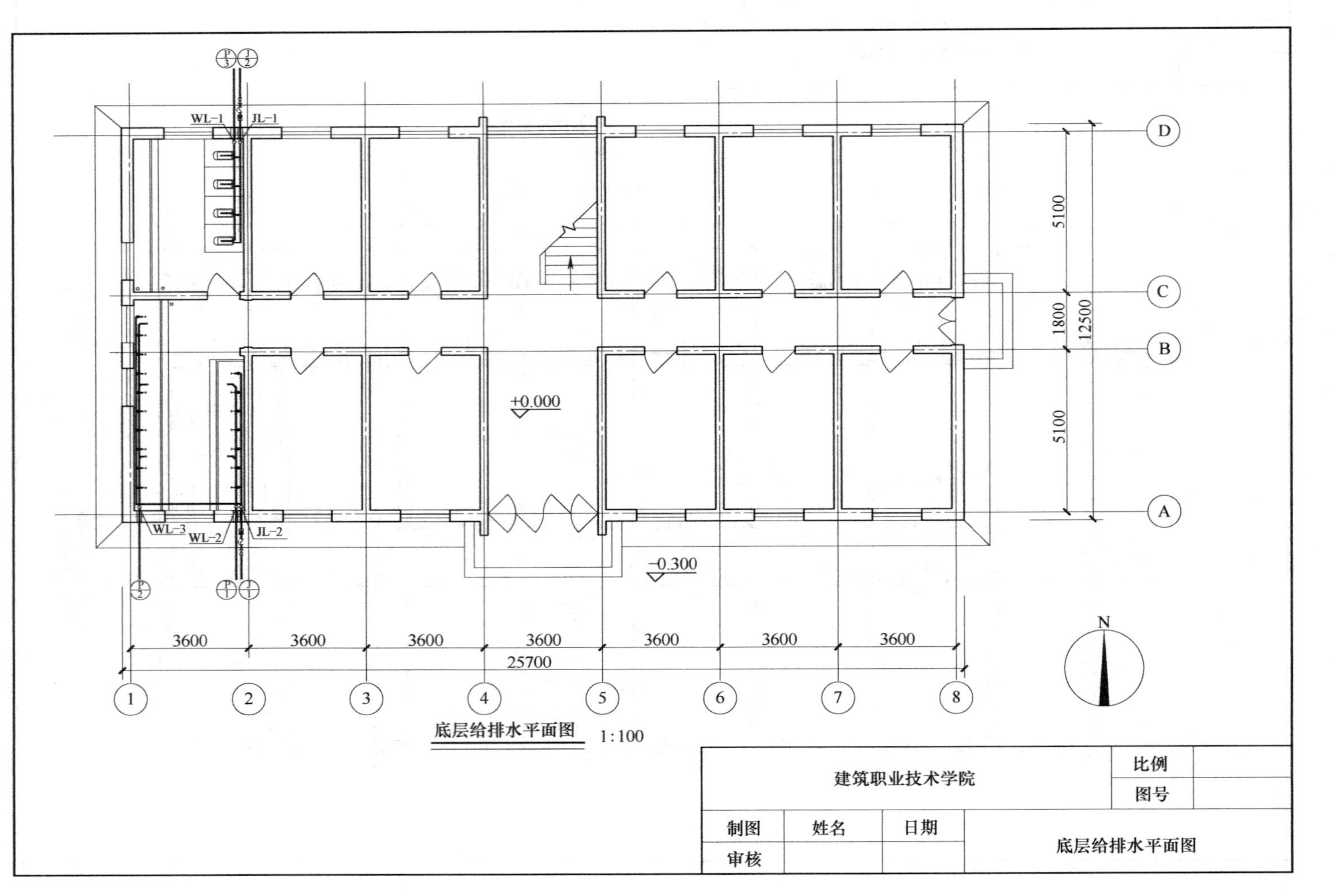

底层给排水平面图 1:100

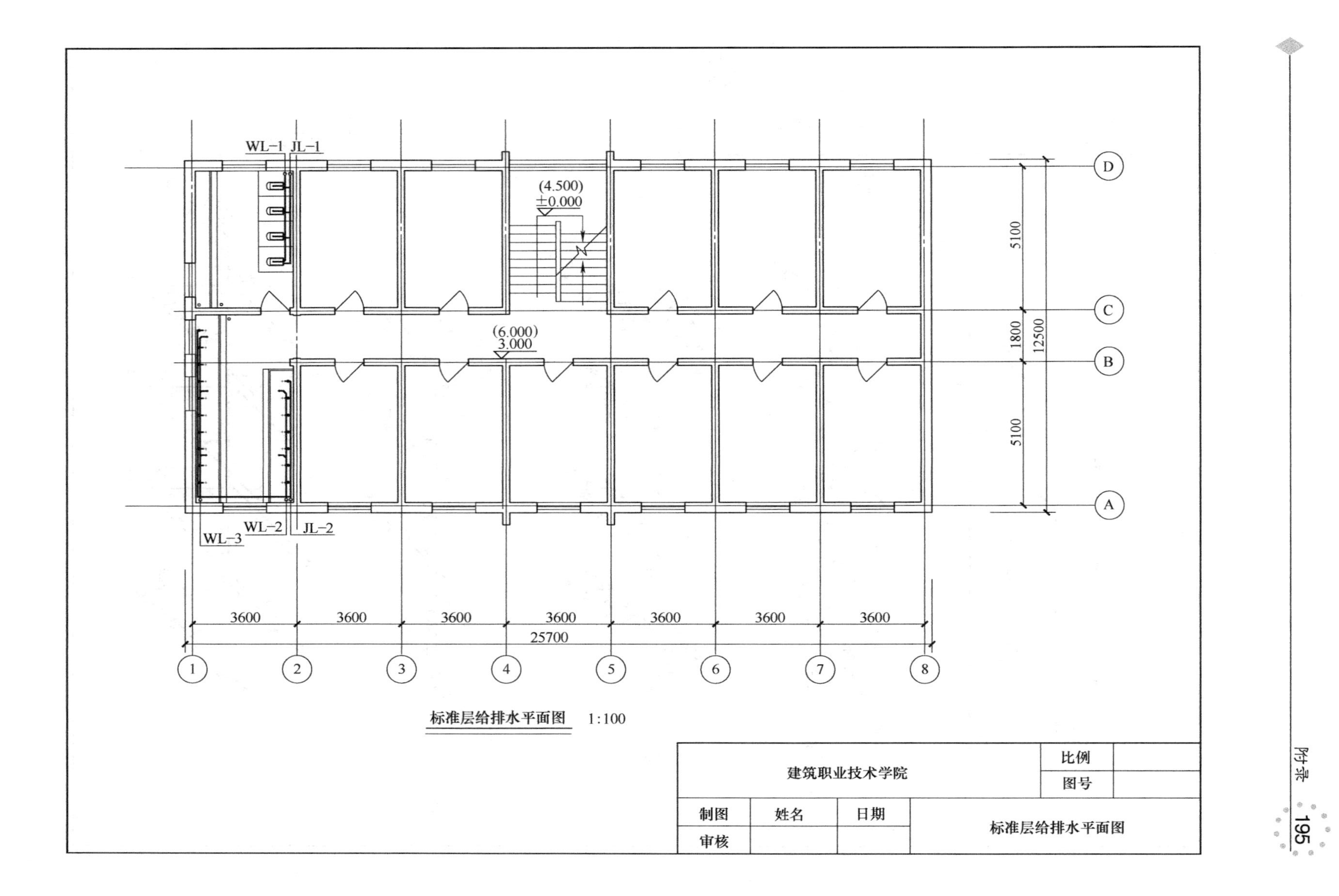

标准层给排水平面图 1:100

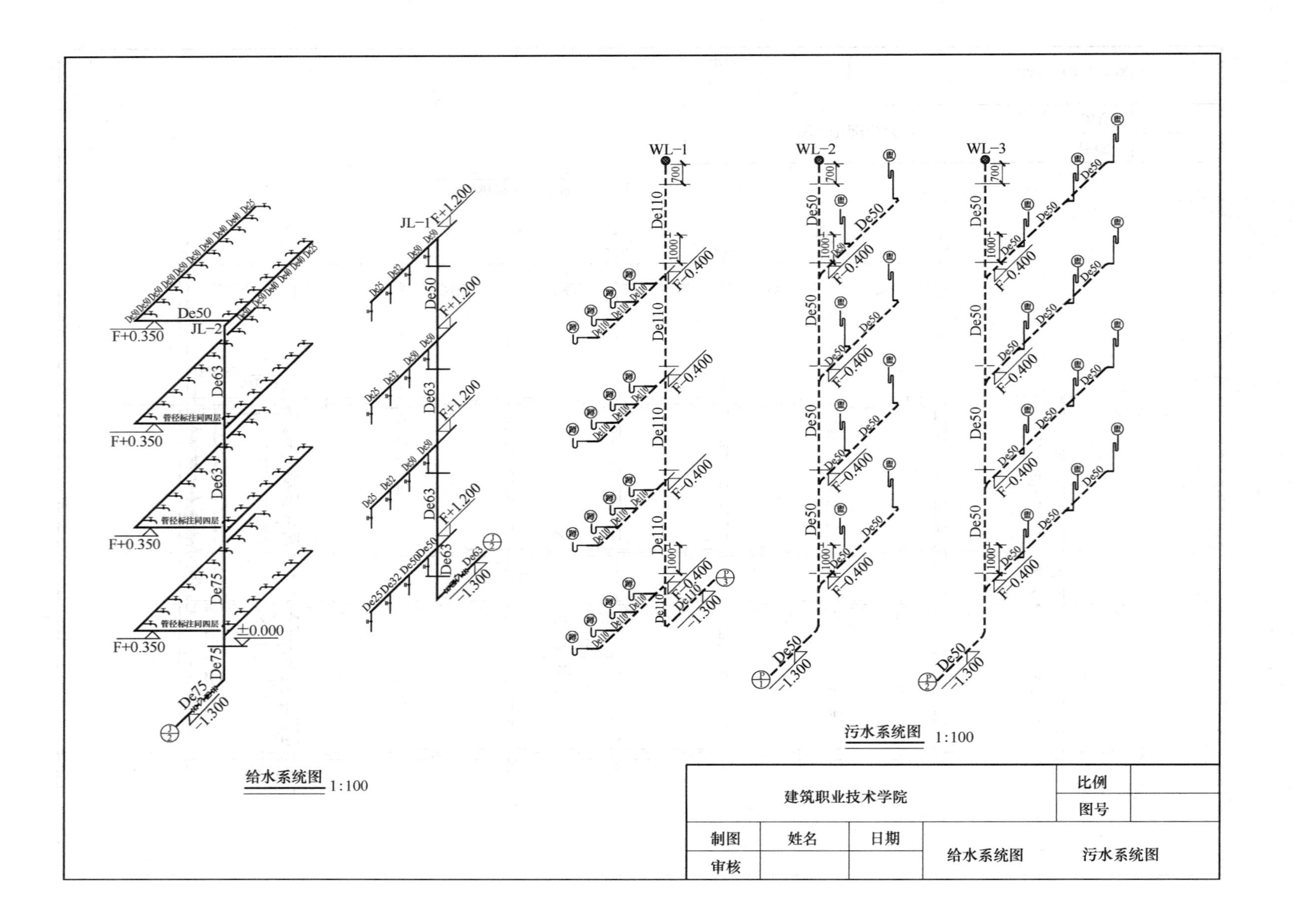
JL-1
JL-2
WL-1
WL-2
WL-3
De50
De63
De75
De110
F+0.350
F+1.200
F-0.400
±0.000
-1.300
管径标注同四层
给水系统图 1:100
污水系统图 1:100
建筑职业技术学院
比例
图号
制图
姓名
日期
审核
给水系统图
污水系统图

附录 C　某学生宿舍采暖系统设计图

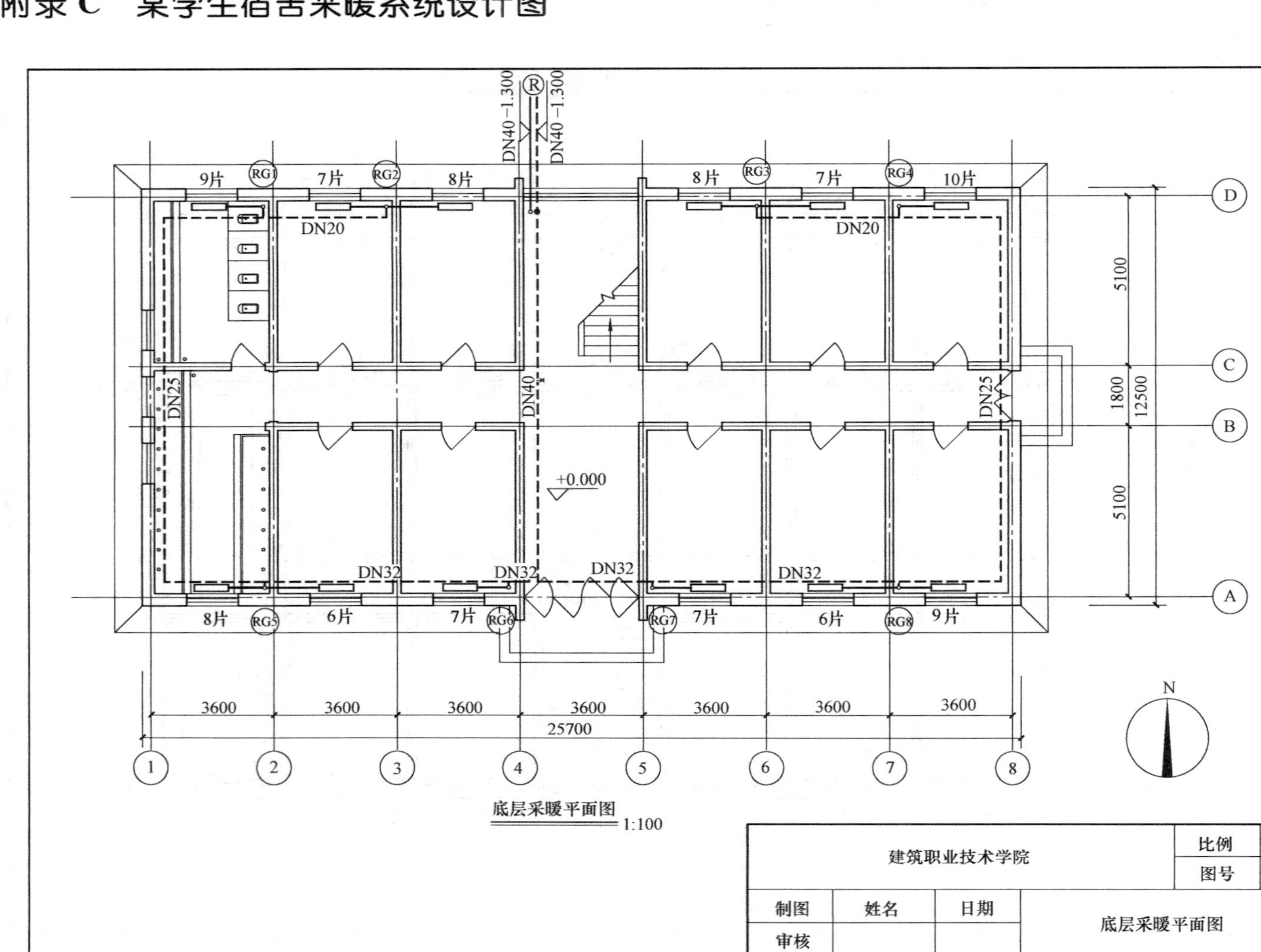

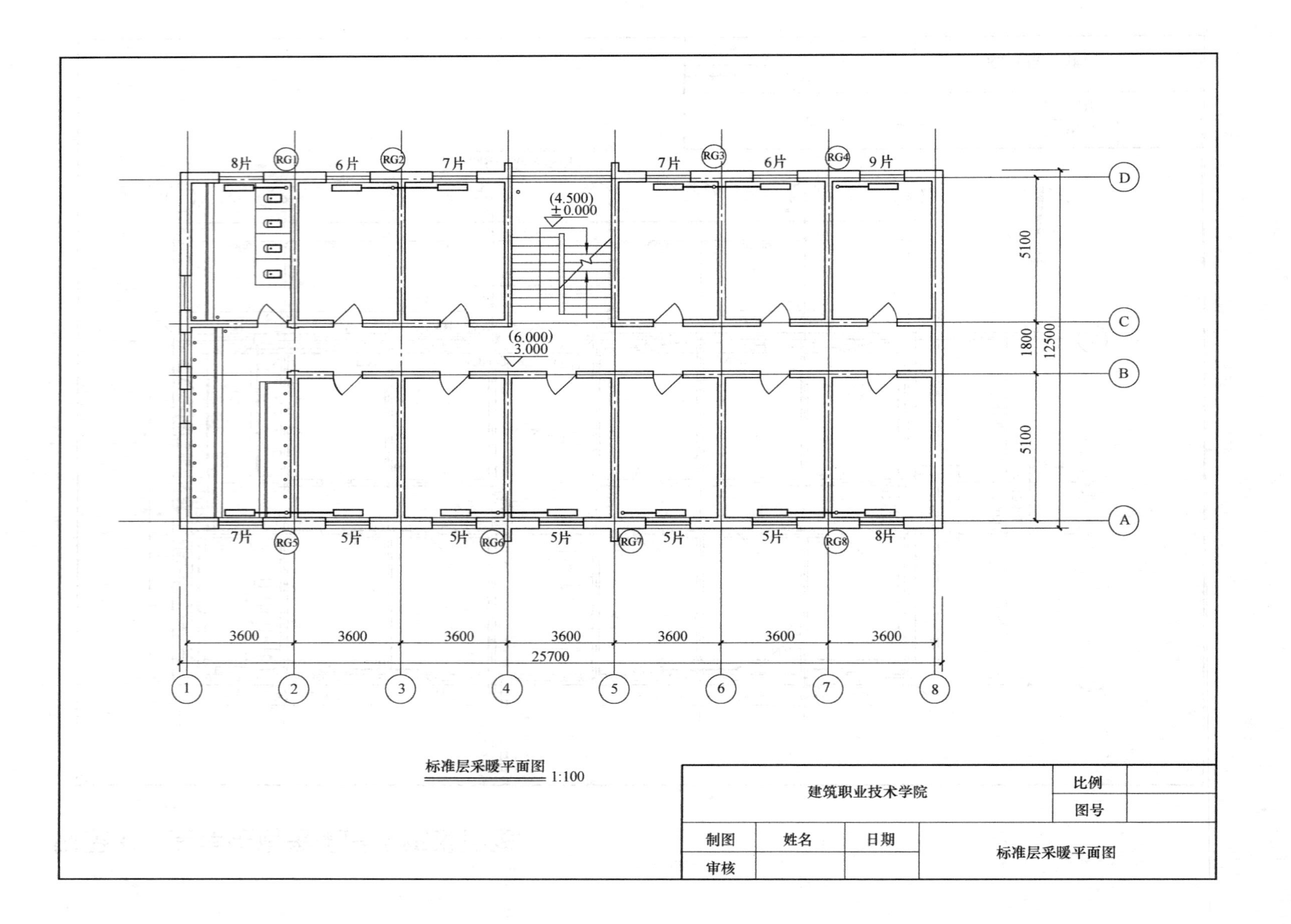

标准层采暖平面图 1:100

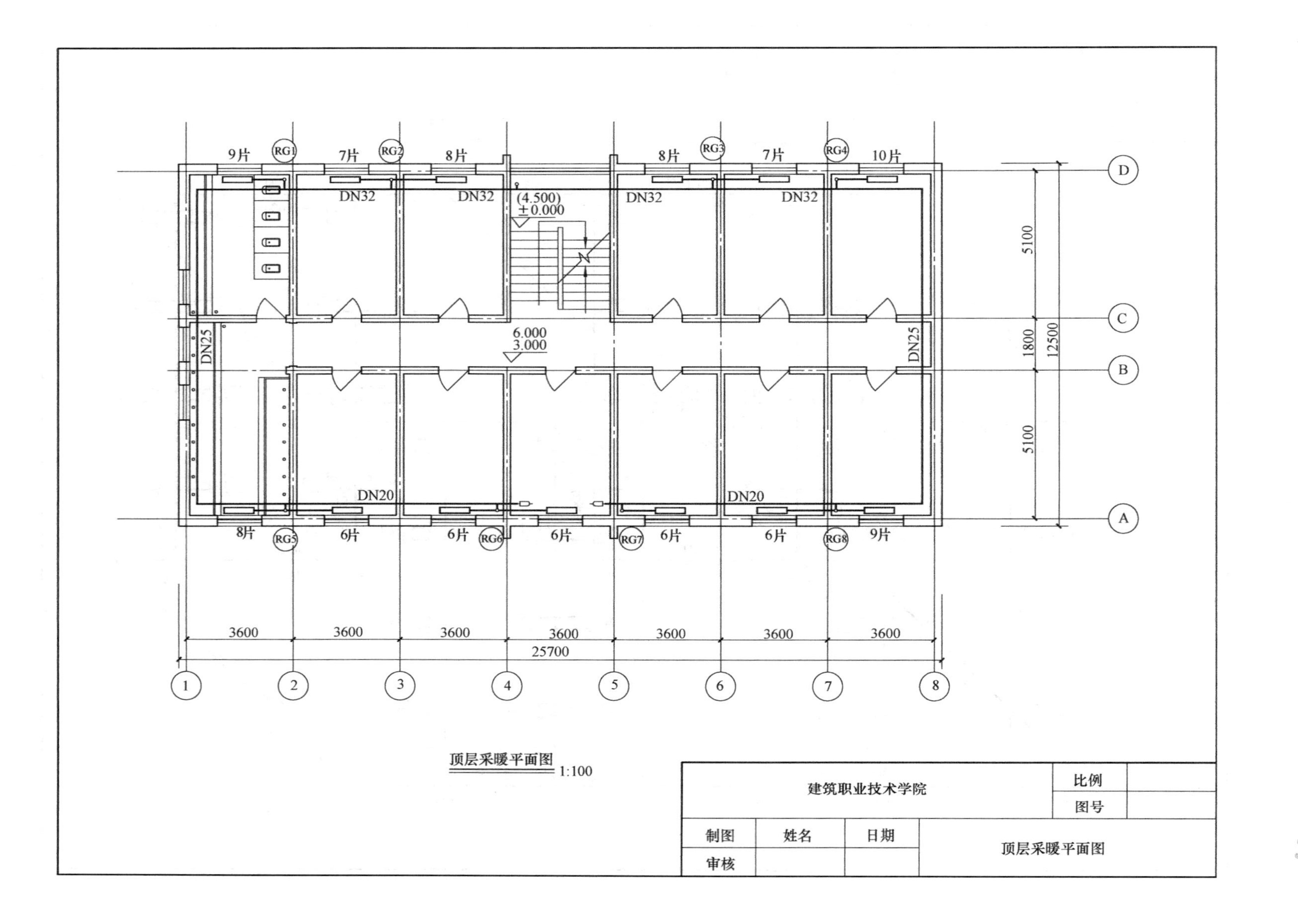

顶层采暖平面图 1:100

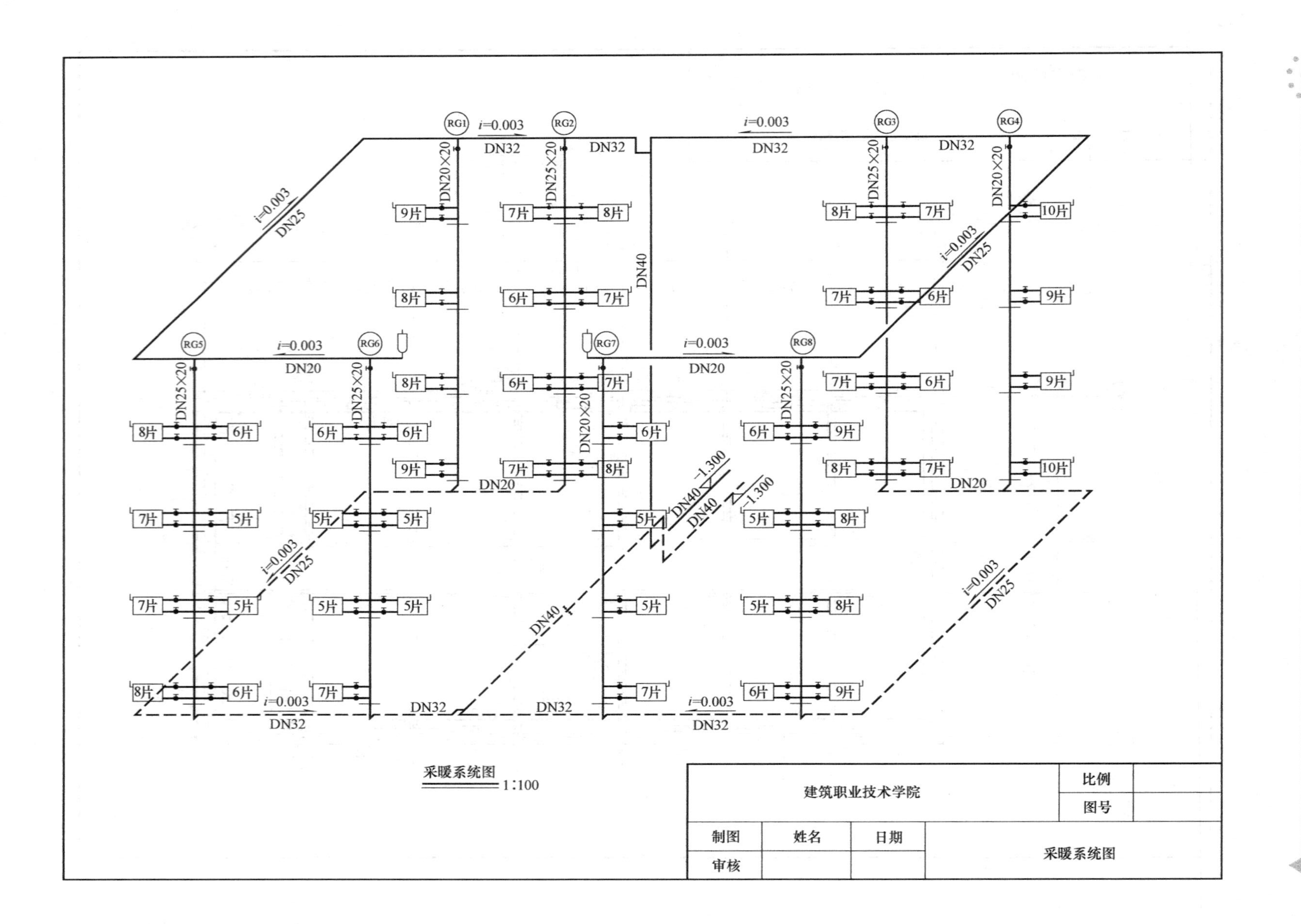
RG1
RG2
RG3
RG4
RG5
RG6
RG7
RG8
i=0.003
DN32
DN25
DN20
DN40
DN20×20
DN25×20
-1.300
建筑职业技术学院
比例
图号
制图
姓名
日期
审核
采暖系统图

采暖系统图 1:100

附录 D 某学生宿舍配电系统设计图

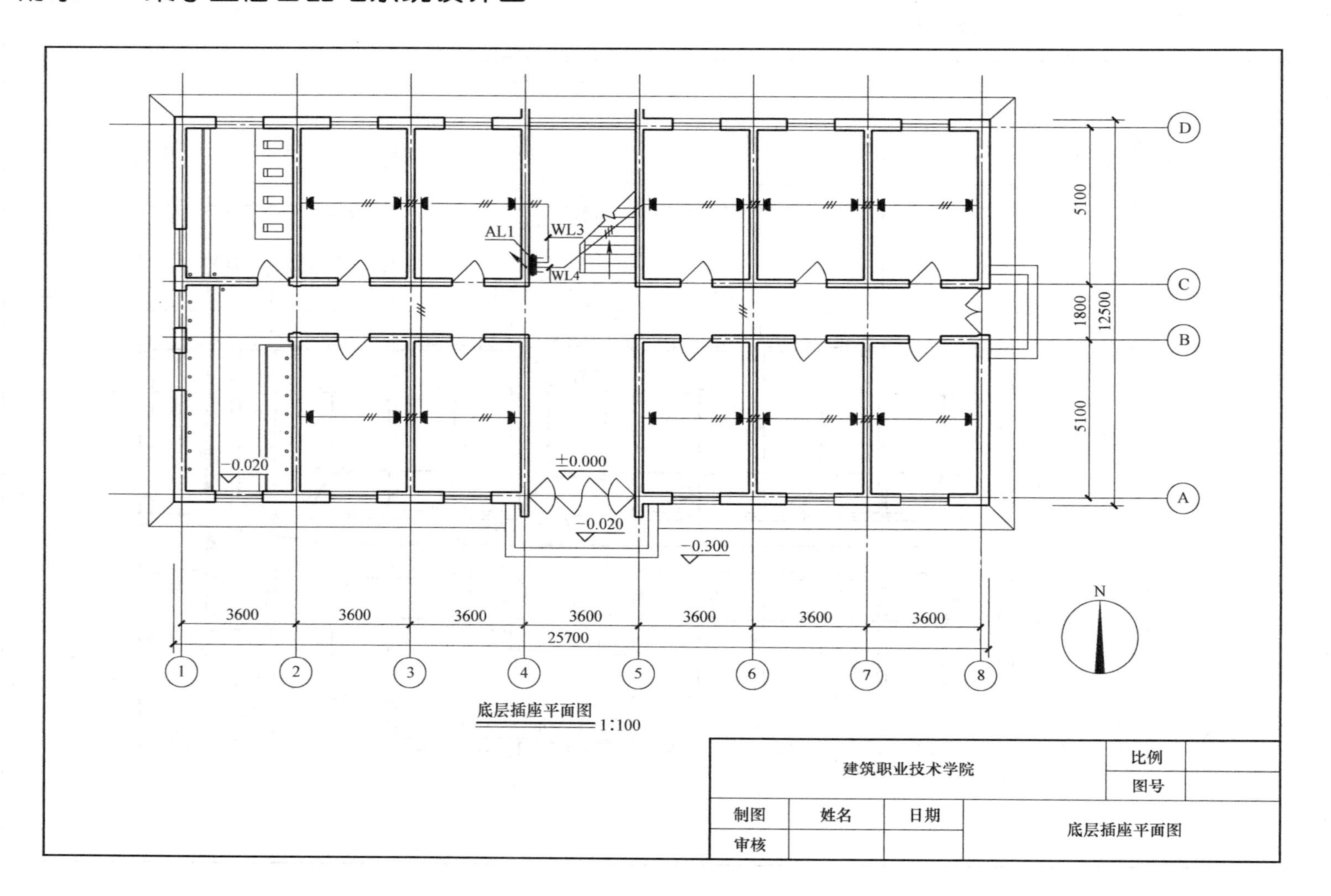

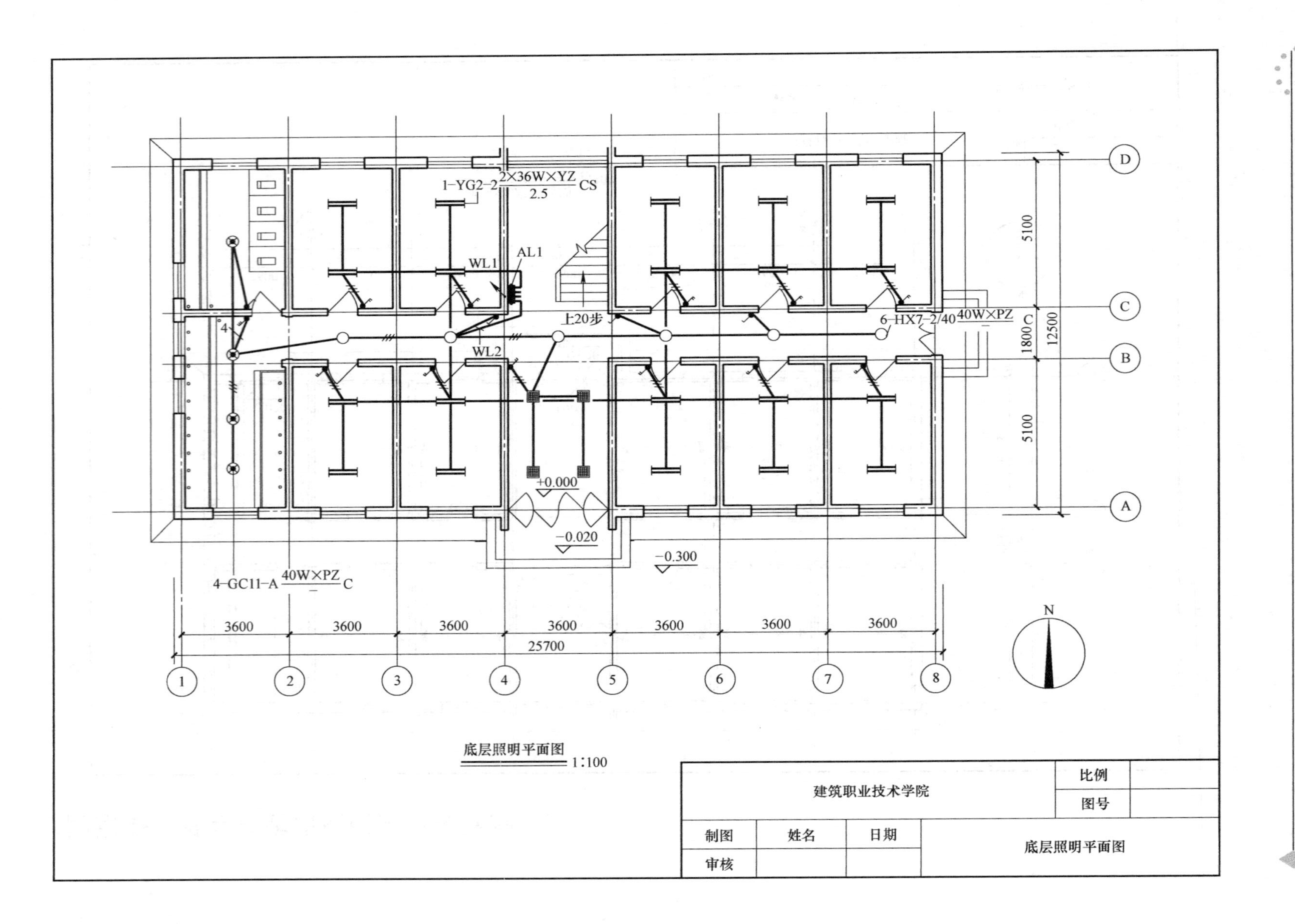
1-YG2-2 2×36W×YZ 2.5 CS
AL1
WL1
WL2
上20步
6-HX7-2/40 40W×PZ C
4-GC11-A 40W×PZ C
+0.000
-0.020
-0.300
5100
1800
12500
3600
25700
N
底层照明平面图 1:100
建筑职业技术学院
比例
图号
制图
姓名
日期
审核
底层照明平面图

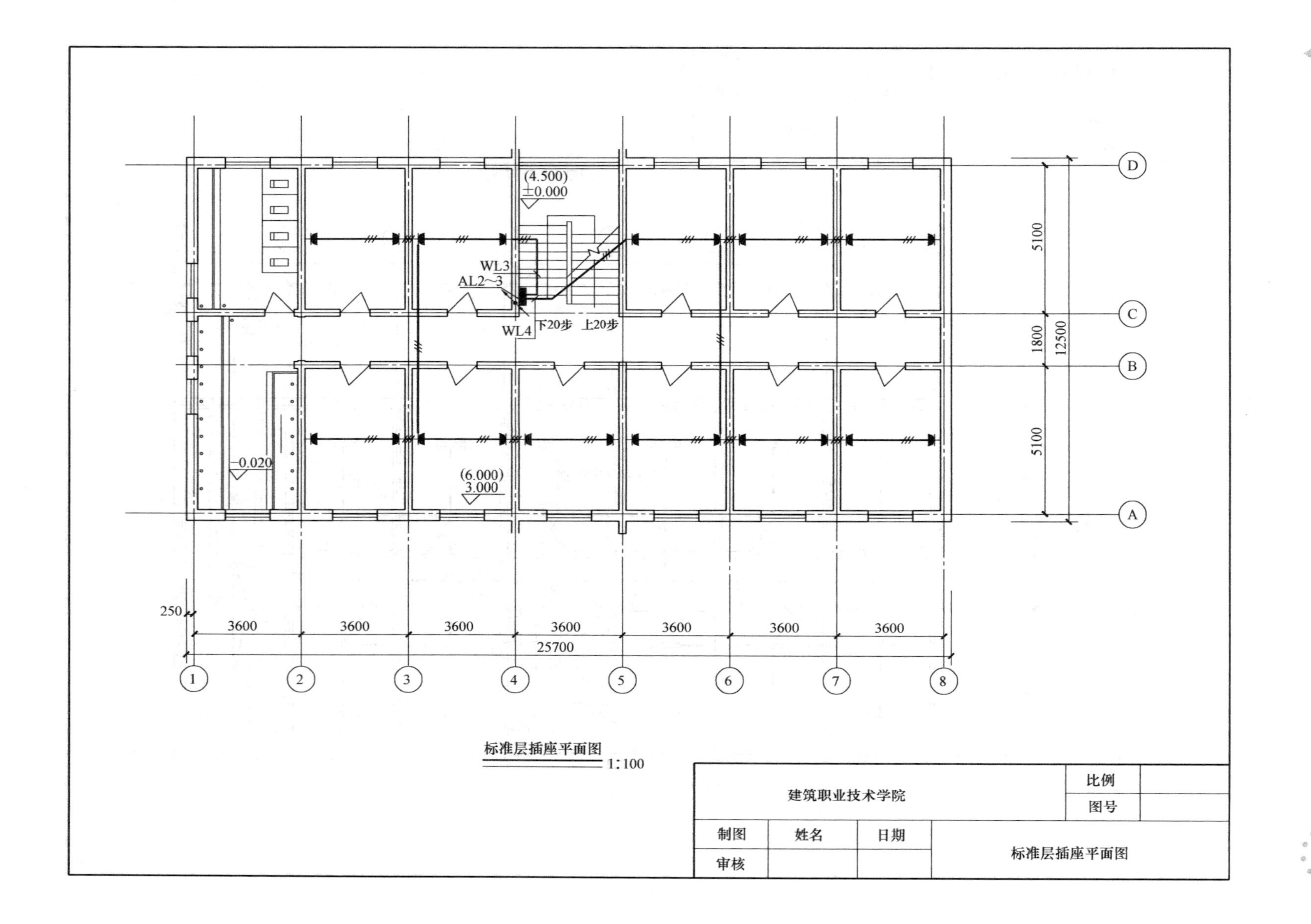

标准层插座平面图 1:100

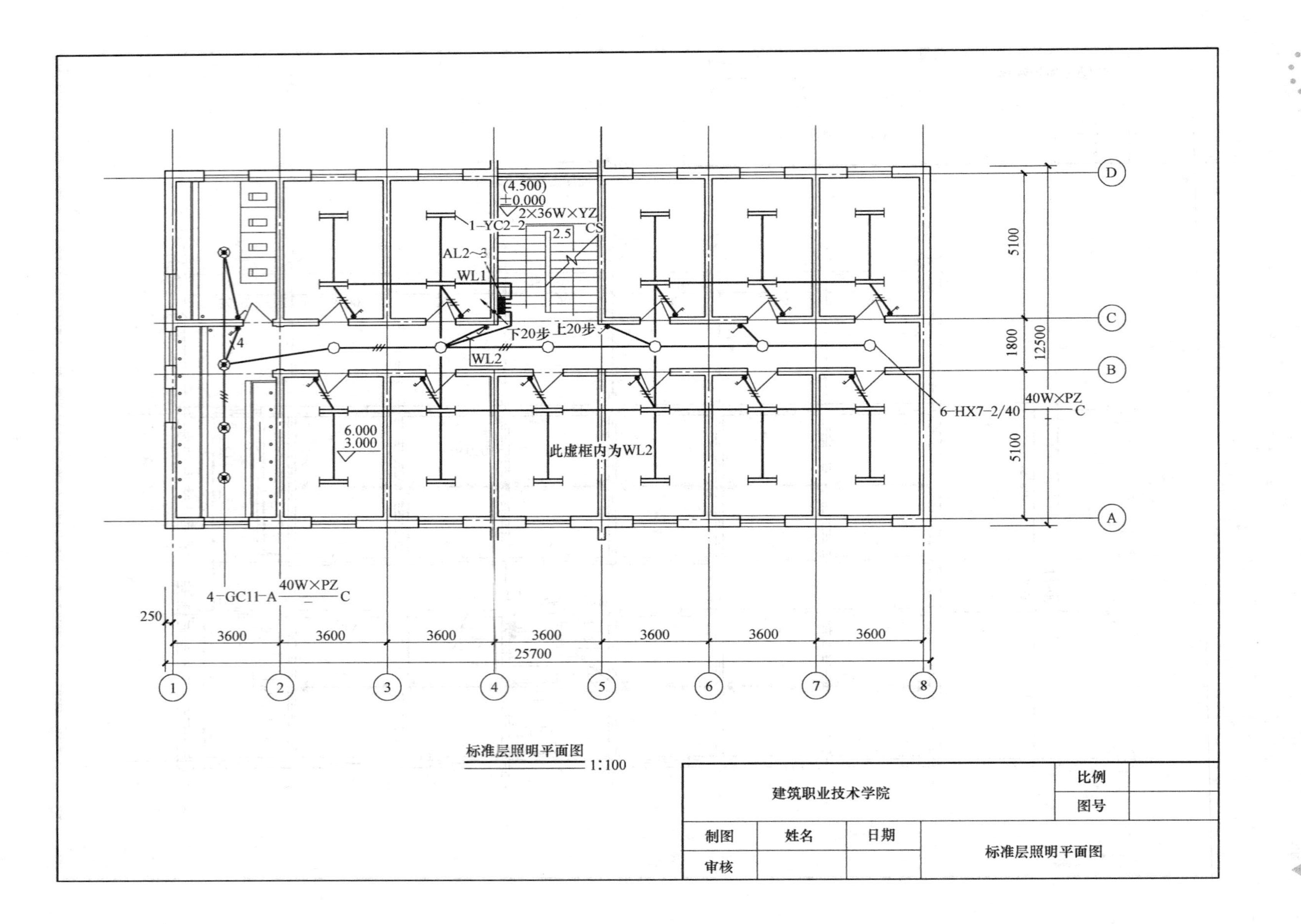

(4.500)
±0.000
2×36W×YZ
1-YC2-2
2.5
CS
AL2~3
WL1
下20步
上20步
WL2
4
6.000
3.000
此虚框内为WL2
6-HX7-2/40
40W×PZ
C
4-GC11-A
40W×PZ
C
5100
1800
12500
5100
250
3600
3600
3600
3600
3600
3600
3600
25700
1
2
3
4
5
6
7
8
A
B
C
D
标准层照明平面图
1:100
建筑职业技术学院
比例
图号
制图
姓名
日期
审核
标准层照明平面图

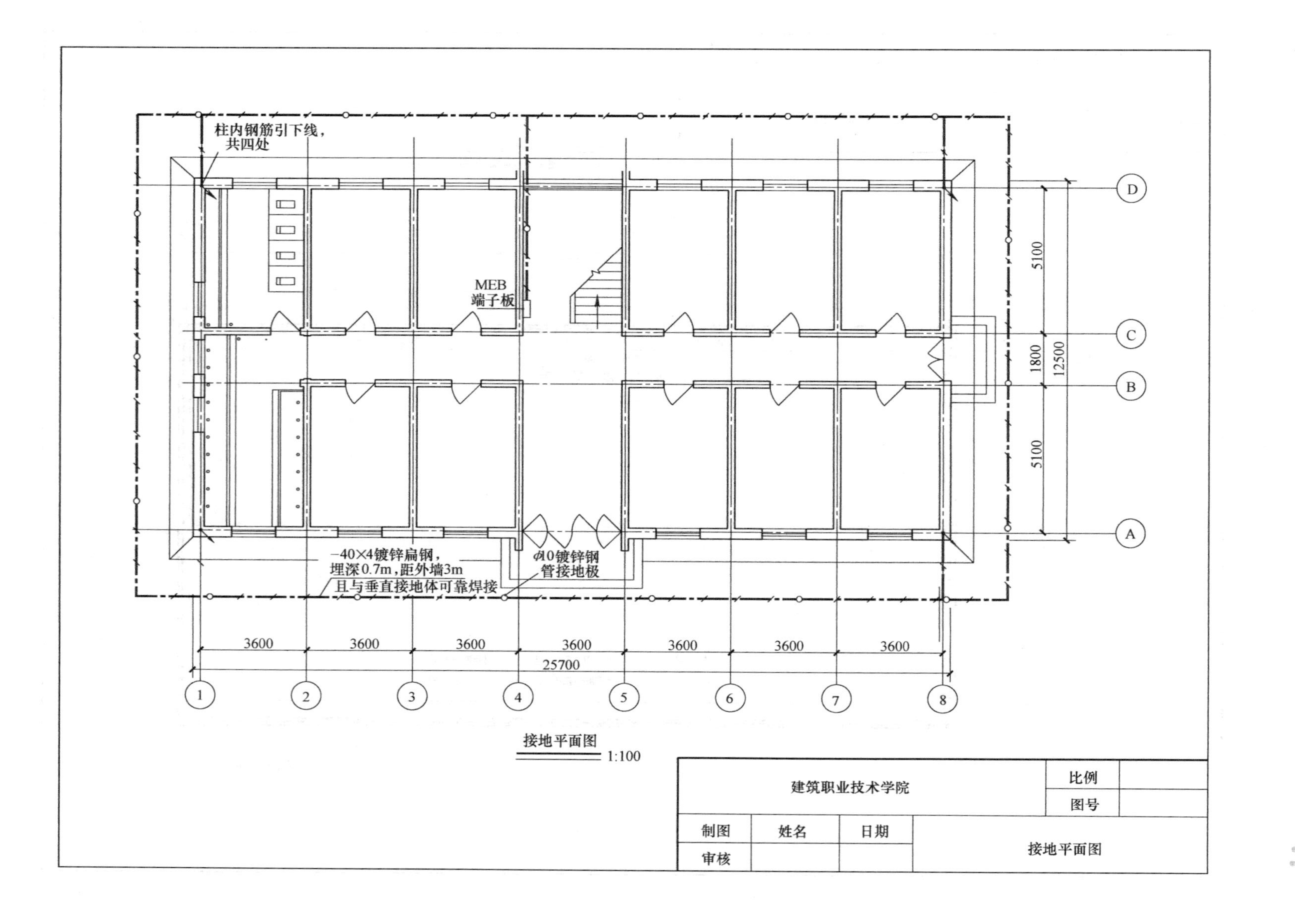

柱内钢筋引下线，共四处
MEB 端子板
D
C
B
A
5100
1800
5100
12500
−40×4镀锌扁钢，埋深 0.7m，距外墙3m 且与垂直接地体可靠焊接
φ10镀锌钢管接地极
3600
3600
3600
3600
3600
3600
3600
25700
1
2
3
4
5
6
7
8
建筑职业技术学院
比例
图号
制图
姓名
日期
审核
接地平面图

接地平面图 1:100

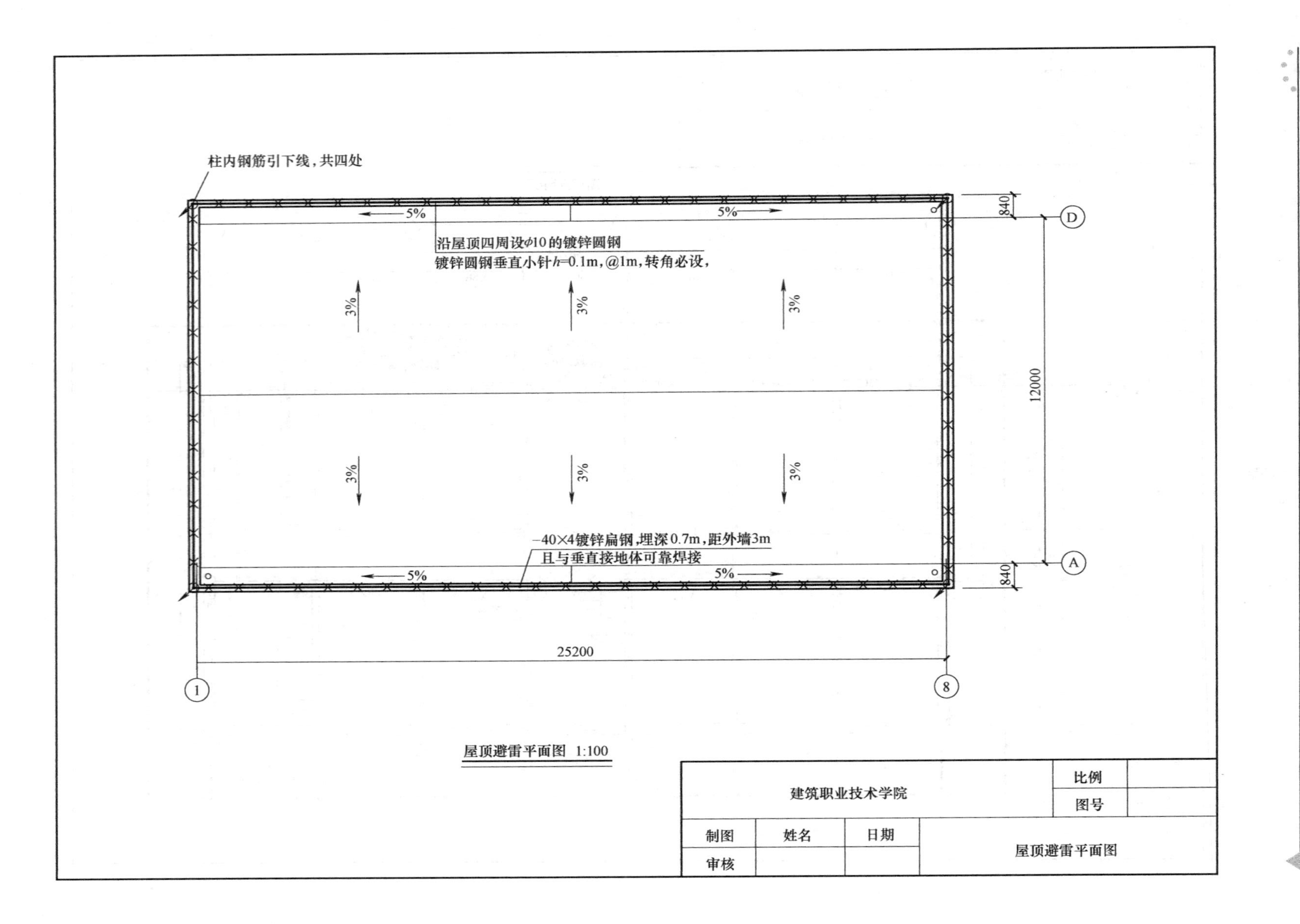

柱内钢筋引下线，共四处
5%
5%
沿屋顶四周设φ10的镀锌圆钢
镀锌圆钢垂直小针h=0.1m，@1m，转角必设，
3%
3%
3%
3%
3%
3%
−40×4镀锌扁钢，埋深0.7m，距外墙3m
且与垂直接地体可靠焊接
5%
5%
840
12000
840
D
A
25200
1
8
屋顶避雷平面图 1:100
建筑职业技术学院
比例
图号
制图
姓名
日期
审核
屋顶避雷平面图

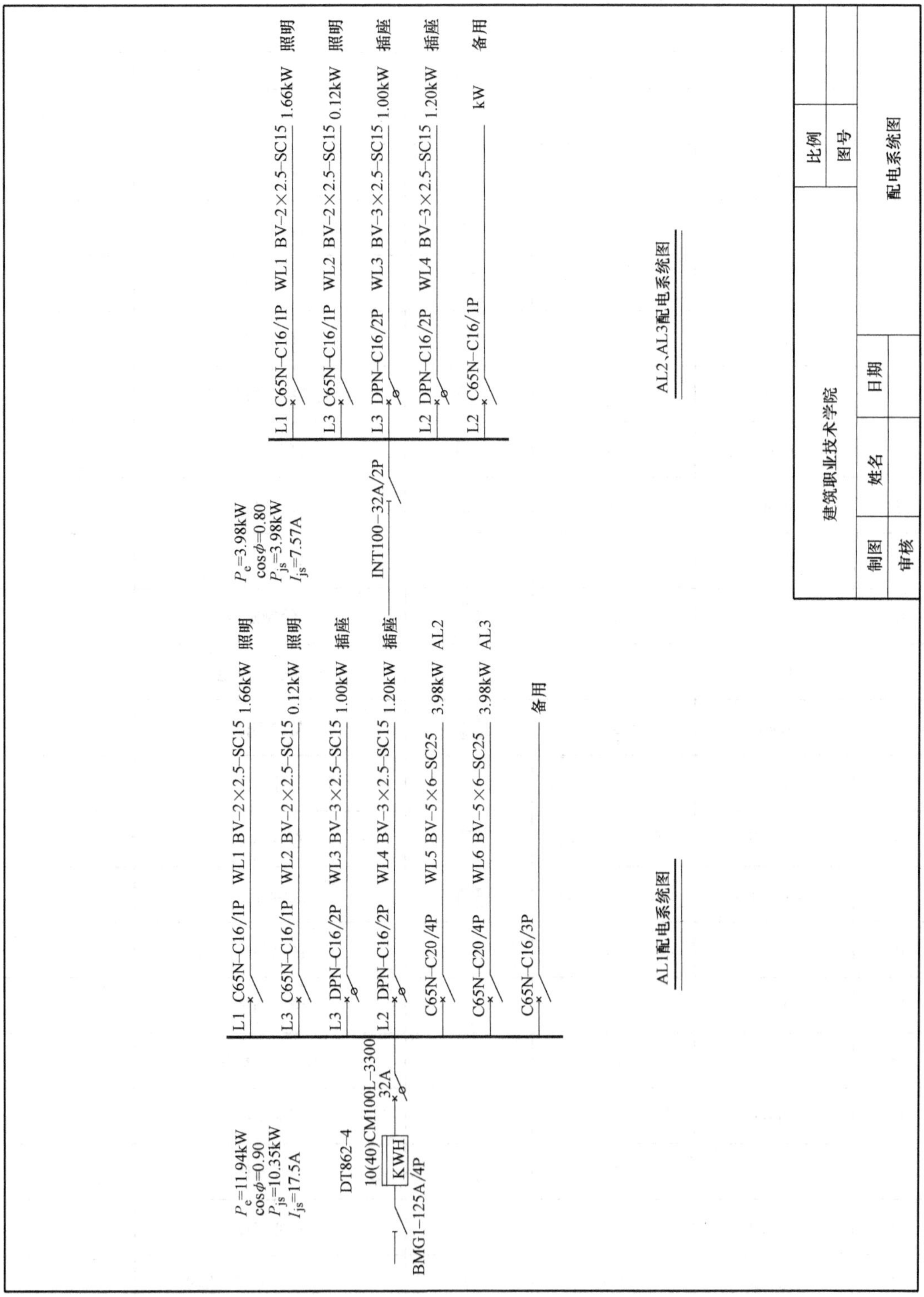

P_e=11.94kW
cosϕ=0.90
P_{js}=10.35kW
I_{js}=17.5A

DT862-4
10(40)
BMG1-125A/4P
KWH
CM100L-3300
32A

相	断路器	回路	导线	功率	用途
L1	C65N-C16/1P	WL1	BV-2×2.5-SC15	1.66kW	照明
L3	C65N-C16/1P	WL2	BV-2×2.5-SC15	0.12kW	照明
L3	DPN-C16/2P	WL3	BV-3×2.5-SC15	1.00kW	插座
L2	DPN-C16/2P	WL4	BV-3×2.5-SC15	1.20kW	插座
	C65N-C20/4P	WL5	BV-5×6-SC25	3.98kW	AL2
	C65N-C20/4P	WL6	BV-5×6-SC25	3.98kW	AL3
	C65N-C16/3P				备用

AL1配电系统图

P_e=3.98kW
cosϕ=0.80
P_{js}=3.98kW
I_{js}=7.57A

INT100-32A/2P

相	断路器	回路	导线	功率	用途
L1	C65N-C16/1P	WL1	BV-2×2.5-SC15	1.66kW	照明
L3	C65N-C16/1P	WL2	BV-2×2.5-SC15	0.12kW	照明
L3	DPN-C16/2P	WL3	BV-3×2.5-SC15	1.00kW	插座
L2	DPN-C16/2P	WL4	BV-3×2.5-SC15	1.20kW	插座
L2	C65N-C16/1P			kW	备用

AL2、AL3配电系统图

建筑职业技术学院				比例	
				图号	
制图	姓名	日期	配电系统图		
审核					

附录 E AutoCAD 常用命令表

序号	命令	快捷键	图标	命令说明	备注
1	3Dface	3f		创建三维面	
2	Arc	a		绘制圆弧	
3	Area	aa		计算所选择区域的面积	
4	Array	Ar		图形阵列	
5	Bhatch	Bh 或 h		区域图案填充	
6	Box			绘制三维长方体实体	
7	Break	Br		打断图形	
8	Chamfer	cha		倒直角	
9	Change	Ch		属性修改	
10	Circle	C		绘制圆	
11	Color			设置实体颜色	
12	Copy	Co 或 cp		复制实体	
13	Dim			进入尺寸标注状态	
14	Dimbaseline	Dba 或 dimbase		基线标注	
15	Dimcontinue	Dco 或 dimcont		连续标注	
16	Dist	Di		测量两点间的距离	
17	Donut	Do		绘制圆环	
18	Dtext	Dt		单行文本标注	
19	Erase	E		删除实体	
20	Explode	X		炸开实体	
21	Extend	Ex		延伸实体	
22	Extrude	Ext		将二维图形拉伸成三维实体	
23	Fillet	F		倒圆角	

（续）

序号	命令	快捷键	图标	命令说明	备注
24	Grid			显示栅格	透明命令
25	Help	F1		帮助信息	
26	Hide	Hi		消隐	
27	Insert	I		插入图块	
28	Intersect	in		布尔求交	
29	Layer	la		图层控制	
30	Limits			设置绘图界限	
31	Line	l		绘制直线	
32	Linetype	Lt		设置线型	
33	Ltscale	Lts		设置线型比例	
34	Mirror	mi		镜像实体	
35	Move	M		移动实体	
36	Mtext	Mt		多行文本标注	
37	New			新建图形文件	
38	Offset	o		偏移复制	
39	Oops			恢复最后一次被删除实体	
40	Open			打开图形文件	
41	Ortho			切换正交状态	透明命令
42	Osnap	Os		设置目标捕捉方式	透明命令
43	Pan	p		视图平移	
44	Pedit	Pe		编辑多义线	
45	Pline	Pl		绘制多义线	
46	Plot			图形输出	
47	Point	Po		绘制点	

（续）

序号	命令	快捷键	图标	命令说明	备注
48	Polygon			绘制正多边形	
49	Quit			退出	
50	Rectangle	Rec		绘制矩形	
51	Redo			恢复一条被取消的命令	
52	Revolve	Rev		将二维图形旋转成三维	
53	Revsurf			绘制旋转曲面	
54	Rotate	Ro		旋转实体	
55	Rulesurf			绘制直纹面	
56	Save			保存图形文件	
57	Scale	Sc		比例缩放实体	
58	Shade	Sha		着色处理	
59	Spline	Spl		绘制样条曲线	
60	Stretch	S		拉伸实体	
61	Style	St		创建文本标注样式	
62	Subtract	Su		布尔求差	
63	Tabsurf			绘制拉伸曲面	
64	Trim	Tr		剪切实体	
65	UCS			建立用户坐标系	
66	Undo	U		撤消上一次操作	
67	Union	Uni		布尔求并	
68	Wblock	W		图块存盘	
69	Zoom	Z		视图缩放	

参考文献

[1] 巩宁平，邓美荣，陕晋军. 建筑CAD［M］. 3版. 北京：机械工业出版社，2008.

[2] 郭朝勇. AutoCAD 2008（中文版）建筑应用实例教程［M］. 北京：清华大学出版社，2007.

[3] 张跃峰，陈通. AutoCAD 2000入门与提高［M］. 北京：清华大学出版社，1991.

[4] 颜金樵. 工程制图［M］. 北京：高等教育出版社，1991.

[5] 张云杰. AutoCAD 2006中文版从入门到精通（普通版）［M］. 北京：电子工业出版社，2006.

[6] 刘洪. AutoCAD 2005建筑绘图经典实例教程［M］. 北京：机械工业出版社，2005.

[7] 汉龙，赵艳春，苗小鹏. 中文AutoCAD 2005辅助设计宝典［M］. 成都：电子科技大学出版社，2004.

[8] 唐俊翟，黄仲军，王恋. 中文AutoCAD 2005基础培训教程［M］. 北京：冶金工业出版社，2005.

[9] 胡国峰，杨传健，李峰，等. AutoCAD 2006建筑制图实例精解［M］. 北京：电子工业出版社，2005.

[10] 张小平，张国清. 建筑工程CAD［M］. 北京：人民交通出版社，2007.